발생공학 기초 실험서

박기상 · 유창석 · 이단비 · 서병부 共著

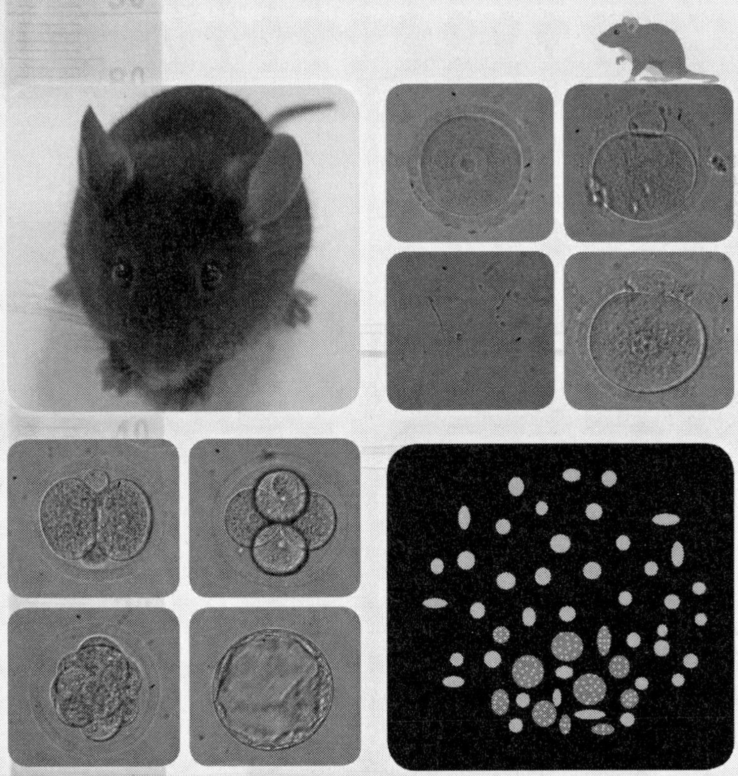

대구대학교출판부

著者

| 박기상 | 경북대학교병원 산부인과 불임클리닉

| 유창석 | 마마파파 & 베이비 산부인과의원 베이비드림 연구소

| 이단비 | 대전 서울 여성병원 난임연구실

| 서병부 | 대구대학교 과학생명융합대학 동물자원학과

초판발행 | 2018년 08월 23일
지은이 | 박기상·유창석·이단비·서병부 共著
펴낸이 | 김상호
펴낸곳 | 대구대학교 출판부
경북 경산시 진량읍 대구대로 201
전화 053) 850-5661~2 | 팩스 053) 850-5669
홈페이지 주소 | http://press.daegu.ac.kr/
찍은곳 | 초록뱀디지털
ISBN 978-89-7794-678-1-93470
정가 | 19,000원

머리말

포유동물 특히 마우스의 초기 배 발생 및 분화는 수정을 시작으로 단순한 세포의 분열로부터 복잡 다양한 형태 및 기능을 획득하여 결국 새로운 개체로 정점을 이룬다. 포유동물 발생의 현상, 조절기작을 밝히는 기초 생명공학분야의 연구는 생물·수의·축산 및 의학 분야에서 실질적으로 이용되고 있다. 편리한 가공식품 및 농축산물로 부터 검출되는 다양한 보존제 및 잔류화학물질, 의약품등에 대한 독성실험을 위한 연구 등에도 응용되고 있다. 또한 불임으로 인하여 불행을 경험하고 있는 부부에게 임신과 출산의 기쁨을 갖게 할 수 있는 발생 생리학이 활발하게 임상에 이용됨에 따라 포유동물 발생 연구 및 그 관련 분야로 응용성이 상당히 넓다고 생각이 된다. 이와 같은 발생 생리학에서도 실험동물을 이용한 실험이 가장 기초적이면서도 현실적으로 임상 등에 응용하기 쉬운 방법이지만, 포유동물 배양 체계나 발생 능력을 검증 할 수 있는 체계는 아직까지도 많은 연구가 필요한 실정이다.

본 실험서는 주로 마우스를 이용하여 마우스 관리, 호르몬 제조 및 보관, 미성숙 난자의 배양, 성숙 난자의 채취, 체외 수정, 난자의 유리화 동결 및 융해, 난소조직의 유리화 동결 및 융해, 이중 형광 염색, 세포 배양, 조직에서 DNA 추출, 조직에서 미토콘드리아 추출 등의 방법을 바탕으로 기본적인 동물 발생공학을 보다 쉽게 이해하도록 하기 위하여 준비하였다. 그리고 실험과 연구에 매진하는 많은 연구자들이 갖는 큰 고충 중의 하나가 자료 분석을 위한 통계처리라고 판단되어 본 실험서에서는 통계 프로그램인 SAS를 실험 결과에 활용하는 방법을 수록하였으며, SAS 프로그램에서 "명령어와 결과 입력" 방법, "통계 처리와 통계 결과의 도출" 방법, "통계 결과에 대한 분석" 방법 등을 자세하게 나열하여 실험·연구 자료의 통계 분석에 조금이나마 도움이 되고자 준비하였다. 실험 내용의 이해를 돕기 위해 사진과 그림을 많이 삽입하였으며 대부분은 직접 촬영하거나 그려 넣었으나 일부는 참고문헌에서 인용하였다. 용어는 한글로 대체해서 사용하고자 노력하였으며 번식학사전(신광출판사), 의학대사전(아카데미서적), 뉴월드영한 대사전(시사영어사), 국어대사전(민중서림)을 참고하였다. 그리고 본 실험서에 수록된 내용 중에서 수정을 요하는 부분이 있거나 오류가 있는 경우에는 전적으로 저자들의 잘못 임을 미리 밝혀두며, 주저 없이 편한 마음으로 틀린 부분이 있으면 연락을 주실 것을 당부 드린다.

또한 본 실험서에 있어서 포배아의 동결·융해에 사용된 방법은 대전 미래여성병원의 박성백 박사, 대구 로사산부인과의 김지철 박사, 춘천 아름다운산부인과의 한진철 박사, 대구 미래여성병원의 최인경 박사 그리고 부산대학교병원의 고경래 박사님의 방법과 노하우를 많은 부분에서 차용하였다. 그리고 난소조직의 동결·융해는 2014년 11월 강남 차병원에서 실시한 'Hand's-on workshop'에서의 경험을 기초로 작성하였으며, 특히 차병원의 이동률 박사님, 박재균 선생님 그리고 분당 서울대병원의 염혜원 박사님의 도움을 많이 받았다. 또한 이 실험서를 작성하는데 있어서 이 머리말에 언급하지 않았지만 많은 도움을 주신 여러 선생님들에게도 감사하다는 마음을 전하고자 한다.

동물자원학과 또는 생명공학 관련 학과를 졸업 후 또는 관련 대학원 졸업 후 생명공학 관련 연구소 및 산부인과 난임 연구소 등으로 취업이 가능하지만 현재 이와 같은 발생공학 실험에 관한 기초 실험서로서 상세한 설명이 되어져 있는 교제가 많이 출판되어 있지 않기 때문에 본 실험서가 도움이 되었으면 하는 마음으로 준비를 하게 되었다. 그리고 의대의 발생공학 기초 의학, 그리고 이 분야에 새로 입문하는 연구자들의 기초 연구를 위하여 조금이나마 도움이 되었으면 한다. 또한 발생공학 관련 현장에서 보다 편리하게 응용할 수 있는 과학적인 기술을 습득하도록 하여 동물자원의 생산성 향상, 난임 문제를 해결을 통하여 궁극적으로 국가의 생산성 향상에 조금이나마 기여하였으면 한다.

2018년 8월

저자 일동

목 차

｜4장｜ 미성숙 난자의 배양 _ 57

｜5장｜ 성숙 난자의 채취 _ 71

｜6장｜ 체외수정(IVF) _ 79

｜7장｜ 2-세포기 배아의 배양 _ 95

｜8장｜ 이중 형광 염색 _ 109

｜9장｜ 유리화 동결 _ 135

｜10장｜ 발생학 기본 분자 실험 및 세포 배양 _ 165

❙11장❙ 통계처리 _ 181

❙12장❙ 요약 _ 195

❙13장❙ 참고문헌 _ 207

❙14장❙ 부록 _ 213

❙15장❙ 색인 _ 239

표 목차

그림 목차

1장

준비물

1장 준비물

Ⅰ. 시약

1. 배양액

번호	품명	규격
1	Onestep M	NAKA IVF medium, OS020, 20㎖
2	GIVF	Vitrolife, 10135, 60㎖
3	G1	Vitrolife, 10127, 30㎖
4	G2	Vitrolife, 10131, 30㎖
5	Fertilization M	COOk Medical, K-SIFM-50, 50㎖
6	Cleavage M	COOk Medical, K-SICM-50, 50㎖
7	Blastocyst M	COOk Medical, K-SIBM-50, 50㎖
8	DPBS	GIBCO, 14287-080, 500㎖
9	TCM	GIBCO, 12340-030, 500㎖
10	DMEM	GIBCO, 11966-025, 500㎖
11	Ham's F-10	Gibco, 11550-043, 500㎖

2. 단백질원

번호	품명	규격
1	HSA-solution	Vitrolife, 10064, 10㎖, Human serum albumin
2	FBS	Gibco, 16000, 500㎖
3	BSA	Sigma, A-9647, 50g

3. 호르몬

번호	품명	규격
1	PMSG	Sigma, G4877-2000IU, Gonadotropin from mare serum
2	hCG	Sigma, CG10-1VL, 10,000 IU, Chorionic gonadotropin human

4. 기타 화학약품

번호	품명	규격
1	OIL	SAGE, ART-4058-5P, 500㎖, Paraffin oil
2	Hyaluronidase	SAGE, ART-4007-A, 1㎖
		Sigma, H3506-5G
3	에탄올	Merck, K43054383-204, 500㎖, Ethanol absolute, 99.9%
4	Trypson-EDTA	Gibco, 15400-054, 100㎖
5	$CaCl_2 \cdot 2H_2O$	Sigma, C3881, 500g
6	Glucose	Sigma, G7021, 100g
7	HEPES	Sigma, H3375, 250g
8	KCL	Sigma, P5405, 250g
9	KH_2PO_4	Sigma, P5655, 100g
10	$MgCl_2 \cdot 6H_2O$	Sigma, M2670, 100g
11	$MgSO_4 \cdot 7H_2O$	Sigma, 23039, 25g
12	NA lactate	Sigma, L1375 soition, 100㎖
13	NA pyruvate	Sigma, P2256, 100g
14	$Na_2HPO_4 \cdot 7H_2O$	Sigma, S9390, 100g
15	NaCl	Sigma, S5886, 500g
16	$NaHCO_3$	Sigma-Aldrich, S8875, 500g
17	Penicillin-G	Sigma, P3032, 1MU, Penicillin-G. K salt
18	Phenol red	Sigma, P3532, 5g
19	Streptomycin	Sigma, S9137, 25g, Streptomycin sulphate

Ⅱ. 소모품

1. 배양접시

번호	품명	규격
1	35㎜ 배양접시	Corning, 25000
2	기관 배양2-well접시	Falcon, 3037
3	4공 배양접시	NUNC, 176740
4	60㎜ 배양접시	Falcon, 3002
5	50㎖ 조직배양 병	Falcon, 3014, Tissue culture flasks
6	250㎖ 조직배양 병	Falcon, 3024, Tissue culture flasks

2. 튜브

번호	품명	규격
1	5㎖ 튜브	Falcon 2003
2	14㎖ 튜브	Falcon 2001
3	14㎖ 원심분리 튜브	Falcon 2098
4	50㎖ 튜브	Falcon 599361-050N

3. 피펫 & 팁

번호	품명	규격
1	1㎖ 피펫	Falcon 7521
2	5㎖ 피펫	Falcon 7543
3	10㎖ 피펫	Falcon 7551
4	5.75" 파스퇴르 피펫	씨엔씨 바이오텍, CNC-C035DH-5P
5	200㎕ 팁	Gilson, CNC-C049, 2.0~200㎕
6	1㎖ 팁	씨엔씨 바이오텍, CNC-C199, 1㎖

4. 피펫 에이드(BD Falcon, 357590, Express Portable Pipet-Aid)

5. 0.2㎛ 여과기(Sartorius, Minisart, Syringe filter)

6. 주사기

번호	품명	규격
1	1㎖ 인슐린 주사기	BD, 328820, Ultra-Fine II, 31G
2	1㎖ 주사기	BD, 302100
3	10㎖ 주사기	BD, 302149
4	20㎖ 주사기	BD, 309661
5	60㎖ 주사기	BD, 309653

7. 마커펜(Nalgene Nunc, 6311-0010, Cryoware Marker Set)

8. 파라필름(Whatman, 2150663, 100㎜×40m, Laboratory sealing film)

9. 가위

번호	품명	규격
1	중간 가위	전체=14㎝, 날=5㎝
2	작은 가위	전체=10㎝, 날=2㎝
		전체=10㎝, 끝부분=curved

10. 메스&손잡이

번호	품명	규격
1	일체형	Martin, Germany, 0297, 플라스틱 손잡이
2	분리형	메스: Handle No. 3, Round 또는 Straight
		손잡이: Handle No. 3

11. 핀셋(forceps)

번호	품명	규격
1	큰 핀셋	30㎝
2	작은 핀셋	전체=13㎝, 끝 부분=직선이며 예리한 것
		전체=13㎝, 끝 부분=curved

12. **멸균 거즈**[태명약업사, 가아제3호, 10㎝×10㎝×8ply(2매) 또는 ㈜대한위재상사, 대한멸균거즈에이, 10㎝×10㎝×8p(5매)]

13. **자**(Ruler, 약 10㎝)

14. **알코올 램프**

15. **면 반창고**

Ⅲ. 장비

1. 현미경

번호	품명	규격
1	해부 현미경	Leica, MZ12.5
2	고배율 형광 현미경	Olympus, BX-50

2. 미세조작 장치

번호	품명	규격
1	도립 미분간섭 현미경	Olympus, IX71RC/DIC
2	미세 조작기	Micromanipulator(RI, Integra Ti)
		Injector(Sutter)

3. CO2 배양기

번호	품명	규격
1	Heraeus	BB6620
2	Forma	3158

4. 무균상(clean bench, 그린퓨어텍, GLH-B1300)

5. 원심 분리기

번호	품명	규격
1	Rotina	Rotina 35
2	BD	BD/Clay Adams, Dynac Ⅱ

6. IVF 챔버(Hoffman, C100-2)

7. 냉동·냉장고(Forma Scientific, 3682)

2장

마우스 관리

2장. 마우스 관리

Ⅰ. 개요

실험동물에서 가장 기본이 되는 것은 실험목적을 올바르게 이해하여 실험동물을 사육하고, 실험 목적에 맞게 실험동물을 관리해야 하는 것이다.

이번 장에서는 실험용 마우스를 어떻게 관리하고 사육하며, 또한 암 마우스 과배란 유도를 위해 필요한 마우스 보정법, 복강내주사법(intraperitoneal injection) 등에 대해 설명하고자 한다.

Ⅱ. 일반적 관리

1. 실험용 마우스

동물 실험에서 주로 사용하는 마우스는 교잡종(hybrid)과 폐쇄군(closed colony)이 있다. 폐쇄군은 다른 곳으로부터 반입이 없이 일정한 집단 내에서만 번식이 계속 되고 있는 군으로 근교계 유래로서, 형매 교배의 계속을 중지한 번식 집단과 근교계는 아니지만 5년 이상에 걸쳐 일정한 집단에서만 번식을 계속하고 있는 군을 말한다. 폐쇄군 중에서도 ICR 계통(swiss mouse 유래, Institute of Cancer Research)은 발육이 양호, 온순하고 취급하기가 용이하며, 건강하고 번식이 잘 되어 실험에 널리 사용되고 있다. 또한 구입비용이 낮다는 장점이 있으나 2-세포 발달 중지 현상이 나타나는 단점이 있다. 교잡종은 2-세포 발달 중지 현상이 나타나지 않는 장점이 있으나 구입비용이 높다는 단점이 있다.

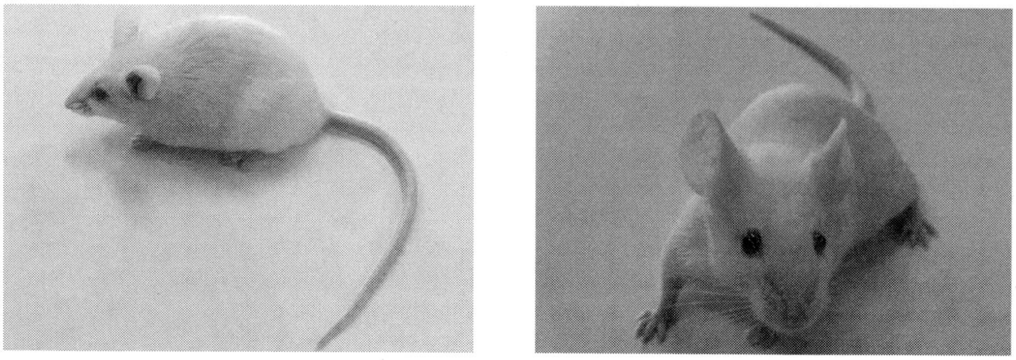

ICR

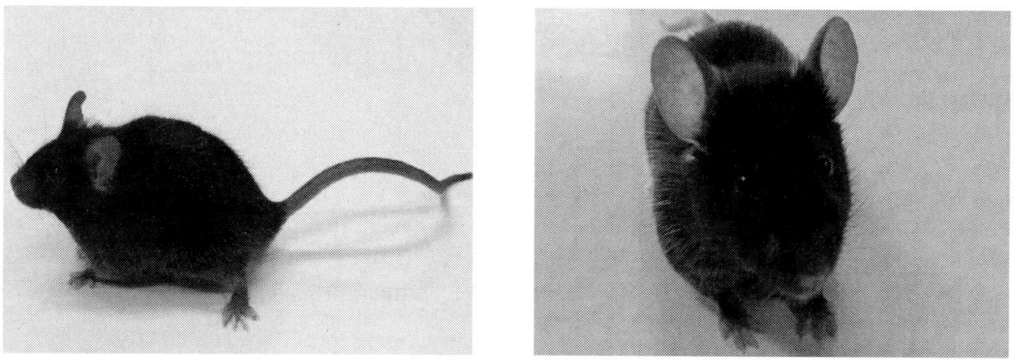

C57BL/6JBomTac

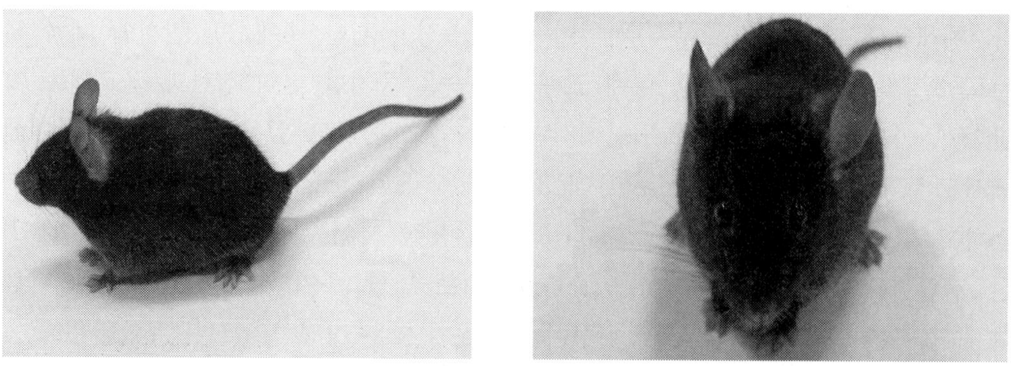

B6D2F1/Slc(모계: C57BL/6NCrSlc, 부계: DBA/2CrSlc)
B6D2F1/CrljOri(모계: C57BL/6NCrlBR & 부계: DBA/2CrlBR)

그림 1 실험에 많이 사용되는 마우스

2. 마우스 사육실 환경 설정

(1) 사육실 점등시간

명: 14시간(06:00~20:00)　　암: 10시간(20:00~06:00)

(2) 사육실 온·습도

마우스 사육실은 냉풍기와 온풍을 가동하여 온도는 22~26℃를 유지하고 습도는 40~60%를 맞춰 주는 것이 환경적 스트레스를 줄여 일정한 번식력 유지가 가능하다.

(3) 케이지 관리

케이지는 〈그림 2〉에서 보는 것처럼 크기에 따라 큰 것은 래트 용으로, 작은 것은 마우스용으로 나누고 있으나, 대체로 구분 없이 사용하고 있다. 케이지 당 마우스 적정 사육 수를 보면, 마우스 케이지용은 3마리 정도이고, 래트 용 케이지에는 10마리 정도이다.

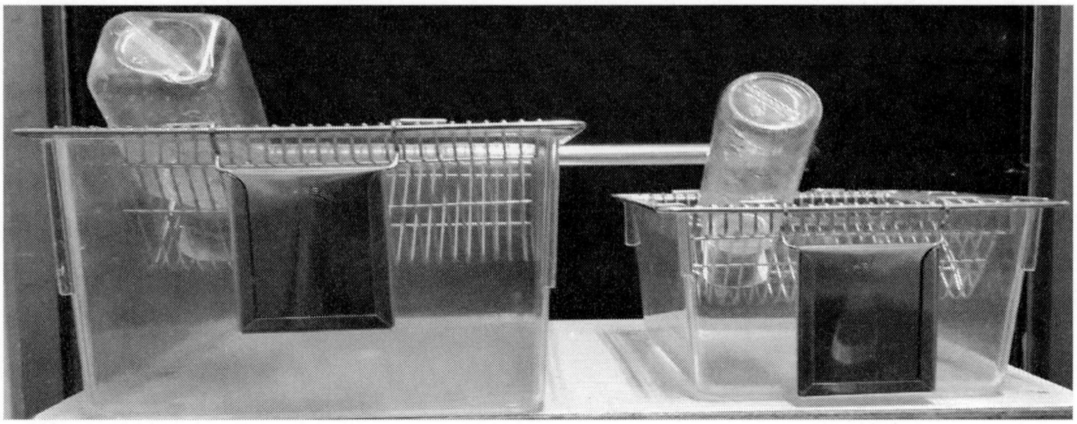

그림 2 사육 케이지

① 깔집

깔집의 경우는 매일 갈아줄 필요는 없으며, 일주일에 한번은 꼭 갈아 주어야 하고 특히 여름철에는 겨울철 보다 악취가 심하므로 자주 갈아주어야 한다. 새끼를 출산한 케이지의 경우는 케이지 청소를 미룬다던지 아니면 케이지를 옮길 때 새끼들이 있던 주변의 깔짚을 새로운 케이지에 넣어줌으로써 어미가 새끼를 잡아먹는 식자행동을 예방할 수 있다.

② 물과 사료

깨끗한 물과 지정된 사료(효창 사이언스)를 무제한 급여한다. 특히 출산한 마우스의 경우는 새끼들에게 젖을 먹이기 때문에 물과 사료를 먹는 량이 많다. 물이나 사료가 적당히 많지 않을 경우에는 새끼를 키울 수 없다고 판단해 식자 행동을 하기 때문에 수시로 찾아가서 물과 사료를 확인해야 한다.

③ 케이지 label표기법

〈그림 3〉과 같이 계통, 주령, 성별, 마리 수, 들어온 날짜 등을 기록한다.

0 0 0병원 산부인과 (암컷 ♀)	
계통	
구입일자	201 년 월 일
구입시 주령	
마리 수	
PMSG주사	월 일 시
hCG주사	월 일 시
질전 확인	○ / X(질충혈) / X
비고	

암컷 ♂

0 0 0병원 산부인과 (수컷 ♂)	
계통	
구입일자	201 년 월 일
구입시 주령	
hCG주사(합사)	월 일 시
질전 확인 1차	○ / X(질충혈) / X
2차	○ / X(질충혈) / X
3차	○ / X(질충혈) / X
질전 확인 시 3차례 X인 수컷은 도태	

수컷 ♂

그림 3 케이지 라벨 모양

1. 마우스의 성 구별

마우스는 3~4주령 정도가 되면 암컷과 수컷의 생식기 변화가 뚜렷하게 나타난다. 성 구별은 주로 생식기를 보고 판별할 수 있으며 암, 수의 생식기 모양은 〈그림 4〉와 같다.

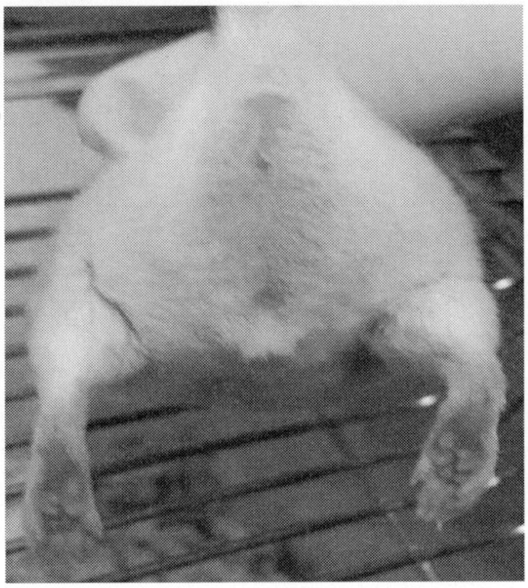

수컷

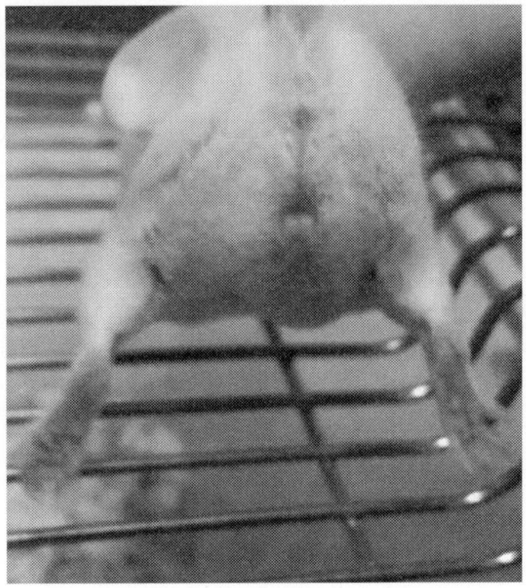

암컷

그림 4 마우스의 암·수 구별

(1) 수컷

수컷은 외부 생식기의 돌출이 크고, 정소가 하강되어 있으며 항문과 생식기 사이에 털이 나있다.

(2) 암컷

암컷의 생식기 주변은 항문에서 외부생식기의 거리가 수컷에 비해 짧은 편이고, 항문과 생식기 사이에 털이 없으며 일정한 " I "자 모양으로 뻗어 있다. 또한 암컷의 경우는 수컷에 비해 유선이 발달해 있어서 수컷에 비해 유두가 잘 발달해 있다.

※ 참고: 성 성숙이 일어나는 시기부터 교미가 가능하기 때문에 암·수를 따로 사육해야 의도되지 않은 교미를 방지할 수 있다.

2. 암컷 마우스

(1) 암컷 마우스는 보통 성 성숙이 시작되고 교미가 가능해지는 3~4주령 이후에 과배란 처리를 한다(3주령 마우스를 구입한 다음 약 2-3일 이상 예비 사육한 뒤 실험에 사용한다).

(2) 교미를 시키기 위한 것이 아니라면 암·수는 각기 다른 케이지에서 사육한다.

(3) 구입한 암 마우스는 한번 실험에 이용될 수만큼 분리해 둔다.

- 무게와 크기가 비슷한 것끼리 구분하고, 큰 개체부터 실험에 이용한다.

3. 수컷 마우스

(1) 통상 번식이나 수정용 수컷 마우스는 9주령 이상의 마우스를 구입한다. 각 케이지 별로 개별적으로 라벨을 표시한 뒤 사육한다.

(2) 교미와 질전 확인을 기록하여 연속 3회 이상 질전을 형성하지 못하거나 20주령 이상의 노령 마우스는 모두 도태시킨다.

(3) 수컷은 끊임없이 싸우기 때문에 개별적으로 한 마리씩 사육 케이지에 넣어서 키우는 것이 좋다.

4. 경구투여

경구 투여는 실험동물에게 약품, 화학물질, 식품 등에 대한 반응을 조사하는 방법 중의 하나로, 식품에 관련된 실험에서는 가장 중요한 방법이다. 이것에는 강제투여법과 식이투여법 등 두 가지가 있다. 전자인 강제투여법은, 급성독성시험 등에 주로 사용되고, 후자인 식이투여법은 아급성 및 만성독성시험 등에 주로 쓰인다. 후자의 단점 중 하나로는 특이한 맛과 향이 혼입된 사료나 음료수를 동물이 싫어하여 적용하기 곤란한 경우가 있다는 것이다(식품과학기술대사전, 2008.4.10. 광일문화사).

마우스에서 경구투여를 하기 위해선 존데[sonde, 체강(體腔)이나 장기(臟器) 조직 속에 넣어 상태를 진단하고 치료하는 데 쓰는, 대롱모양의 기구. 유의어: 부지(bougie), 소식자(消息子)]를 사용한다. 존데는 마우스용과 렛드용이 있는데, 마우스에 적합한 존데를 사용해야 한다[Oral zonde needle(mouse 0.9x50㎜, 0.9x70㎜, 정도비앤피)].

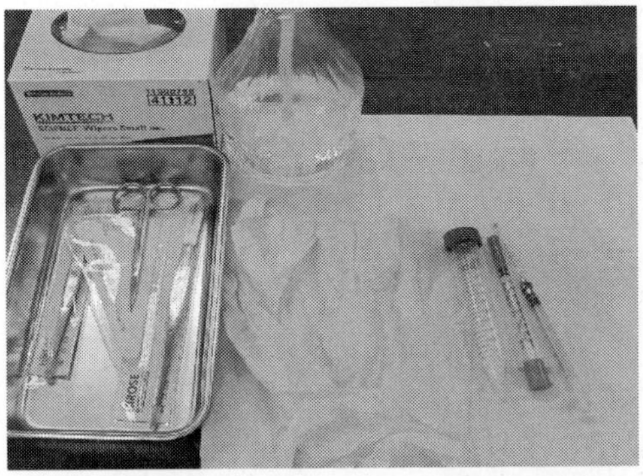

1. Micro dissecting iris scissors(11㎝)
   (HIROSE INSTRUMENTS)
2. Tissue forceps(14㎝)
   (HIROSE INSTRUMENTS)
3. Cushing forceps(18㎝)
   (HIROSE INSTRUMENTS)
4. Wipers small(KIMTECH SCIENE)
5. 1cc insulin syringe(Feeltech)
6. Latex 장갑(Complete care products)
7. 14㎖ conical centrifuge tube(BD Falcon)
8. Oral zonde needle
   (mouse 0.9x50㎜, 0.9x70㎜) (정도비앤피)

그림 5 경구투여 및 해부를 위한 준비물

(1) 경구투여 방법

① 일회용 주사기와 존데를 준비한다.

※ 참고: 사용 전 70% ethanol로 소독을 해주는 것이 좋음

② 주사기의 주사침 제거 후, 주사기에 존데를 끼워준다.

③ 경구투여 할 용액을 투여할 양에 맞춰 주사기에 넣어준다.

④ 마우스를 보정한다.

※ 참고: 마우스의 자세한 보정 방법은 "〈그림 16〉. 마우스 보정 모식도"를 참고

⑤ 보정한 마우스의 입에 존데를 삽입한다.

※ 참고: 존데를 입의 정면으로 넣으면 이빨에 걸려 들어가지 않으므로, 앞니의 왼쪽이나 오른쪽에서 비스듬하게 넣어줌

⑥ 존데와 동물의 몸이 평행이 되도록 밀어 넣어 2/3 정도가 들어가면 용액을 주입해준다.

※ 참고 1: 존데가 잘 들어가지 않고 걸리는 느낌이 난다면 존대를 밖으로 뺀 다음 다시 삽입한다(존대를 삽입하는 동안 뭔가에 걸리는 느낌이 들 경우에는 존데가 폐로 들어갔을 확률이 높으므로, 무리하게 힘을 주어 밀어 넣으면 폐가 찢어져 마우스가 죽을 수 있으므로 주의할 것).

※ 참고 2: 식도로 들어갔는데도 저항이 느껴질 경우에도 존데를 뺀 다음 다시 삽입하는 것이 좋음(무리하게 삽입할 경우 식도가 찢어져 마우스가 죽을 수 있으므로 주의할 것).

⑦ 투여가 끝나면 존데를 조심스럽게 빼낸 다음 마우스를 케이지에 집어넣는다.

⑧ 사용한 존데는 70% ethanol로 소독하고, 주사기는 폐기 처리한다.

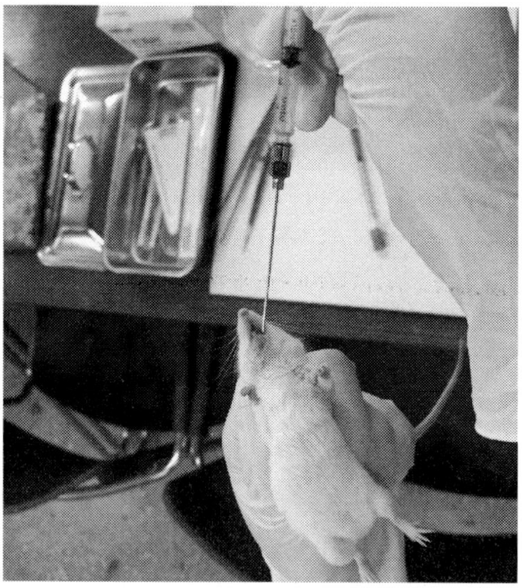

존대 삽입 직전

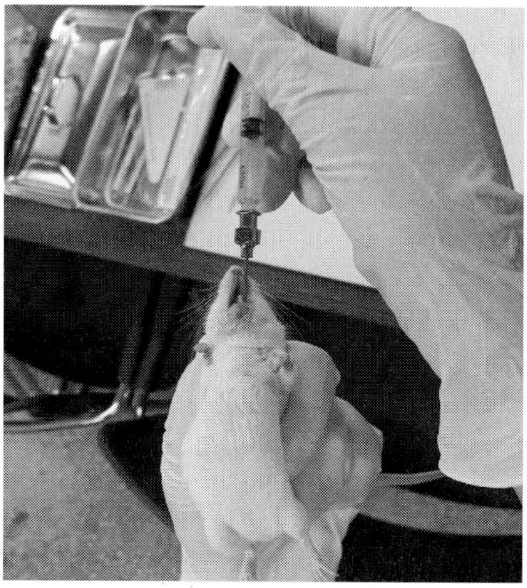

몸과 존데가 평행이 되도록 삽입

그림 6 마우스에 경구투여 하는 모습

5. 해부 및 채혈

포유류나 고등척추동물의 해부는 인체 해부의 선구 또는 보조로서 로마 시대부터 이미 행하여지고 있었다.

동물의 해부는 인체 해부에서의 형태 그 자체를 명확히 하려는 목적 외에, 각종 동물을 비교하여 분류의 기초로 삼고, 또 상동(相同: 발생상의 기원은 같으나 작용이 다른 것. 예를 들면, 사람의 팔과 박쥐의 날개)이나 상사(相似:발생의 기원은 다르나 작용이 같은 것. 예를 들면, 조류의 날개와 나비의 날개)의 관계를 조사하여 계통·진화를 논하는 근거로 하기 위하여 행하는 동물학 연구의 한 작업이다.

비교 해부의 원조는 프랑스의 G. 퀴비에(Cuvier, George), (1769~1832)이며, 동시에 척추동물의 고생물학의 원조이기도 하다. 비교법을 사용하여 척추 ·무척추동물을 해부한 그의 저서《비교해부학강의》(1800~1805)는 이 방면의 최초의 서적이다(동물과 식물의 해부 두산백과).

혈액의 채취는 약물의 생체 흡수, 분포, 대사 등에 대한 다양한 정보를 얻기 위한 것으로, 안와정맥 채혈, 꼬리정맥 채혈, 배대동맥 채혈, 후대정맥 채혈, 심장 채혈 등 방법이 다양하다.

(1) 심장에서 채혈 방법

① 해부도구, 마취제, 마취통, 보조 마취통, 일회용 주사기를 준비한다.

② 마우스를 마취시킨다.

※ 참고 1: 마취 도중 마우스가 죽을 경우 사후 강직 등으로 심장채혈이 어려워 질 수 있으므로 마취에 주의를 기울여야 함.

※ 참고 2: 마취에는 주로 에테르(Diethyl ether)를 사용함.

※ 참고 3: 마취통(15㎖ 원심분리 관)으로 마우스를 마취할 때, 마취통을 마우스의 코끝에 계속두면 과도한 마취로 마우스가 죽을 수 있다. 안정적인 마취를 위해서는 호흡수가 1초에 약 2회 정도로 딸깍거리는 소리가 나도록 유지하는 것이 중요하다. 1초에 2회 아상 빠르게 딸깍거리면서 호흡을 하기 시작하면 마우스 코끝에서 마취통을 약 1㎝ 떨어뜨려 마취를 중단한다. 호흡수가 1초에 1회 미만으로 떨어지기 시작하면 마취가 풀리는 징후이므로 이 때는 코를 마취통에 밀어 넣어 마취를 하면 된다.

③ 해부용 가위로 마우스의 외피와 내피를 절개한다.

④ 심장채혈을 위해, 횡격막과 늑골 부분까지 가위로 잘라내 심장이 잘 노출되도록 한다.

⑤ 주사기 바늘을 아래(꼬리쪽)로 45° 정도 비스듬하게 하여 심장에 천천히 찔러 넣는다.

⑥ 한 번에 피스톤을 세게 잡아당기지 말고 천천히 당겨준다.

⑦ 채혈이 안 될 경우(피가 안 나오면) 주사기를 심장에서 완전히 빼내지 말고, 위 아래로 조금씩 움직이며 채혈을 한다.

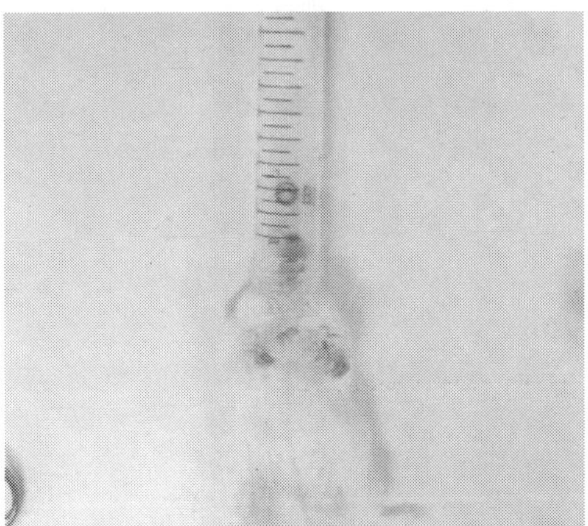

마우스의 마취 장면

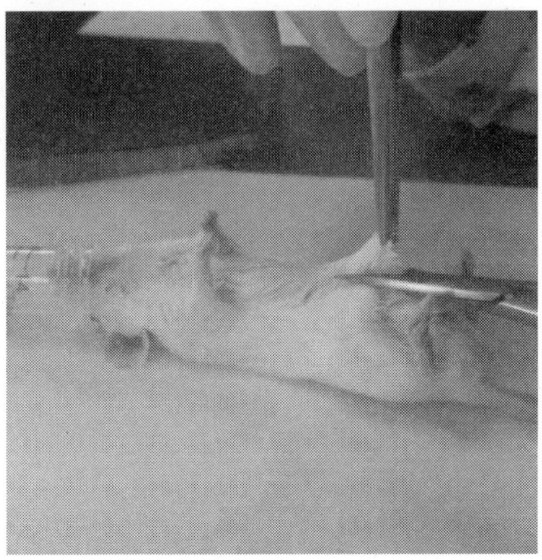

외피와 내피의 제거

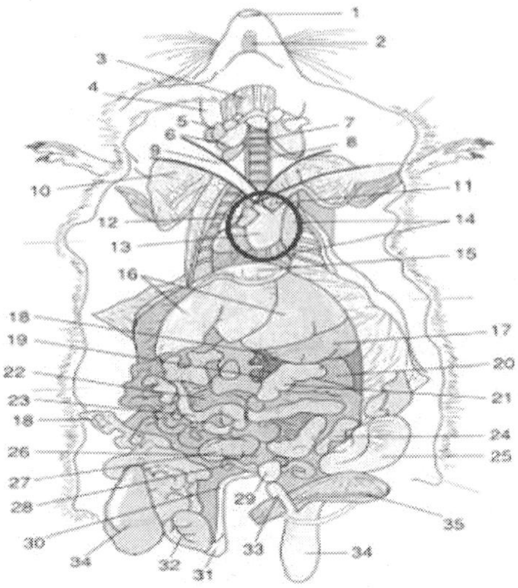

마우스 해부도

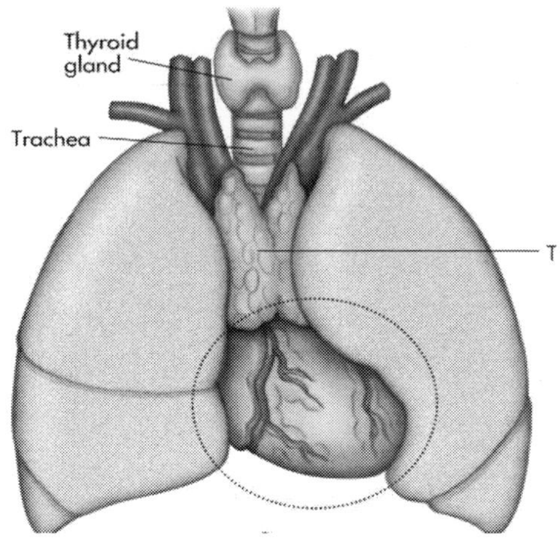

심장의 상세도

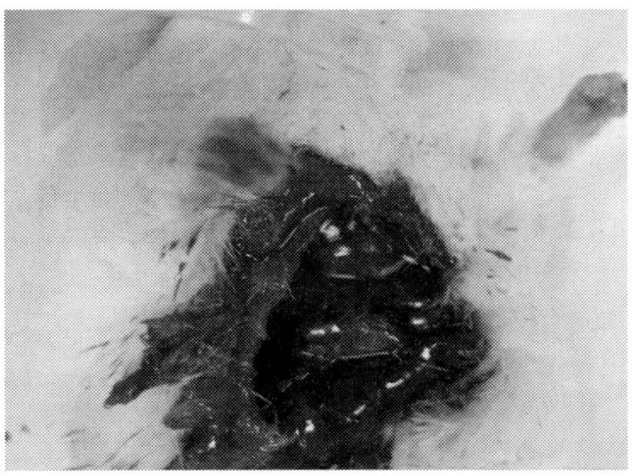

심장의 노출

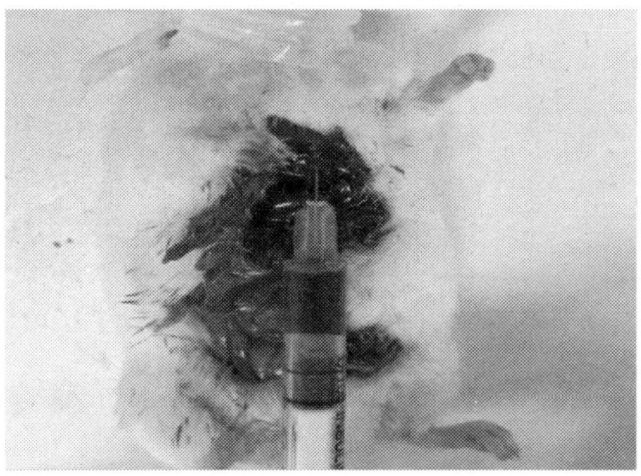

채혈

그림 7 심장에서 채혈하는 모습

(출처: 중간 왼쪽 그림=http://cafe.daum.net, 중간 오른쪽 그림=http://beyondthedish.wordpress.com)

(2) 간의 적출 방법

① 채혈이 끝난 후 마우스의 배대동맥과 후대정맥을 잘라 방혈을 실시한다.

② 마우스의 등 쪽을 한손으로 받치고, 해부용 가위로 간과 연결된 부위를 조심히 자른다.

※ 참고 1: 마우스의 등을 한 손으로 받친 채로 해부를 하면, 간이 아래로 늘어지면서 연결된 부위를 더 손쉽게 자를 수 있음.

※ 참고 2: 간은 매우 부드러운 장기이므로 핀셋으로 간을 집을 경우, 경미한 힘을 가하고 간이 연결된 부위를 집는 것이 좋음.

※ 참고 3: 간의 크기는 엄지손가락 두 마디를 붙여놓은 정도(10주령 마우스).

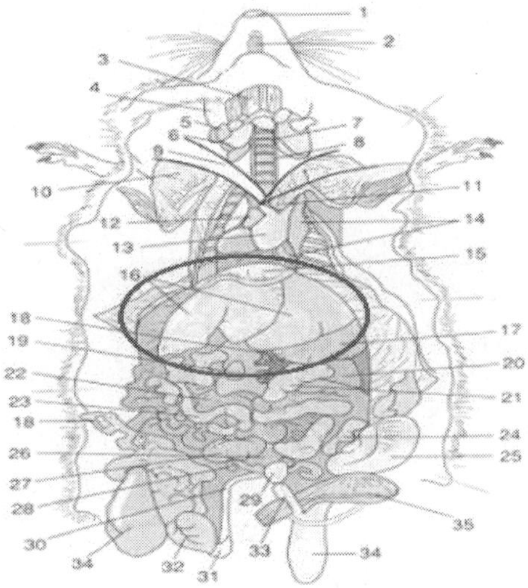

마우스 상세 해부도

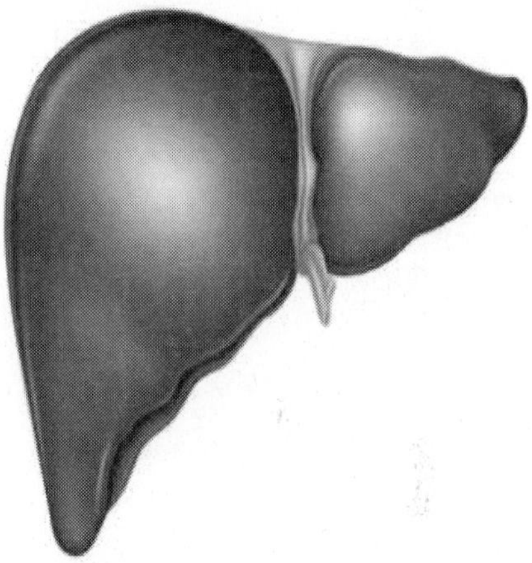

간의 상세 그림

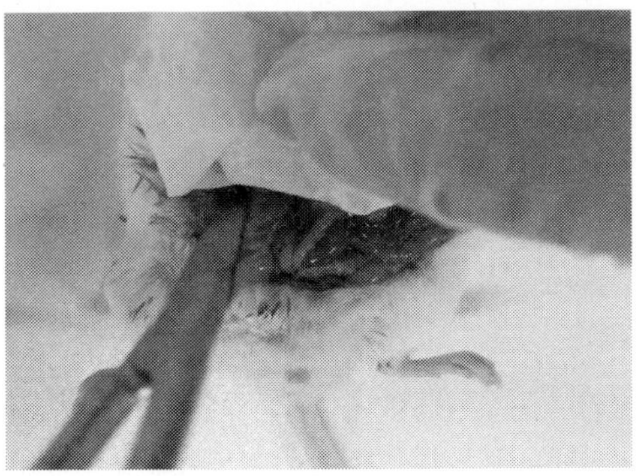

방혈을 실시

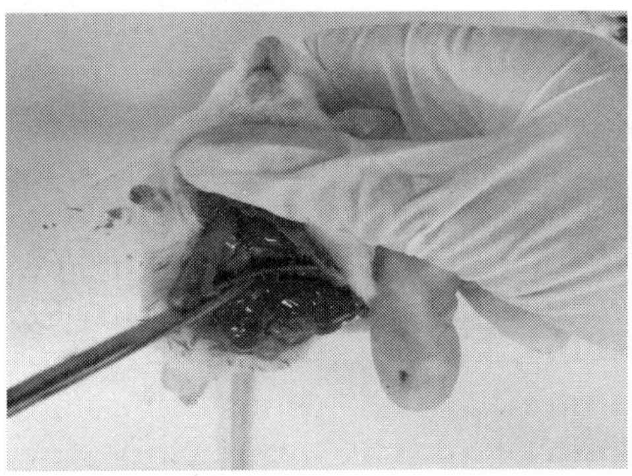

등을 한 쪽 손으로 받치고 간을 적출

그림 8 간의 적출 모습

(출처: 위 왼쪽 그림=http://cafe.daum.net, 위 오른쪽 그림: http://www.sccollege.edu)

(3) 신장 및 부신의 적출 방법

① 간을 제거하고 나면 좌우에 두 개의 신장과 부신이 드러나 있는데 신장을 먼저 적출할 경우 신장 적출 과정에서 부신이 분실되기 쉬우므로 부신을 먼저 잘라 주는 것이 좋다.

② 부신은 신장 바로위에 지방에 둘러싸여 있다.

③ 부신과 지방의 색이 비슷하므로 부신을 적출할 시에는 지방과 헷갈리지 않도록 주의를 기울인다.

④ 부신을 잘라낸 후 신장을 적출한다.

※ 참고 1: 신장의 표면은 얇은 막으로 둘러싸여 있는데, 손으로 신장을 잡고 막을 제거해줌.

※ 참고 2: 부신의 크기는 좁쌀만 하며, 신장의 경우는 콩과 크기가 비슷.

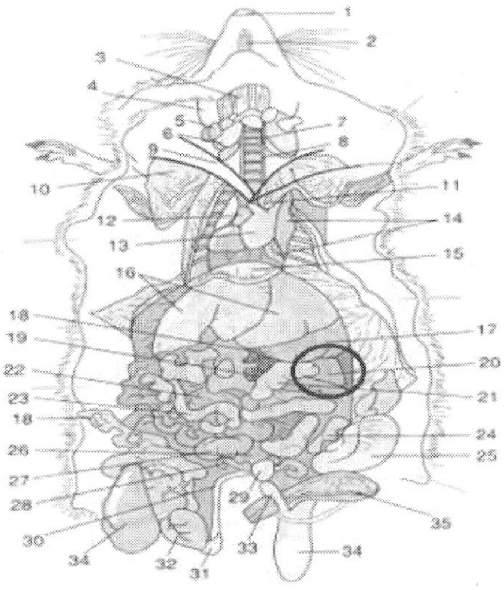

마우스 상세 해부도

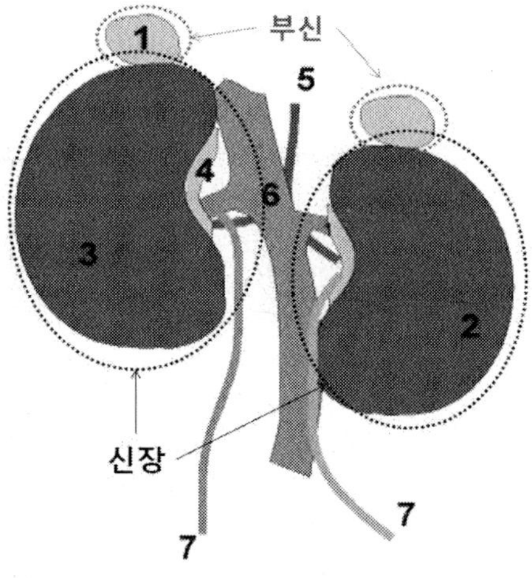

부신 및 신장 상세 그림

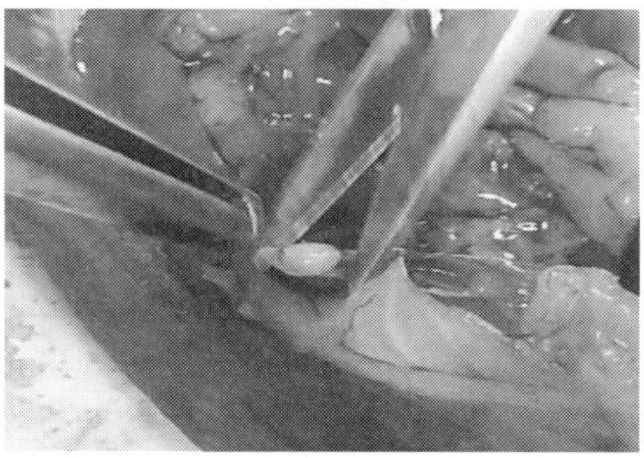

부신을 먼저 적출

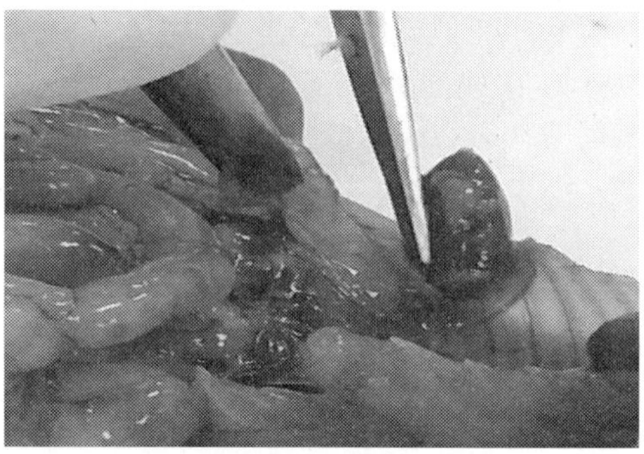

부신 아래 신장을 적출

그림 9 신장과 부신의 적출 모습

(출처: 위 왼쪽 그림=http://cafe.daum.net, 위 오른쪽 그림=http://www.oocities.org)

(4) 정소의 적출 방법

① 마우스의 복부에 있는 지방을 핀셋으로 잡아당기면 지방에 붙은 정소가 드러난다.

② 핀셋으로 정소를 잡은 후, 정소에 붙은 지방을 제거해준다.

※ 참고: 정소의 크기는 신장과 비슷함.

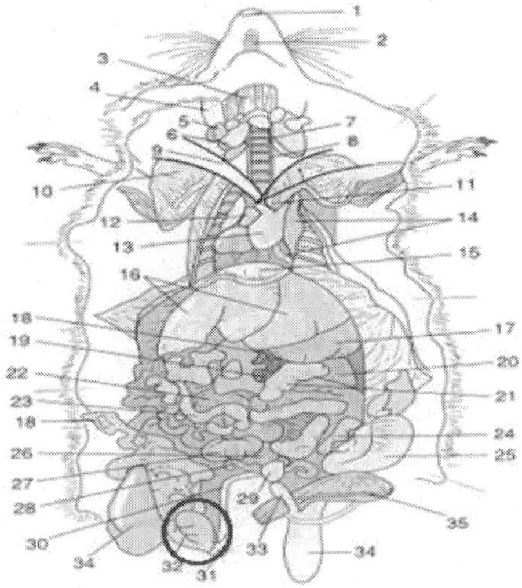

마우스 상세 해부도

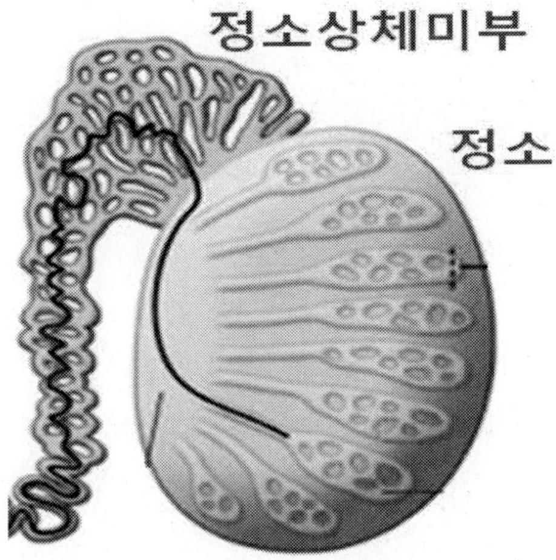

정소 상세 그림

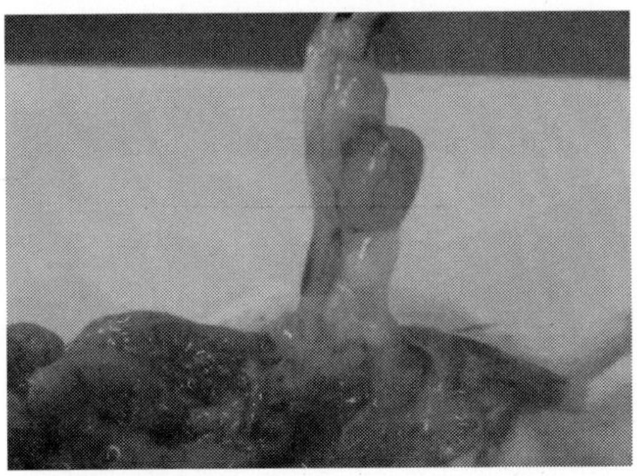

(1) 복부의 지방을 위로 잡아당긴다.

(2) 노출된 정소를 적출한다.

그림 10 정소의 적출 모습

(출처: 위 왼쪽 그림=http://cafe.daum.net, 위 오른쪽 그림=http://www.jci.org)

(5) 난소의 적출 방법

① 복부의 지방을 걷어내면, 좌우로 Y자 모양의 자궁이 보이는데, 한쪽 자궁을 잡아당기면 난관에 붙어있는 난소가 드러난다.

② 난소는 정소보다 크기가 작으므로 조심하여, 난관과 지방을 제거하여 적출한다.

※ 참고: 난소의 크기는 부신의 거의 2배임.

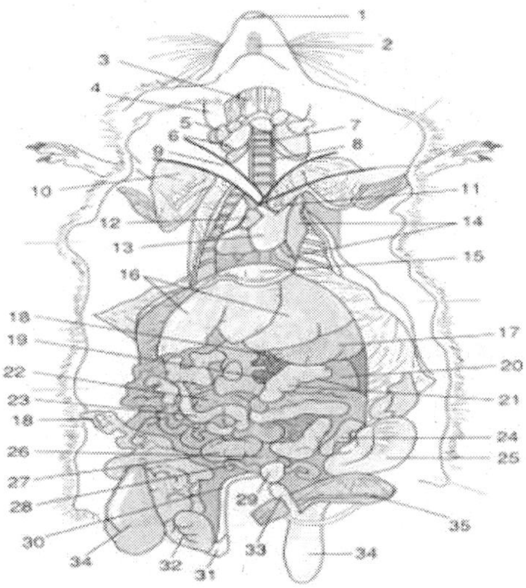

마우스 상세 해부도

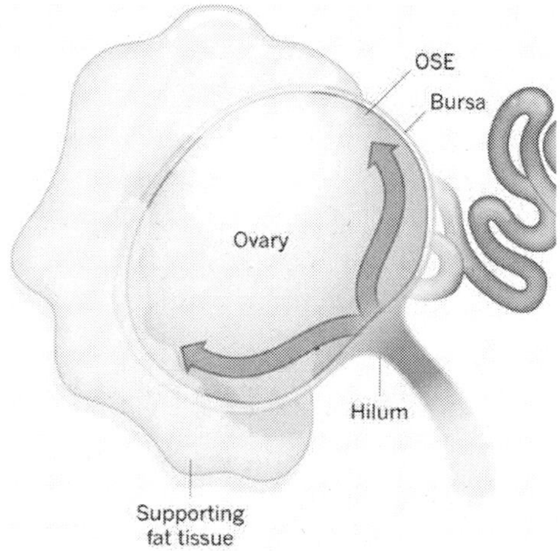

난소 상세 그림

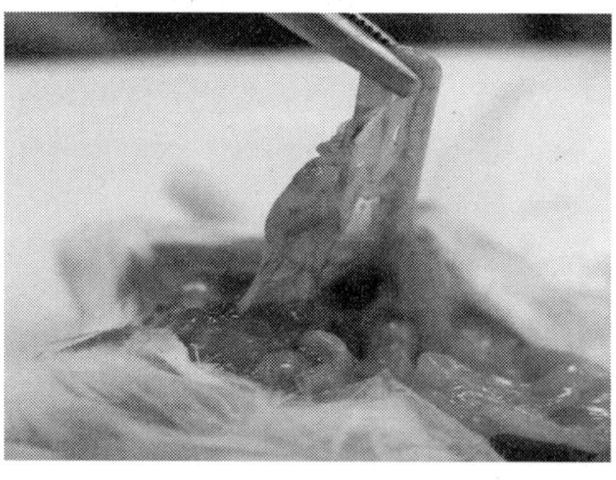

자궁을 위로 잡아당긴다.

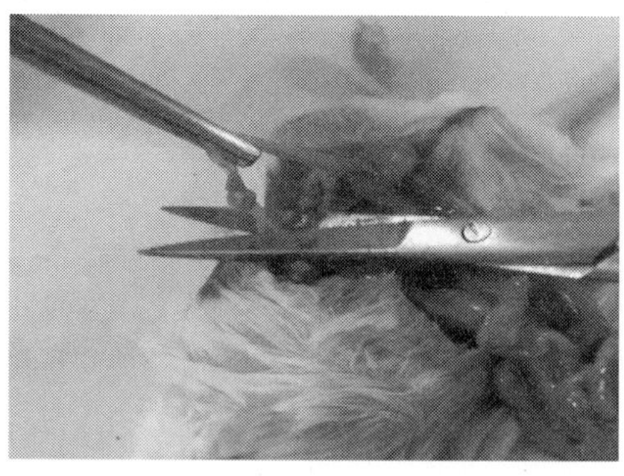

노출된 난소를 적출한다.

그림 11 난소의 적출 모습

(출처: 위 왼쪽 그림=http://cafe.daum.net, 위 오른쪽 그림=http://www.nature.com)

(6) 흉선의 적출 방법

① 외피와 내피를 입 바로 밑, 턱 부분 까지 잘라낸다.

② 목뼈 위, 심장부근에 있는 흉선을 적출한다.

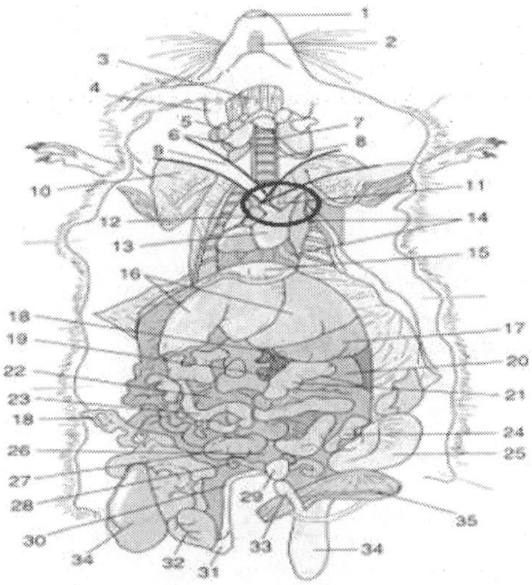

마우스 상세 해부도

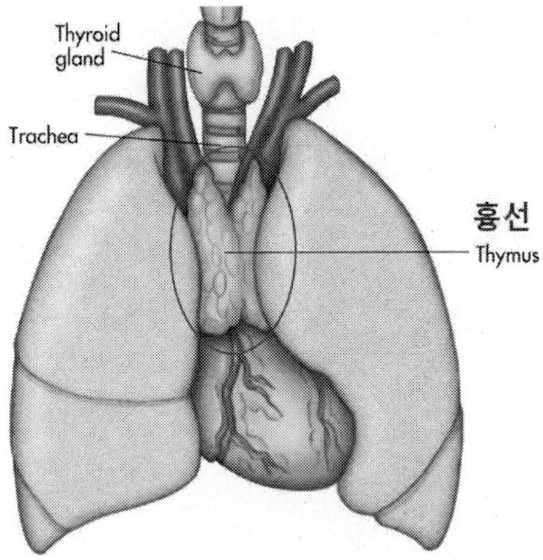

흉선 상세 그림

(1) 턱 아래쪽까지 외피와 내피 절개

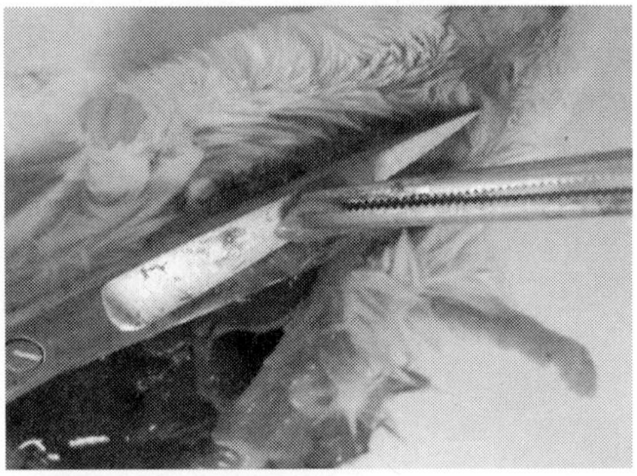

(2) 흉선을 적출

그림 12 흉선의 적출 모습

(출처: 위 왼쪽 그림=http://cafe.daum.net, 위 오른쪽 그림=https://beyondthedish.wordpress.com)

(7) 폐 및 심장의 적출 방법

① 목뼈 위쪽 뭉툭한 부분을 가위로 잘라준다.

② 잘라낸 목뼈 위쪽을 핀셋으로 살살 잡아당기며 연결된 부위를 잘라낸다.

③ 폐는 목뼈와 함께 적출해야하며, 목뼈 옆에 붙어있는 식도를 제거해준다.

④ 폐를 해부하는 과정에서 심장도 폐에 붙어 함께 적출되므로 폐와 심장을 따로 분리해준다(폐의 크기는 바둑알 만하며, 심장은 신장과 크기가 비슷).

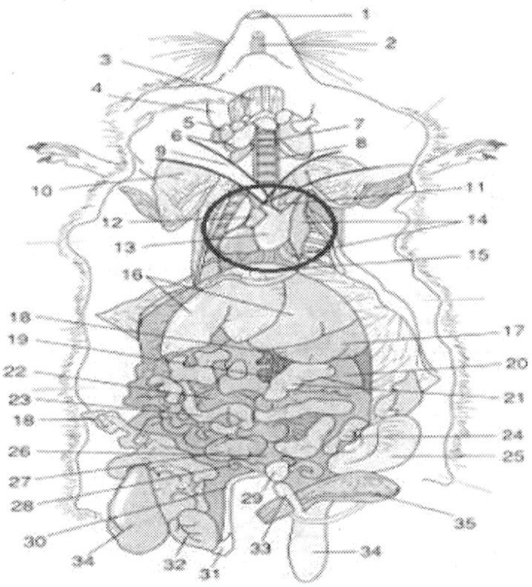

마우스 상세 해부도

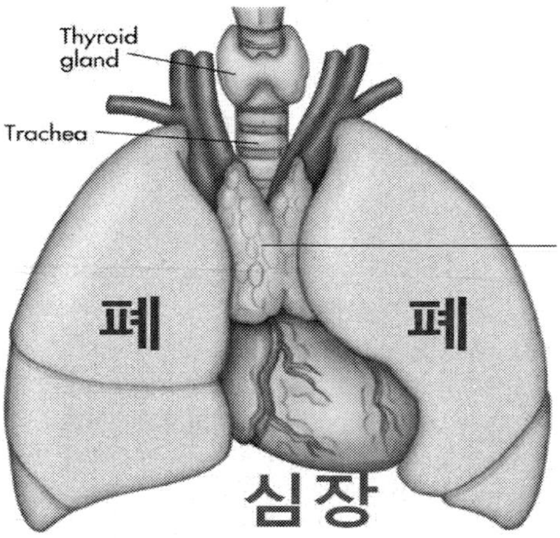

폐 및 심장 상세 그림

(1) 목뼈의 윗부분을 절단

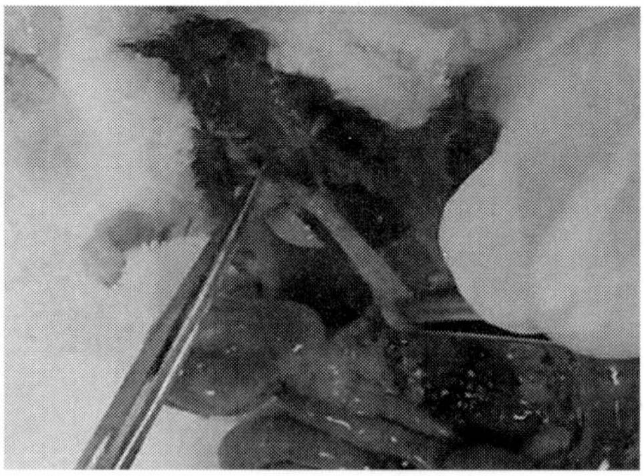

(2) 목뼈를 잡아당김

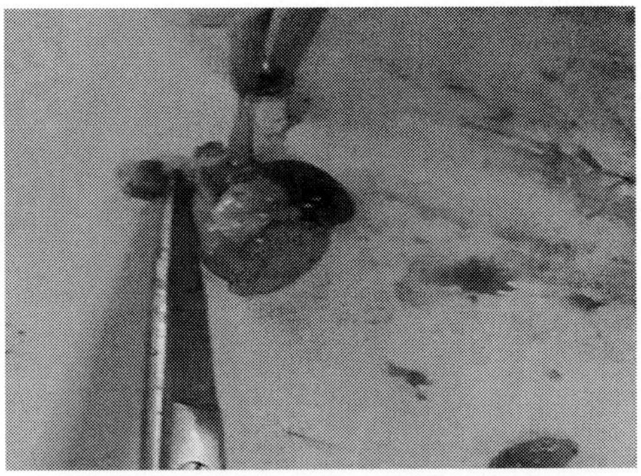

(3) 목뼈에서 식도와 심장을 분리

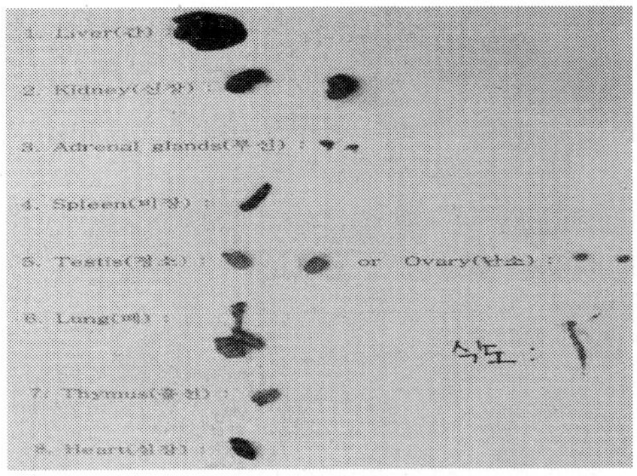

* 적출된 장기의 모습

그림 13 폐와 심장의 적출 모습

(출처: 위 왼쪽 그림=http://cafe.daum.net, 위 오른쪽 그림=https://beyondthedish.wordpress.com)

6. 마우스의 폐기

난소를 채취하거나 난관관류 실험을 위해 도살된 암컷 마우스와 도태되거나 정소상체미부회수를 위해 도살된 수컷 마우스는 비닐봉지에 싸서 묶어둔다. 그런 다음 폐기물 처리함에 넣고 냉동고에서 보관하다가 폐기물 처리 업자에게 인계한다.

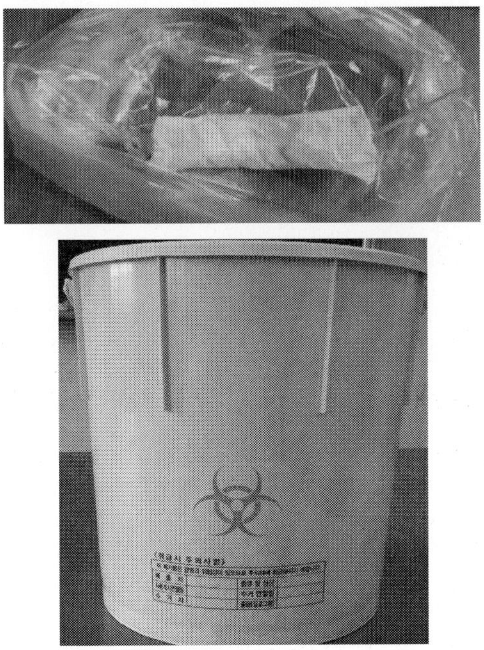

폐기물 처리상자

폐기물 처리 냉동고

그림 14 마우스의 폐기 방법

Ⅳ. 과배란 유도

1. 시약 및 소모품

(1) 호르몬

① PMSG(임마혈청성성선자극호르몬)

② hCG(임부태반융모성성선자극호르몬)

(2) 1㎖ 인슐린 주사기

2. 과배란 처리의 개요

마우스의 과배란 처리는 난자와 초기배의 회수율을 증가시키기 위해서 행해지는 기술이다. 성선자극호르몬은 많은 수의 난포 성장을 촉진된다. 그러나 혈액 등에 과다한 에스트로겐 농도를 초래하게 되어 난자 또는 배아의 회수가 전혀 되지 않는 부작용이 일어나기도 있다.

3. 난자 또는 배아의 회수를 위한 호르몬 투여 시간

(1) -4日(day -4): 3~4주령의 암컷 마우스에 PMSG 5IU를 복강 주사한다.

※ PMSG는 FSH처럼 많은 수의 난포가 성장하도록 난소를 자극한다. PMSG는 FSH보다 가격이 저렴하여 실험 동물의 과배란 유도에 광범위하게 이용되고 있다.

- 미성숙 난자(GV)가 필요한 경우: PMSG 주사 48시간 후에 hCG 주사를 하지 않은 마우스에서 회수한 난소로부터 미성숙 난자를 채취하면 된다.

(2) -2日(day -2): PMSG를 투여하고 나서 48시간(2일) 후에 hCG 5IU를 주사하여 배란을 유도한다.

- 성숙 난자(MⅡ)가 필요한 경우: hCG 투여 후 수컷과 교미시키지 말 것.
- 2-세포 배아가 필요한 경우: hCG 투여 즉시 수컷 마우스와 합사시켜 교미를 유도한다(수컷 1마리에 암컷 2마리의 비율 정도).

(3) −1日(day −1)

- 성숙 난자(MⅡ)가 필요한 경우: hCG 투여 후 18시간에 교미를 안 시킨 암컷의 난관 팽대부로부터 성숙 난자를 회수한다.
- 2-세포 배아가 필요한 경우: 암컷과 수컷의 교미 확인을 실시한다. 암컷의 질전(plug) 검사로 알 수 있다. 교미 다음날 아침 일찍 검사를 한 뒤, 케이지 라벨에 질전 검사 내용을 기록한다.
  ① ○: 질전 확인
  ② △: 무질전 질충혈
  ③ X: 무질전 무충혈(암컷=실험에서 제외, 수컷=반복되면 도태)

(4) 0日(day 0): 2-세포 배아가 필요한 경우: hCG 투여 후 48시간이 경과한 다음 난관을 관류하여 배아를 회수하면 된다.

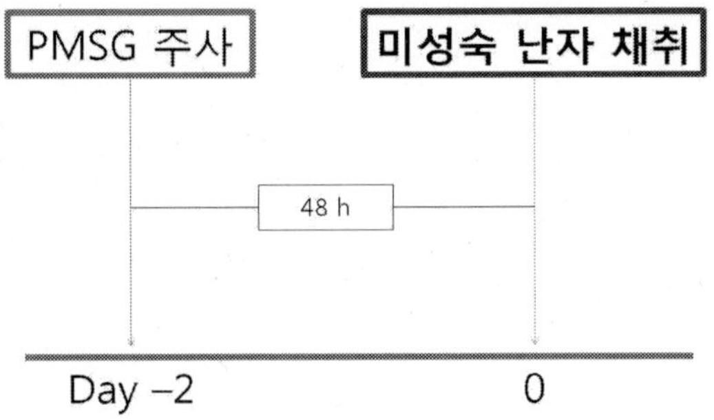

미성숙 난자(GV) 채취

- PMSG 투여 48시간에 난소로부터 미성숙 난자 채취

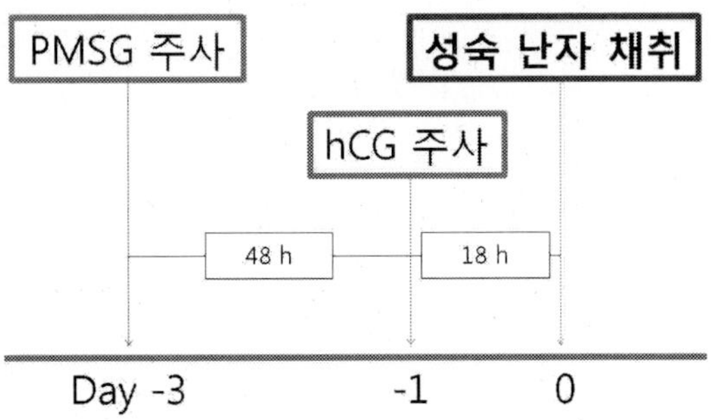

성숙 난자(MⅡ) 회수

- PMSG 투여 48시간에 hCG를 주사하여 배란을 유도.
- hCG 투여 후 18시간에 교미를 안 시킨 암컷의 난관팽대부로 부터 성숙난자 회수

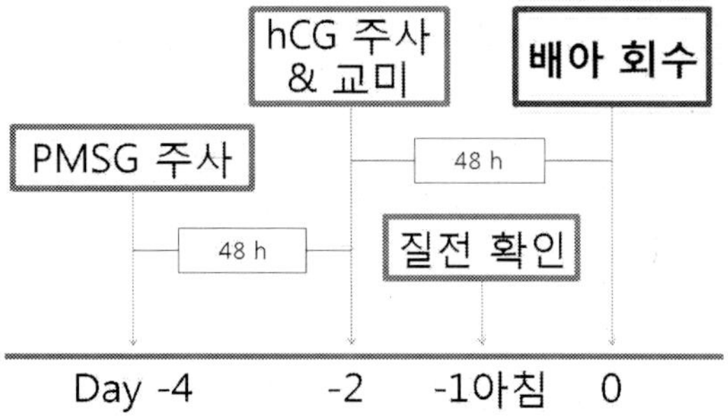

2-세포기 배아 회수

- PMSG 투여 48시간에 hCG 주사하고 즉시 수컷과 교미 유도
- 교미 다음날 오전에 질전 검사/기록.
- hCG 투여 48시간 후에 난관을 관류하여 2-세포 배아 회수

그림 15 난자·배아 회수를 위한 호르몬 주사 시간표

4. 호르몬 투여를 위한 마우스 보정(holding)

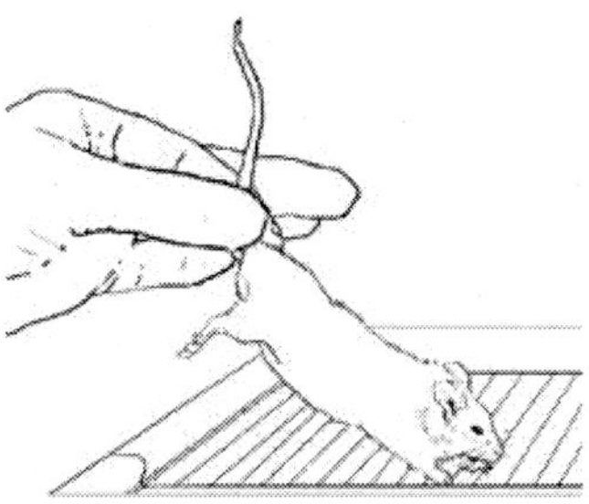
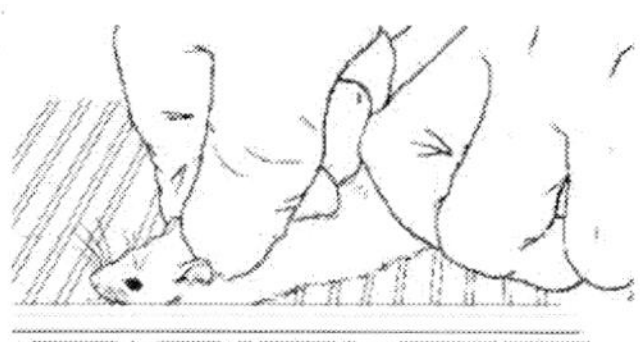

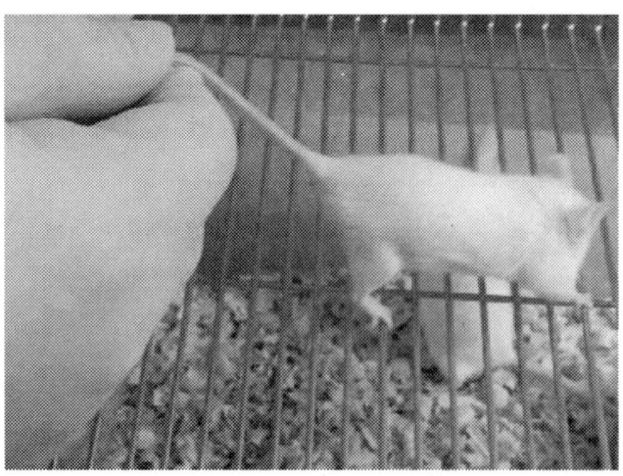

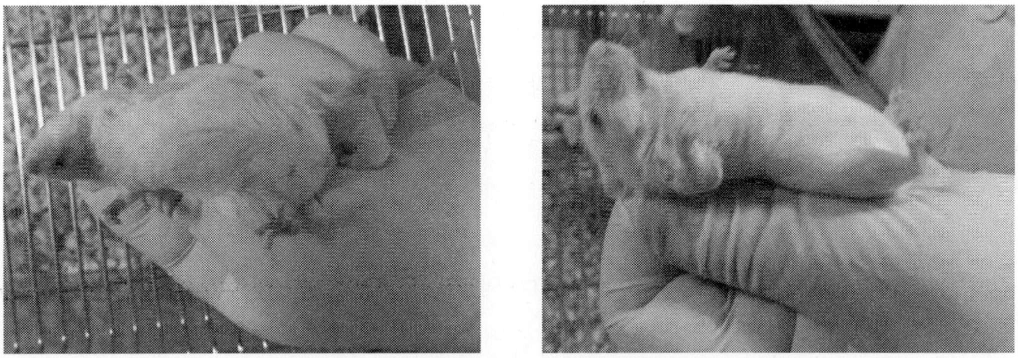

그림 16 마우스 보정 모식도

(위쪽 그림 3개: http://brl.uic.edu/?q=node/18)

(1) 마우스의 꼬리는 연한 조직으로 이루어져있어 꼬리끝 부분을 잡게 되면 외피가 벗겨지기 쉬우므로 꼬리 시작부분을 잡아 주는 것이 좋다. 또한 케이지 그물망 부분에 놓게 되면 망을 잡고 앞으로 가려는 성질이 있어서 물리지 않고 마우스를 보정할 수 있다.

(2) 마우스의 목 끝 부분과 두개골이 시작되는 부분을 엄지와 검지로 눌러 잡아야 한다. 이때 제대로 잡지 못하게 되면 마우스가 머리를 돌려서 손을 물수 있으므로 주의한다.

(3) 엄지와 검지로 목 끝을 단단히 고정시킨 뒤 중지~약지로 등가죽을 잡아 마우스가 발버둥치지 못하게 해야 하며, 마지막으로 꼬리를 움켜쥐어 마우스가 움직이지 못하게 잡아준다.

5. 마우스의 호르몬 주사

마우스에 호르몬을 투여할 때 에는 복강 주사(intraperitoneal injection, IP)를 실시한다. 복강 내 주사는 마우스, 래트와 같은 소형 동물에 있어서 가장 빈번하게 사용되고 있다. 하지만 이투여 법은 투여 실수의 사례가 빈번히 보고되고 있으므로 세심한 주의가 필요하다.

주사침을 찌를 때에는 먼저 주사침을 피부와 수평이 되도록 피하로 약 0.5~1㎝ 정도로 삽입한 뒤 주사기를 30~90° 각도로 들어 복막을 관통시킨다. 투여량은 마우스에서 2~3㎖, 래트에서 5~10㎖ 까지 가능하다.

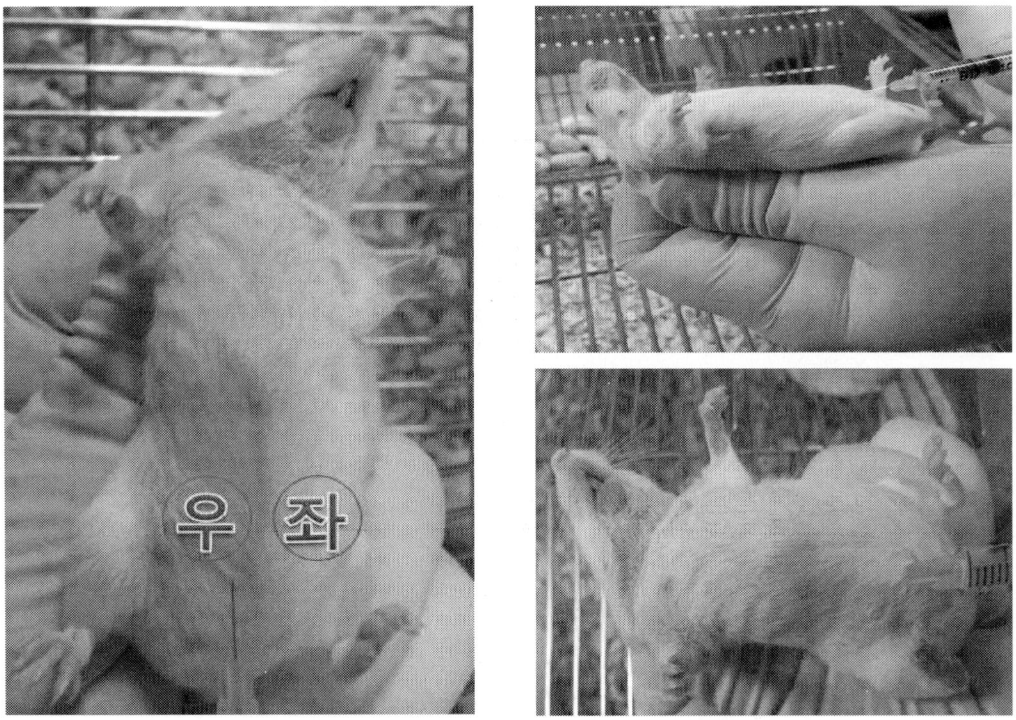

그림 17 마우스의 복강 주사

(1) 일회용 주사기와 소독용 알코올 솜을 준비한다.
(2) 주사기에 일정량의 호르몬을 준비한다.
(3) 마우스를 보정한다.
(4) 투여할 부분을 알코올 솜으로 소독한다.
(5) 주사침을 0.5~1㎝ 깊이와 30~90° 각도로 찔러 넣는다.

(6) 주사기 내에 혈액이나 장관 내용물이 빨려 들어오지 않는 것을 확인한 후 투여한다.

※ 참고: 〈그림 17〉과 같이 척추를 중심으로 마우스의 좌우를 구분하는데 우측이나 좌측에 지방이 비교적 많이 분포된 복부부분에 주사를 놓는다. 주사를 두 번 놓아야 할 경우가 생긴다면 좌측과 우측을 번갈아 가면서 주사해야 한다.

6. 마우스의 희생

(1) 종류: 실험동물의 희생법(3가지)

① 마취제를 이용한 안락사

② CO_2 를 이용한 안락사

③ 경추 탈골법

※ 설치류 특히 마우스의 경우는 주로 경추 탈골법을 이용한다.

(2) 경추탈골 방법: 손이나 핀셋 등의 기구로 두개골과 척추가 연결되는 부분을 바닥에 고정시키고 꼬리를 잡아 약 20~30° 위로 순식간에 잡아당겨 경추가 분리되게 한다.

※ 참고 1: 경추 탈골법 시행 시 마우스의 꼬리 부분은 연한 조직으로 이루어져 있기 때문에 가죽이 찢어지면서 큰 고통을 줄 수 있으므로 꼬리의 중간이나 시작 부분을 잡는 것이 좋다.

※ 참고 2: 생명을 희생시키는 일이니 만큼 엄숙하고 진지한 분위기에서 실시할 것.

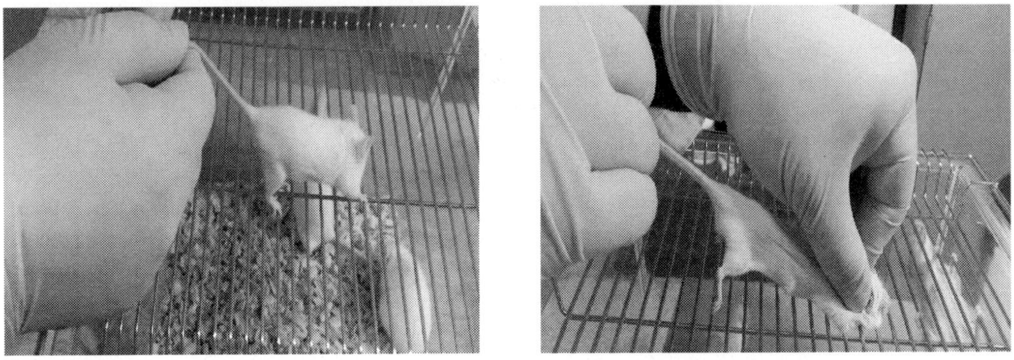

그림 18 마우스의 경추 탈골 장면

3장

호르몬 제조 및 보관

3장. 호르몬 제조 및 보관

Ⅰ. 단위(IU, international unit) 계산법

1. PMSG(pragnant mare serum gonadotropin), (임마혈청성성선자극호르몬)

(1) PMSG 단위 계산법

호르몬을 계산하기 이전에 이 개념을 정확히 이해하여 자신이 하고 있는 실험이 잘못된 방향으로 가지 않게 올바르게 정립시켜 놓아야 한다.

① 과배란 유도 호르몬 제조
2,000IU의 호르몬을 5IU로 만들기 위해서는, 2,000IU(호르몬)/40mℓ(PBS) ⇨ 5IU/0.1mℓ.
풀이: 2,000IU의 PMSG를 40mℓ의 PBS에 녹여 마리당 0.1mℓ씩 주사하면 마리 당 5IU가 주사되는 것이다.

② 배양액 첨가를 위한 저장(stock) 호르몬 제조
2,000IU(호르몬)/2mℓ(PBS) ⇨ 200IU/0.2mℓ(200μℓ) ⇨ 20IU/20μℓ ⇨ 10IU/10μℓ
풀이: 배양액에 PMSG 10IU를 첨가하기 위해서는 저장 호르몬 10μℓ를, 20IU를 첨가하기 위해서는 저장 호르몬 20μℓ를 주입하면 된다.

그림 19 PMSG 단위 계산법

(2) PMSG 조제 방법(과배란 유도 호르몬 제조)

① 2,000IU PMSG 1병을 준비해 둔다.

② PBS 40mℓ를 아래와 같이 준비한다.

- 50mℓ 병에 PBS 30mℓ를 넣어 둔다.
- 15mℓ 튜브 2개에 각각 PBS 5mℓ씩(총 10mℓ) 넣어 둔다.

※ 50mℓ 병에 PBS 40mℓ를 넣어서 한꺼번에 작업하는 것도 가능.

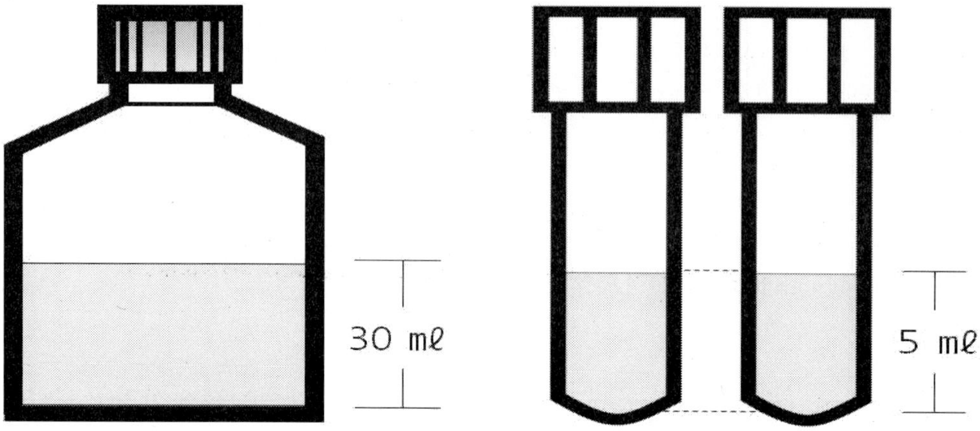

50mℓ 병　　　　14mℓ 튜브(2개)

그림 20 PMSG 제조를 위한 배양액 준비

③ PMSG 병의 금속마개는 개봉하고 안쪽의 고무마개는 개봉하지 않는다(1mℓ 피펫을 이용할 경우에는 고무마개를 개봉할 것).

④ 1mℓ 주사기로 14mℓ 튜브에서 적당량의 PBS(0.6~0.7mℓ)를 흡입한 다음 PMSG 병 고무마개 안으로 찔러 주입한다(1mℓ 피펫을 이용할 경우에는 고무마개를 열어서 배양액을 주입할 것). 잘 흔들어서 녹인다.

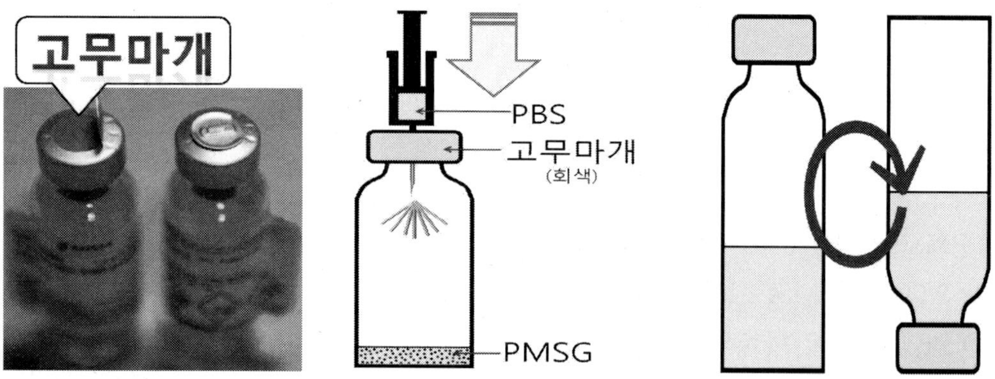

PMSG 병　　　　PBS 주입　　　　흔들어서 녹여줌

그림 21 PMSG 제조를 위한 배양액의 희석

⑤ 고무마개를 열고 구석구석에 남아 있는 용액을 1mℓ 주사기로 흡입한다(1mℓ 피펫을 이용할 경우에는 피펫으로 여분의 용액을 흡일할 것).

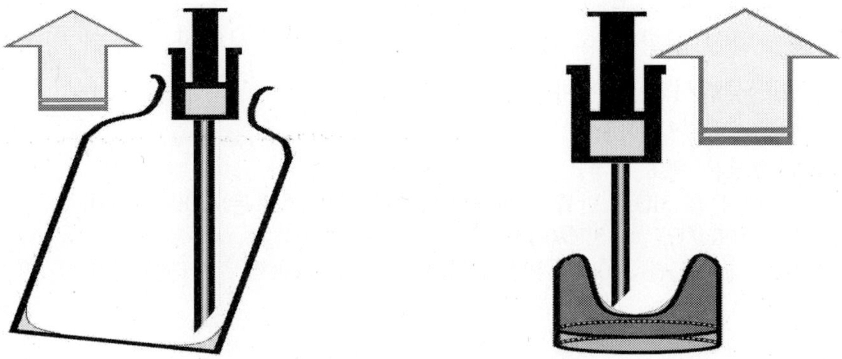

병에서 회수　　　　　고무마개에서 회수

그림 22 PMSG 제조 후 잔량의 회수

⑥ 흡입한 PMSG 용액을 PBS 30mℓ가 든 50mℓ 병에 넣는다.

⑦ 14mℓ 튜브에 남아있는 PBS 전부를 5mℓ 피펫으로 PMSG 병 속을 여러 번 헹궈서 PMSG 잔량을 회수한다.

⑧ 5IU로 희석된 PMSG를 1회 사용량에 맞게 1.5mℓ 에펜도프 튜브(실험군이 많다면 용량이 큰 튜브 사용)에 사용량에 맞게 넣어 알루미늄 호일에 싸서 냉동(-20℃)보관 한다.

(3) PMSG 분주 방법

만일 1회 실험에 마우스 10마리를 이용한다면, 마리 당 0.1mℓ씩 사용하게 되므로 10마리 분량의 1mℓ과 0.3mℓ 정도의 여분(추가 주사나 유실에 대비)을 더하여 1.3mℓ씩 분주·보관하면 대략 29~30개 정도의 에펜도프 튜브가 만들어 진다.

2. hCG(human chorionic gonadotropin) (임부태반융모성성선자극호르몬)

(1) hCG 단위 계산법

hCG 제조법의 개념은 앞에서 설명한 PMSG 제조 방법과 동일하다. 호르몬을 제조할 때에는 제조법을 정확히 이해하여 자신이 하고 있는 실험이 잘못된 방향으로 가지 않게 올바르게 정립시켜 놓아야 한다.

① 과배란 유도 호르몬 제조
10,000IU의 호르몬을 5IU로 만들기 위해서는, 10,000IU(호르몬)/200㎖(PBS) ⇨ 100IU/2㎖ ⇨ 50IU/1㎖ ⇨ 5IU/0.1㎖
풀이: 10,000IU의 hCG를 200㎖의 PBS에 녹여 마리 당 0.1㎖씩 주사하면 마리 당 5IU가 주사되는 것이다.

② 배양액 첨가를 위한 저장(stock) 호르몬 제조
10,000IU(호르몬)/10㎖(PBS) ⇨ 1,000IU/1㎖(1,000㎕) ⇨ 100IU/0.1㎖(100㎕) ⇨ 10IU/10㎕ ⇨ 20IU/20㎕
풀이: 배양액에 hCG 10IU를 첨가하기 위해서는 저장 호르몬 10㎕를, 20IU를 첨가하기 위해서는 저장 호르몬 20㎕를 주입하면 된다.

그림 23 hCG 단위 계산법

(2) hCG 제조 방법(과배란 유도 호르몬 제조)

① 10,000IU hCG를 200㎖의 PBS에 녹이면 된다.

② hCG를 녹이는데 필요한 PBS 총량은 200㎖이며, 아래와 같이 준비한다. 250㎖ 병에 180㎖의 PBS를 넣고 14㎖ 튜브 2개에 각각 10㎖씩 넣어서 준비한다 (250㎖ 병에 PBS 200㎖를 넣어서 한꺼번에 작업하는 것도 가능).

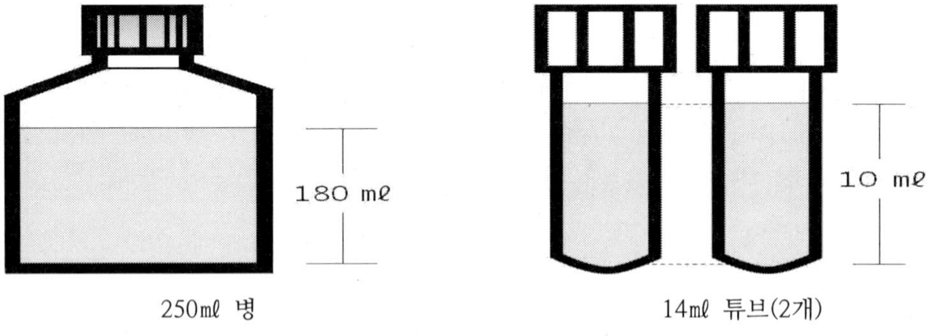

그림 24 hCG 제조를 위한 배양액 준비

③ PMSG를 녹일 때와 동일한 방법으로 녹인다.

(3) hCG 분주 방법: PMSG 분주 방법 참조

Ⅱ. 호르몬의 분주와 보관

1. 분주

(1) 과배란 유도 호르몬

① 한번 실험에 사용하는 마우스 수에 맞게 1.5㎖ 에펜도프 튜브에 분주한다.

• 예를 들어 한번 실험에 10마리가 이용된다면, 0.1㎖ PMSG(또는 hCG)×10 마리=1㎖가 필요하다. 그러나 만일을 대비해서 0.2~0.3㎖를 더해서 총 1.3㎖ 씩의 PMSG(또는 hCG)를 에펜도프 튜브에 분주해 둔다.

② 1.3㎖을 기준으로 PMSG는 30개 정도, hCG는 150개 정도의 분주 튜브를 만들 수 있다

(2) 배양액 첨가를 위한 호르몬

① 0.5㎖ 에펜도프 튜브에 120㎕씩 분주한다.

② 120㎕를 기준으로 PMSG는 17개 정도, hCG는 83개 정도의 분주 튜브를 만들 수 있다.

(3) 참고

① 분주할 때 튜브 꽂이에 에펜도프 튜브를 꽂아 놓고 한 명은 피펫으로 분주하고 한 명은 에펜도프 튜브의 마개를 닫으면 효과적으로 일을 할 수 있다.

② 분주 후 에펜도프 튜브의 마개 윗부분에 PMSG는 “P”, hCG는 “h”라고 마커펜으로 기입한다.

2. 보관

(1) 분주 에펜도프 튜브: 에펜도프 튜브 한 개씩 알루미늄 호일로 싸서 빛을 차단한다.

(2) 보관 병의 종류: 100㎖ 비이커, 종이 상자, 소변 컵, 미네랄 오일 통 자른 것 등.

• 상자의 외벽과 뚜껑을 알루미늄 호일로 싸서 빛을 차단한다. 뚜껑이 따로 없는 경우에는 알루미늄 호일로 뚜껑을 만들어 상자를 덮어 준다.

(3) 보관 상자에 시약, 이름, 제조일자, 농도, 사용 용액(working sol.)을 만드는 방법을 기록한다.

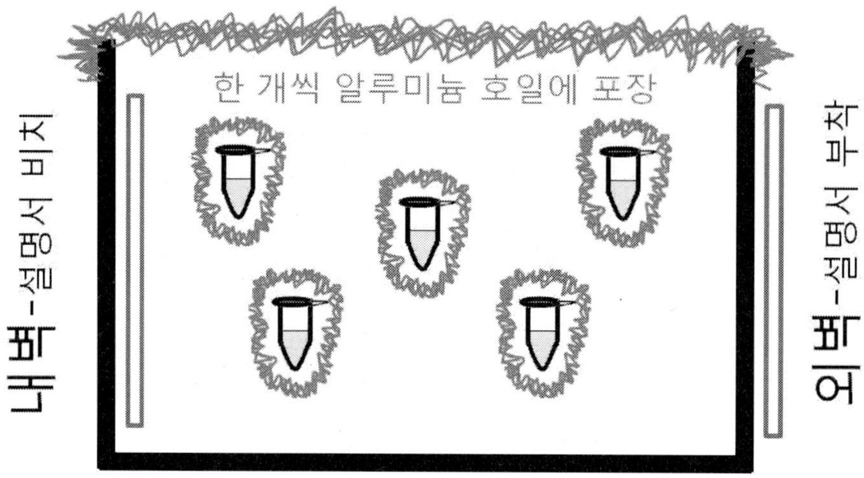

보관통의 모습

보관 용지의 작성 예	
내벽: 과배란 유도 호르몬(주사용)	
PMSG(주사용) 2,000IU/40mℓ(PBS) ⇨ 5IU/0.1mℓ ⇨ 마리 당 0.1mℓ 주사 ※ 1.3mℓ/1개(에펜도프 튜브) 0000년 00월 00일	hCG(주사용) 10,000IU/200mℓ(PBS) ⇨ 5IU/0.1mℓ ⇨ 마리 당 0.1mℓ 주사 ※ 1.3mℓ/1개(에펜도프 튜브) 0000년 00월 00일
배양액 첨가를 위한 농축 저장 호르몬(배양액 첨가용)	
PMSG(배양액 첨가용) 2,000IU/2mℓ(PBS) ⇨ 200IU/0.2mℓ(200μℓ) ⇨ 20IU/20μℓ ⇨ 10IU/10μℓ ※ 120μℓ/1개(에펜도프 튜브) 0000년 00월 00일	hCG(배양액 첨가용) 10,000IU/10mℓ(PBS) ⇨ 1,000IU/1mℓ(1,000μℓ) ⇨ 100IU/0.1mℓ(100μℓ) ⇨ 10IU/10μℓ ⇨ 20IU/20μℓ ※ 120μℓ/1개(에펜도프 튜브) 0000년 00월 00일
외벽: 저장 용액(stock sol.)의 종류(PMSG 또는 hCG) & 날짜	

그림 25 분주 호르몬의 보관 방법

표 1 호르몬 준비 요약

PMSG	hCG
• 2,000IU/2ml ⇨ 200IU/0.2㎖(200㎕) ⇨ 20IU/20㎕ ⇨ 10IU/10㎕	• 10,000IU/10ml ⇨ 1,000IU/1㎖ ⇨ 100IU/0.1㎖(100㎕) ⇨ 10IU/10㎕ ⇨ 20IU/20㎕

표 2 배양액 제조 시 호르몬 첨가 방법

용량 / 내용	2㎖ 제조 시	3㎖ 제조 시
PMSG	20㎕	30㎕
hCG	20㎕	30㎕
FBS	0.4㎖(400㎕)	0.6㎖(600㎕)
배양액	1.56㎖(1,560㎕)	2.34㎖(2,340㎕)

4장

미성숙 난자의 배양

4장. 미성숙 난자의 배양

Ⅰ. 마우스 해부 및 난소 채취

1. 마우스 해부

마우스의 난소는 주령이 오래된 마우스일수록 많은 복부 지방에 둘러싸여 있어서 찾아내기 힘들다. 장기의 위치를 제대로 기억하고 자궁에서부터 찾아서 올라가면 난소를 찾아내기가 쉽다(매우 숙달되면 등 뒤를 찢어서 난소를 바로 찾을 수 있음).

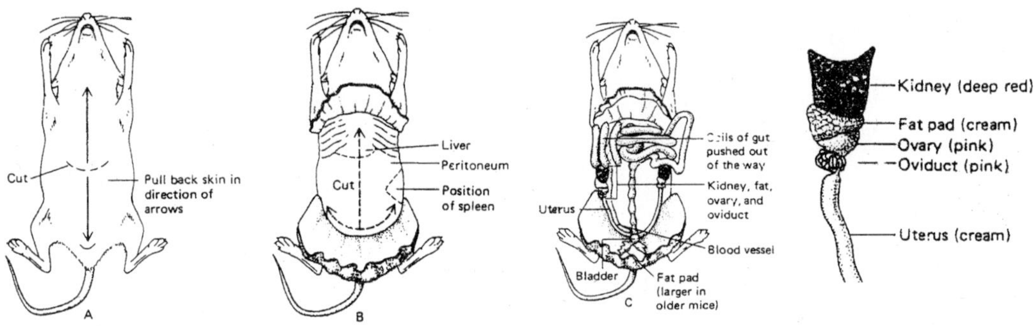

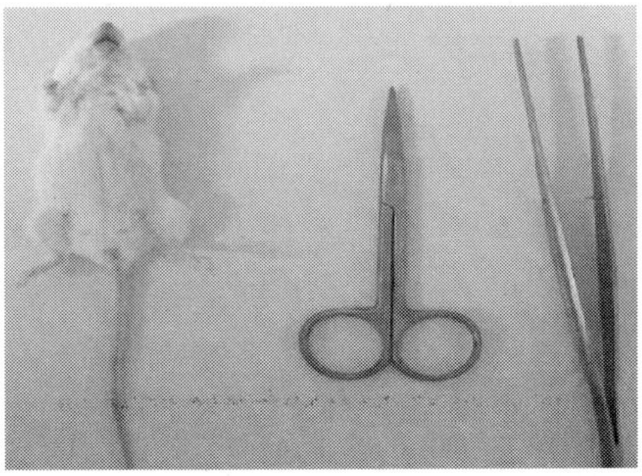

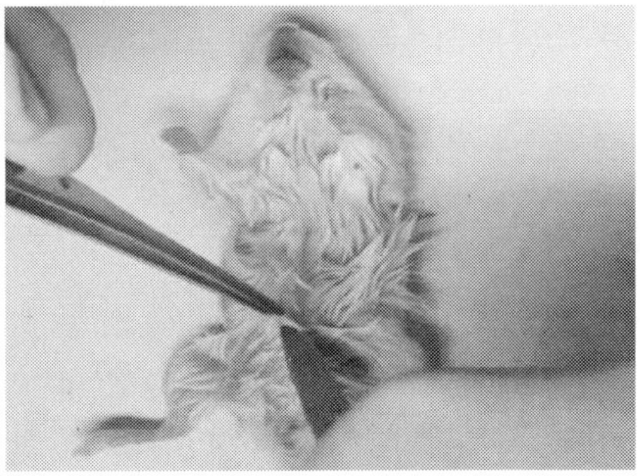

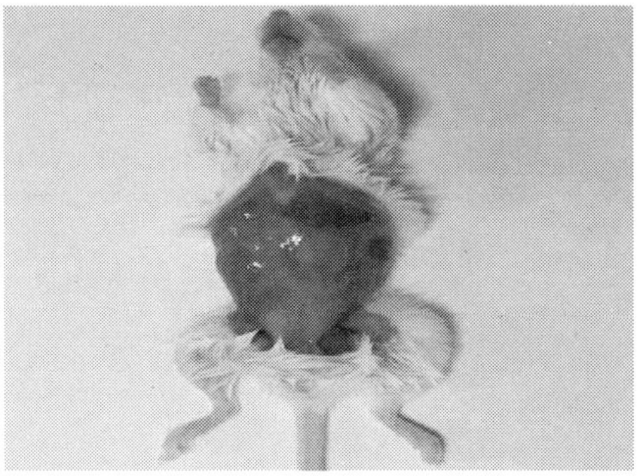 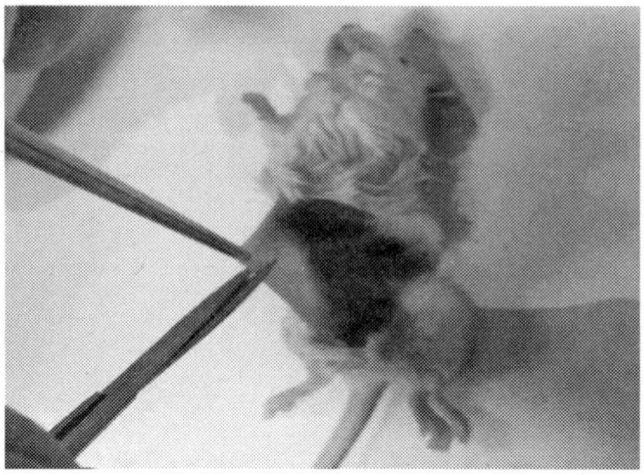

그림 26 마우스 해부 모식도
(위 쪽 그림 4개: Hogan 등. 98쪽)

2. 난소 채취

(1) 해부 기구를 알코올로 소독한 뒤 마우스 배 쪽 외부 생식기 윗부분을 가위로 한 번 흠집을 낸 후 가죽을 머리와 꼬리 쪽으로 잡아당겨 배 부위와 흉부를 감싸고 있는 근육이 드러나도록 한다.

(2) 내장의 배열을 흩트리지 않고 원형을 유지하게 하면서 내장을 감싸는 근육 층을 절개하여 체강 내 기관계가 보이도록 한다.

(3) 소화기관계를 체강 밖 한쪽으로 몰아 놓는다. 등 쪽 체벽, 신장 바로 밑에 위치한 자궁을 찾아낸다.

(4) 자궁을 찾게 되면 자궁주위에 분포되어 있는 장간막과 혈관들을 가위 끝으로 긁어내어 자궁에서 분리시킨다.

(5) 난소 위에 붙어있는 지방조직을 천천히 긁어내고, 난소만 남도록 준비한다. 핀셋으로 끄집어내어 가위로 적출한다(숙달되면 난소만 바로 찾아서 적출할 수 있음).

※ 참고 1: 매우 숙달되면 난소가 위치한 등 쪽 일부만 절개하여 난소를 회수할 수도 있다(가장 효율적인 방법).

※ 참고 2: 지방조직이 남아있게 되면 현미경을 보고 난소를 터뜨리는 과정에서 시야를 가리게 되므로, 난소 주위의 지방조직 등이 따라오지 않도록 최대한 조심스럽게 작업하면 난소에서 난자를 채취할 때 도움이 된다.

※ 참고 3: 난소를 회수한 다음 여과지(또는 멸균 거즈, 티슈 등)에 얹어서 살짝 굴리면 지방조직이 여과지 표면에 붙어서 늘어진다. 이렇게 하면 난소와 지방을 쉽게 분리할 수 있을 뿐만 아니라 난소 표면에 묻은 혈액 등 이물질을 제거하는 데에도 도움이 된다(생략 가능).

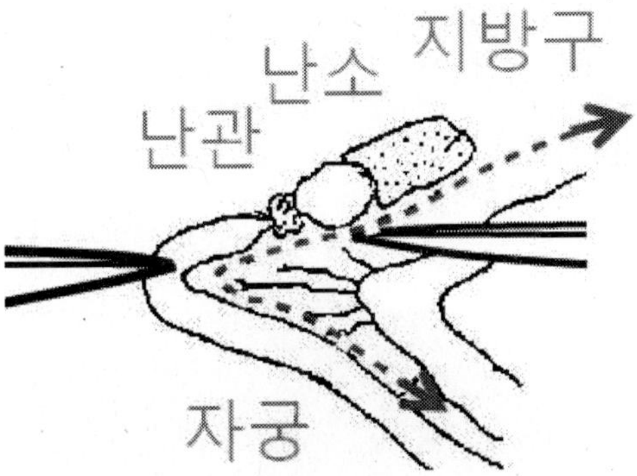

자궁·난관·난소를 장간막·혈관과 분리

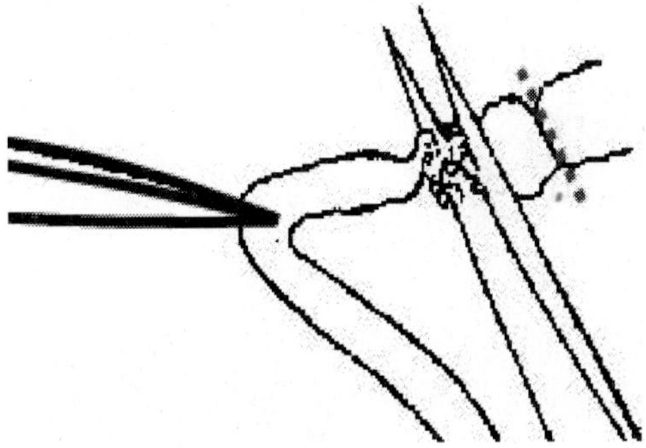

난소 적출

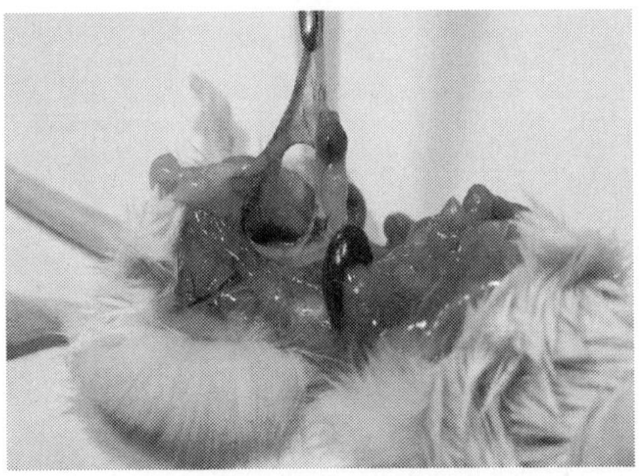

난소의 모습

난소의 적출 장면

그림 27 난소 적출 모식도

(위 쪽 그림 2개: Hogan 등. 101쪽)

저배율

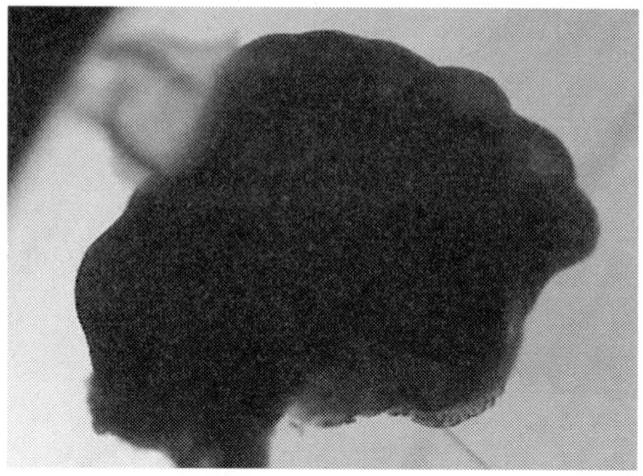

중배율(난포가 보임)

고배율(난포에 난자가 보임)

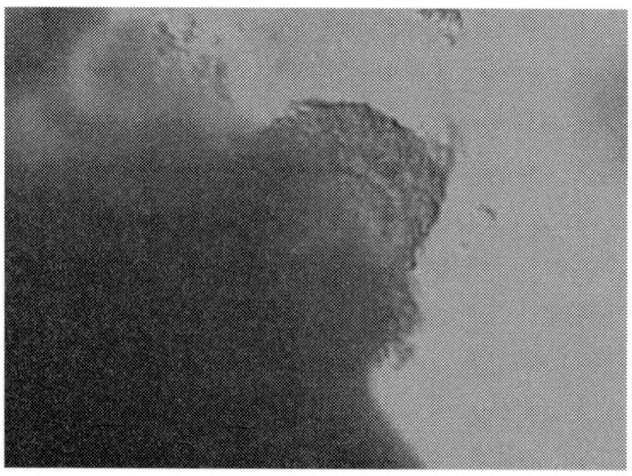

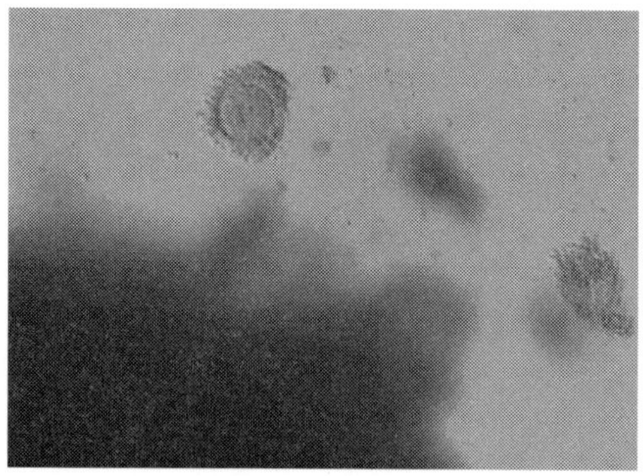

난자 방출(채취)

그림 28 난소와 난소 내 난포 모습

Ⅱ. 미성숙 난자의 채취와 배양

1. 배양액의 준비

(1) 배양액

① 난자 채취용: PBS+20% FBS

② 난자 배양용

- Onestep medium(자체적으로 HSA 포함) • G2+5% HSA
- Blastocyst medium(자체적으로 약 4.5% HSA 포함)
- TCM • DMEM

※ 공통 첨가: FBS 20%와 10IU/1mℓ의 성선자극호르몬(PMSG, hCG)을 배양액에 첨가하여 배양하면 발생능력이 우수한 난자를 획득할 수 있다.

(2) 배양 조건

① 배양액의 소적 크기

- 50~100μℓ(4-공 배양접시는 50μℓ 이하 소적을 실시할 것) (파라핀 오일을 덮어줌)
- 2mℓ

② 37℃ 배양기의 CO_2 농도

- G2, Blastocyst medium: 6%
- Onestep medium, PBS, DMEM & TCM: 5%

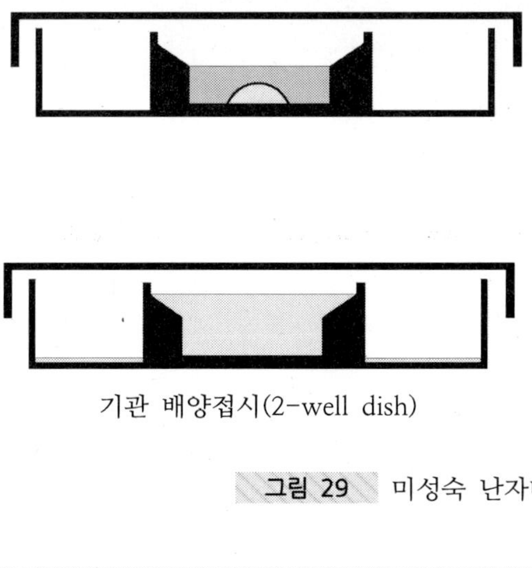

기관 배양접시(2-well dish)

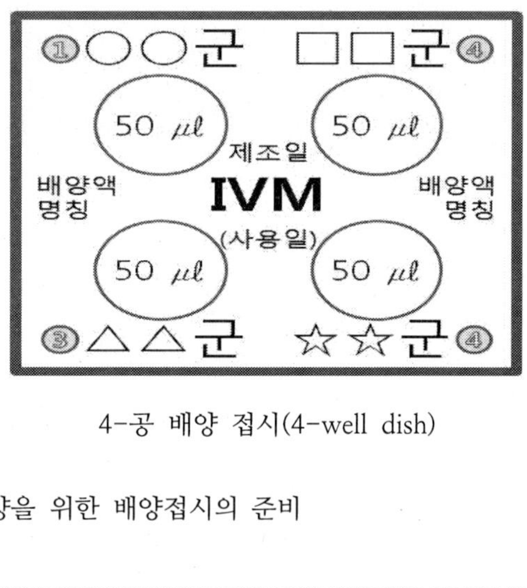

4-공 배양 접시(4-well dish)

그림 29 미성숙 난자배양을 위한 배양접시의 준비

2. 미성숙 난자 채취

(1) 난소 회수

① 3~4주령 암 마우스에게 PMSG 5IU(주령이 많은 것은 7.5IU)주사 후 48시간에 난소를 회수한다.

② 난소를 여과지(또는 멸균 거즈, 티슈) 위에 올리고 주변의 혈액과 지방조직을 제거한다(생략 가능).

③ 난소를 난자 채취 용 배양액에 넣는다.

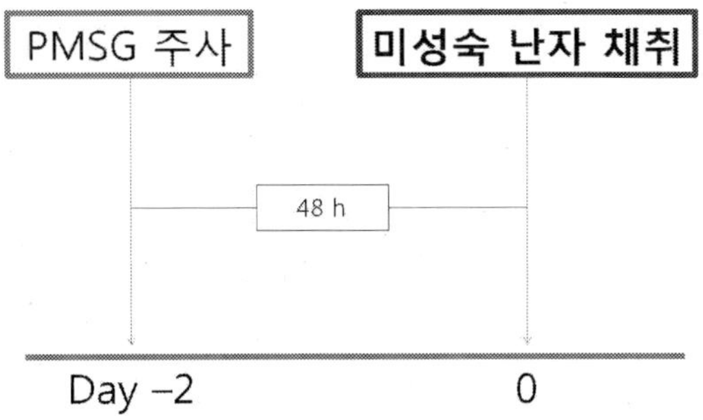

① PMSG 주사 후 48시간에 난소 회수

② 난소 주변의 혈액과 지방조직 제거

③ 난자 채취 용 배양액에 난소 투입

그림 30 미성숙 난자 채취를 위한 호르몬 주사 시간표

(2) 난자 채취

① 난소 조직의 왼쪽은 핀셋으로 고정시키고 오른쪽에서 주사기 바늘로 난포가 있는 곳을 뜯어내듯이 터트려서 난자가 방출되도록 한다.

② 배양액으로 방출된 난자 중에서 난핵포(germinal vesicle)이 있는 것을 성숙 배양에 이용한다. 3가지 종류로 방출되는데, 주로 난자·난구세포 복합체를 실험에 이용한다.

- 난자·난구세포 복합체(cumulus oocyte complexes, COC)
- 난구세포 일부 부착 난자(cumulus oocyte, CO)
- 나화 난자(oocyte, O)

※ 참고: 난소 한 개에서 약 30개의 난자를 얻을 수 있다(COC+CO+O).

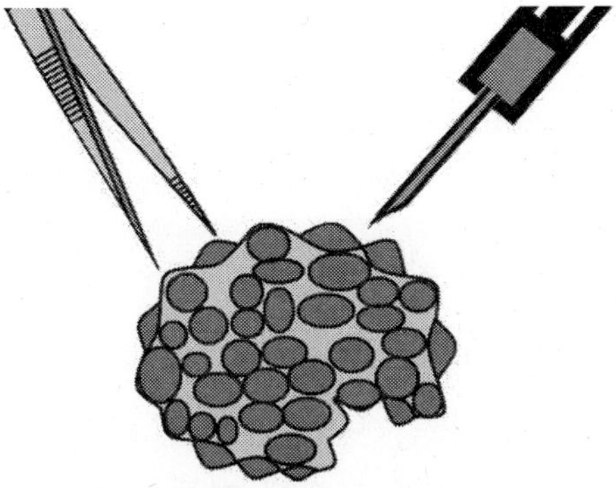

난자 채취 모식도

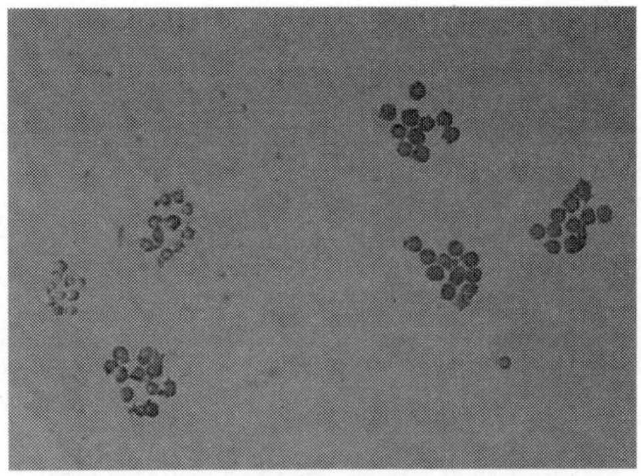

채취 난자 모음

그림 31 난소에서 난자의 채취

(3) 난자 세척: 배양액 내부가 혈액이나 세포 파편 등으로 인해 매우 지저분하므로 난자를 모아서 세척을 실시한다.

3. 미성숙 난자의 배양

(1) 세척: 회수한 미성숙 난자는 CO_2 배양기 내에 준비되어 있는 세척 배양액으로 3회 정도 세척한다.

(2) 난자의 선별: 실험의 성격에 맞는 난자를 선별한다.

- 난자·난구세포 복합체, 난구세포 일부 부착 난자 또는 나화 난자를 선택
- 난구세포 부착 정도에 따른 선택
- 난자 세포질의 모습에 따른 선택
- 난자의 형태에 따른 선택

(3) 난자를 성숙 배양 접시 내로 옮긴다.

(4) CO_2 배양기 내에 18시간 동안 배양하여 성숙을 유도한다.

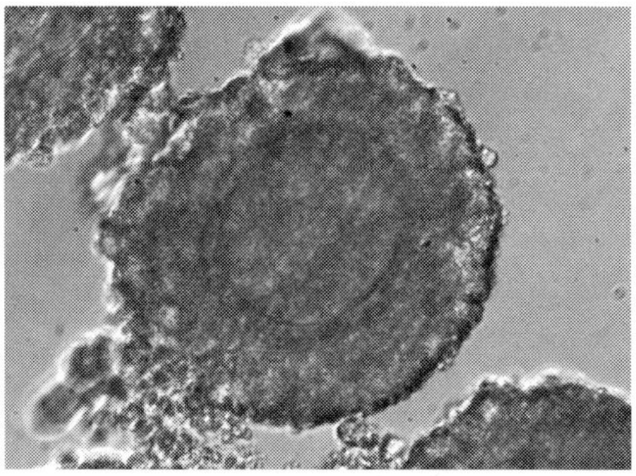

난자·난구세포 복합체

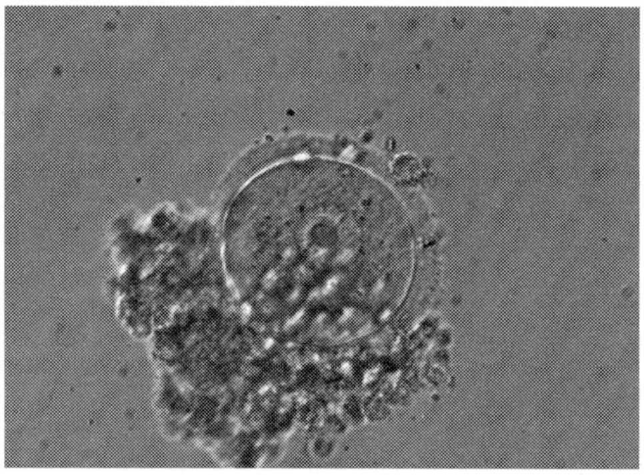

난구세포 일부 부착 난자

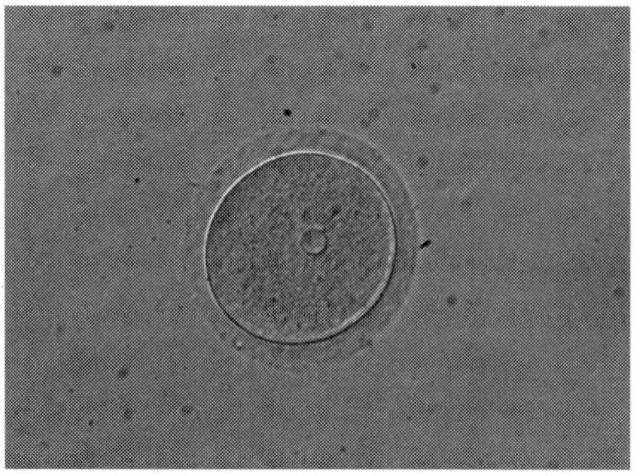

나화 난자

① 난소 회수

② 미성숙 난자 채취/세척

③ 난자 선별

④ 성숙 배양: 18시간 내·외

내용 설명

그림 32 미성숙 난자의 모습

4. 성숙 판정

(1) 육안으로 판정

① 성숙의 유무를 확인하기 위해 난구세포를 제거한다
(실험의 성격에 따라 성숙도 확인을 생략하기도 함).

※ 참고: 제1극체가 뚜렷하게 보이는 경우에는 난구세포를 제거하지 않고도 난자가 성숙하였음을 알 수 있다.

(2) 염색으로 판정(배양을 지속할 경우에는 염색을 하면 안 됨)

※ 참고: 난자를 염색하면 염색체의 모습까지 관찰 가능하기 때문에 정확한 성숙 판정이 가능하지만, 난자가 사멸되므로 더 이상의 배양 실험을 할 수 없다.

(3) 성숙이 확인되면 체외수정 배양액으로 옮겨서 수정을 유도한다(실험의 성격에 따라 성숙 확인을 하지 않고 바로 체외수정을 시키는 경우도 있다).

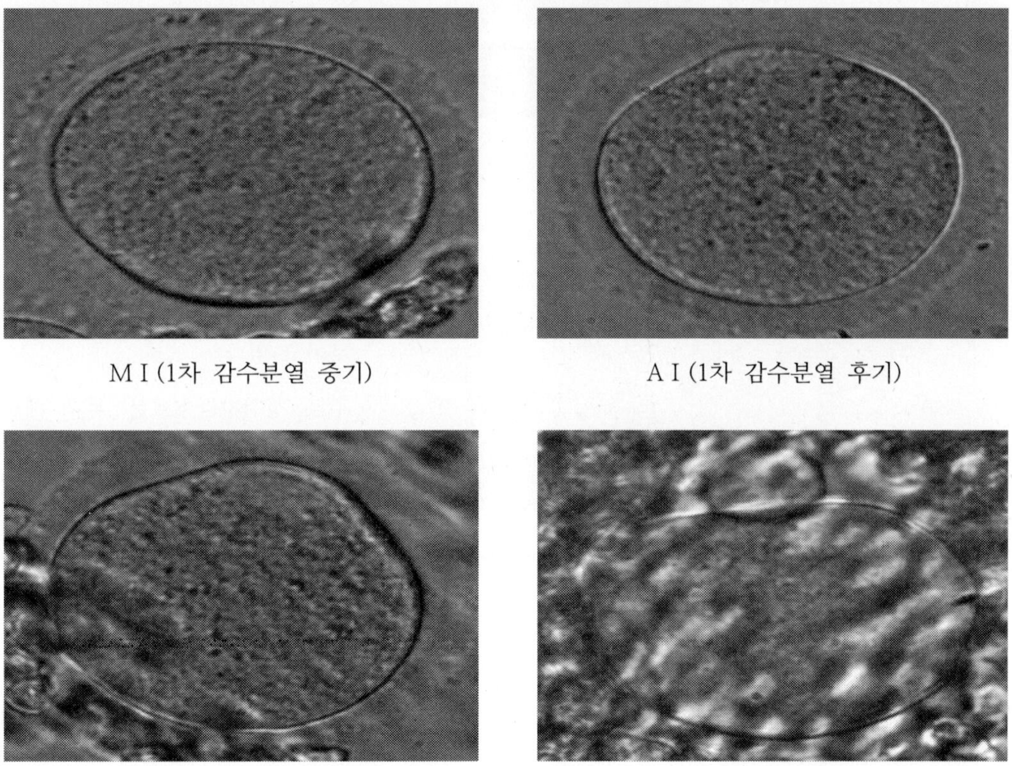

M I (1차 감수분열 중기) A I (1차 감수분열 후기)

T I (1차 감수분열 말기) M II (2차 감수분열 중기)

그림 33 성숙 난자의 판별

5. 미성숙 난자의 체외 배양 시 난구세포의 3가지 성장 모습

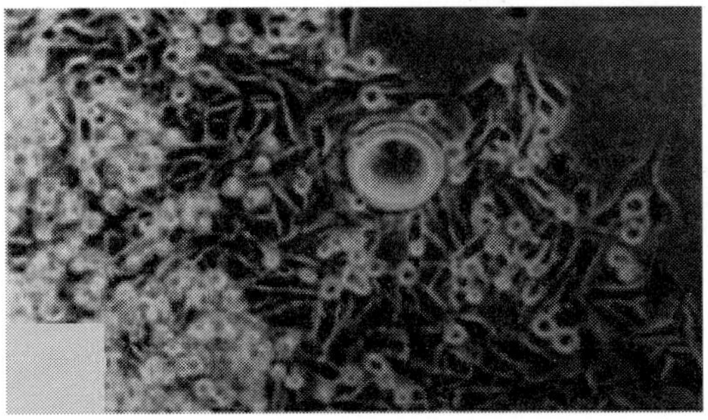

난자의 나화

- 성숙배양 중에 난자가 난구세포 밖으로 튀어나온 모습.

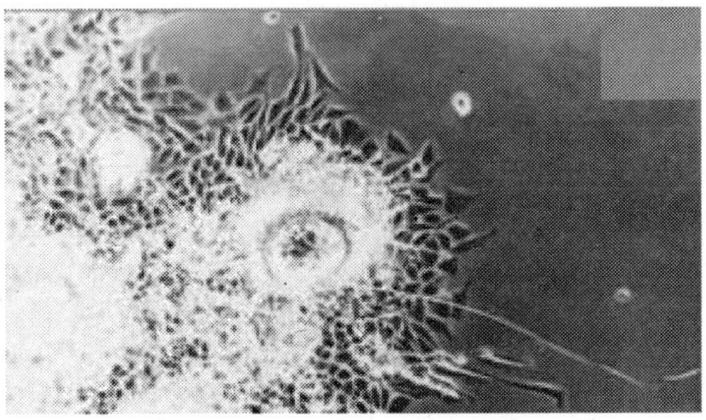

난구세포에 눌린 난자

- 난자를 둘러싸고 있는 난구세포가 난자를 누르고 있다.
- 난구세포는 팽창을 하지 않고 접시 바닥에 붙어서 세포분열을 하고 있는 모습을 보인다.

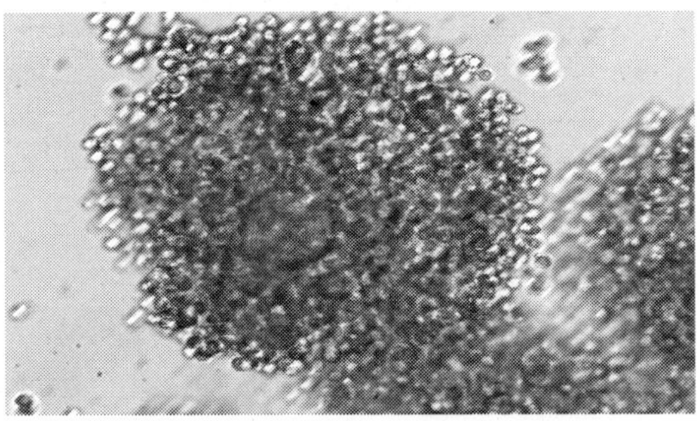

난구세포의 확장

- 난구세포가 난자를 둘러싸고 있음.
- 배란 시에 보이는 것과 같이 난구세포가 확장을 하고 있는 모습을 보이고 있다.
- 주로 성선자극호르몬 첨가 배양액에서 배양한 경우에 나타나는 모습

그림 34 미성숙 난자의 체외배양 시 난구세포의 3가지 성장 모습

6. 미성숙 난자의 발달 모식도

1	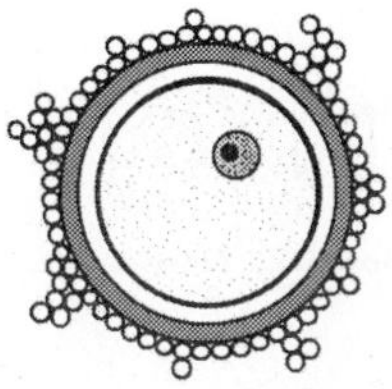 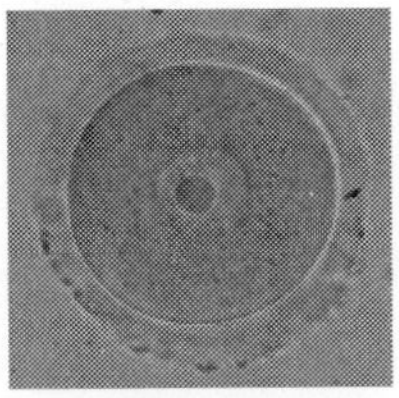 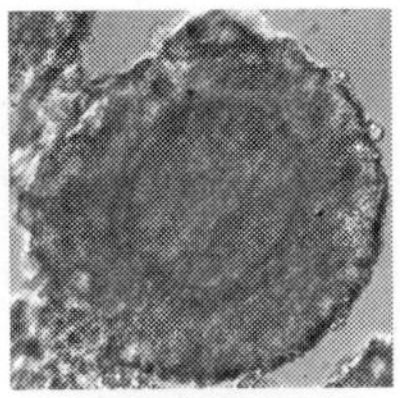 GV(미성숙 난자, 난핵포기, germinal vesicle)	• 염색체: 2n • GV→GVBD
2	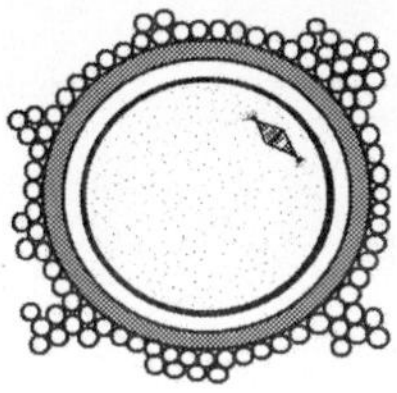 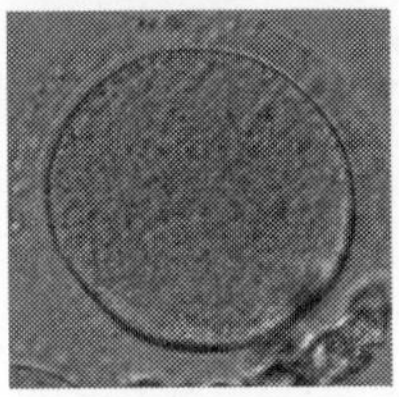 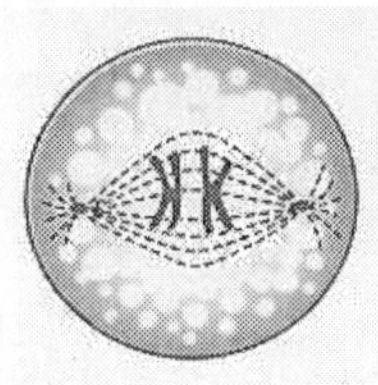 M I (1차 감수분열 중기, metaphase I)	• 염색체: 2n
3	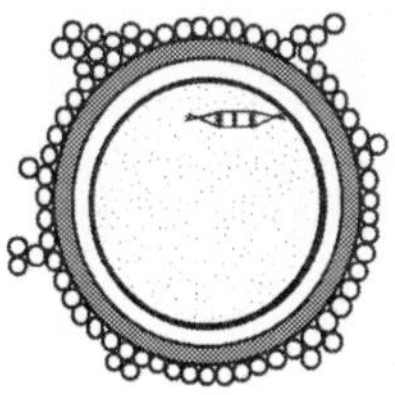 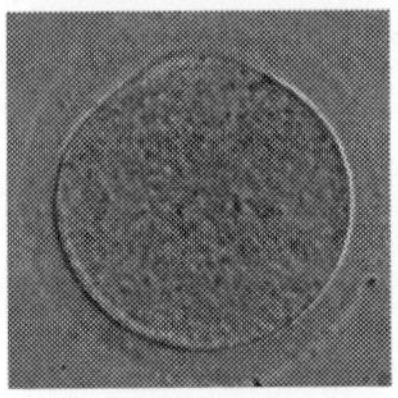 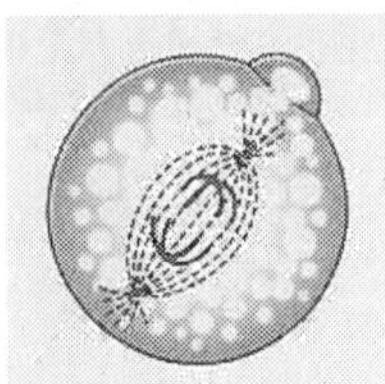 A I (1차 감수분열 후기, anaphase I)	• 염색체: 적도판 배열
4	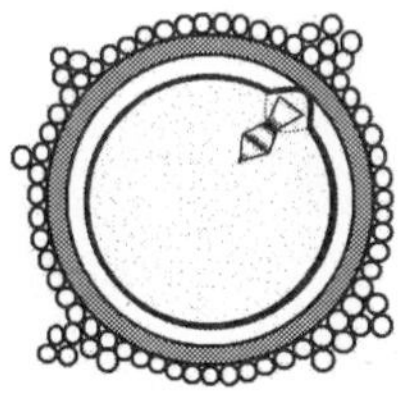 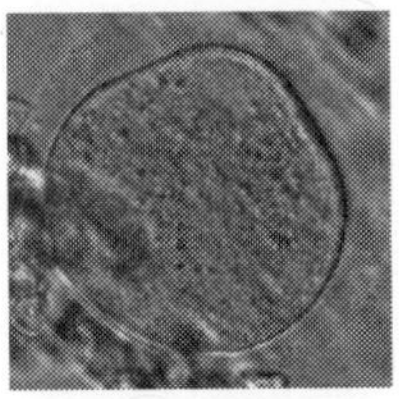 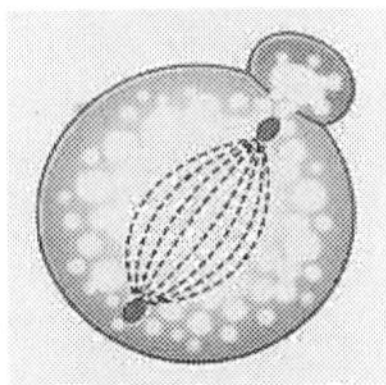 T I (1차 감수분열 말기, telophase I)	• 염색체: 2n 상태로 양극으로 이동 ※ 염색체: n+n ※ DNA 양: 2n
5	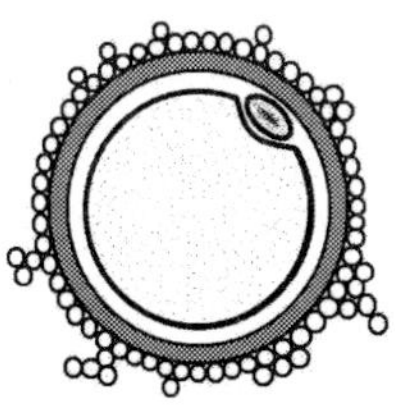 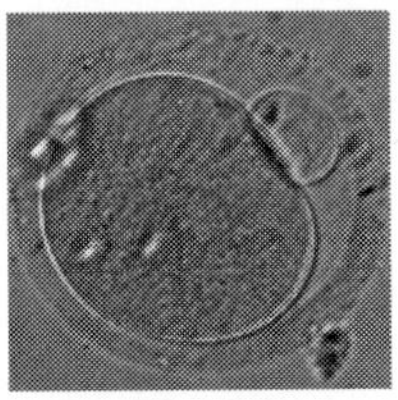 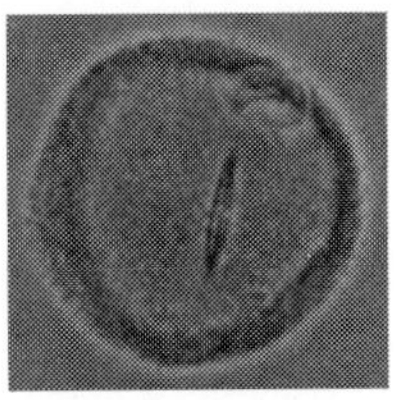 M II (성숙 난자, 2차 감수분열 중기, metaphase II)	• 제 1극체 방출 • 염색체: n ※ 염색체: n ※ DNA 양: n

그림 35 미성숙 난자의 발달 모식도

(왼쪽 그림 5개: Austin & Short, 36쪽을 참고로 자체 제작 & 오른쪽 그림 3개: Veek, x x 쪽)

7. 미성숙 난자의 형성과 성장 과정 모식도

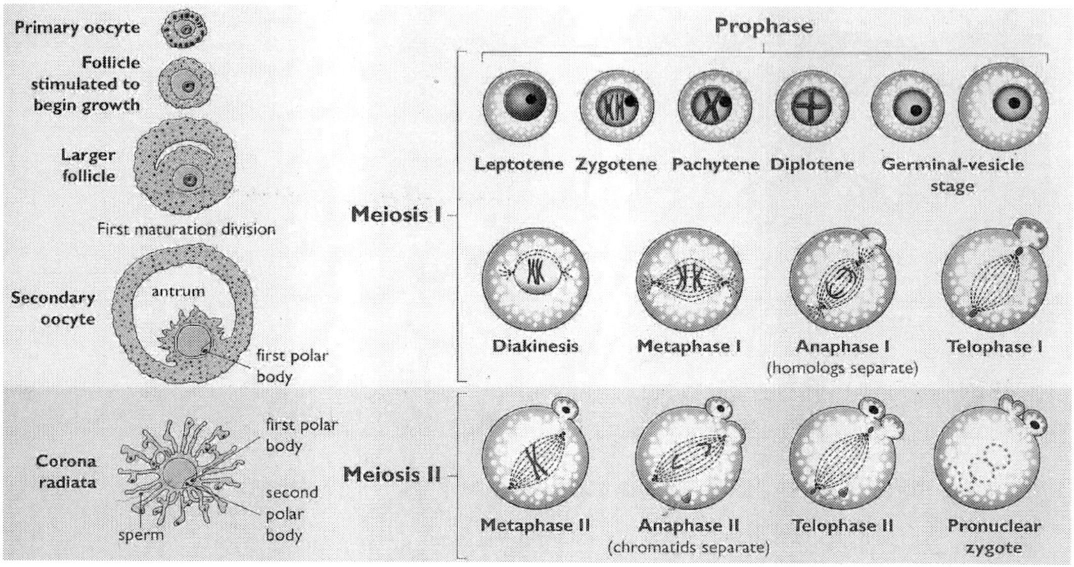

그림 36 미성숙 난자의 형성과 성장 과정 모식도
(Veek, x x쪽)

5장

성숙 난자의 채취

5장. 성숙 난자의 채취

Ⅰ. 마우스 해부 및 난관 팽대부 회수

1. 마우스 해부

마우스는 주령이 오래될수록 복부 지방이 많아져서 난소를 찾아내기가 어렵다. 장기의 위치를 제대로 기억하고 자궁에서부터 찾아서 올라가면 난관 팽대부를 찾아내기가 쉽다(숙달되면 쉽게 바로 찾을 수 있음).

(1) 해부 기구를 알코올로 소독한 뒤 마우스 배 쪽 외부 생식기 윗부분을 가위로 한 번 흠집을 낸 후 가죽을 머리와 꼬리 쪽으로 잡아당겨 배 부위와 흉부를 감싸고 있는 근육이 드러나도록 한다.

(2) 내장의 배열을 흩트리지 않고 원형을 유지하게 하면서 내장을 감싸는 근육 층을 절개하여 체강 내 기관계가 드러나도록 한다.

2. 난관 팽대부 회수

(1) 소화기관계를 체강 밖 한쪽으로 몰아 놓는다. 등 쪽 체벽, 신장 바로 밑에 위치한 난소, 수란관, 자궁, 자궁경부를 확인하고 난관 팽대부를 적출한다.

※ 참고 1: 자궁을 찾게 되면 자궁주위에 분포되어 있는 장간막과 혈관들을 가위 끝으로 긁어내어 자궁에서 분리시킨다. 난소 위에 붙어있는 지방조직을 천천히 긁어내고, 난관 팽대부만 남도록 준비한다. 핀셋으로 끄집어내어 가위로 적출한다(※ 숙달되면 난관 팽대부만 바로 찾아서 적출할 수 있음).

※ 참고 2: 이때 난관 팽대부 주위에 붙은 세포 조직 등이 따라오지 않도록 최대한 조심스럽게 작업하면 난자를 채취할 때 도움이 된다. 지방조직이 남아있게 되면 현미경을 보고 난소를 터뜨리는 과정에서 시야를 가리게 되므로 지방조직을 깨끗하게 제거하는 것이 좋다.

※ 참고 3: 매우 숙달되면 난관이 위치한 등쪽 일부만 절개하여 난관팽대부를 회수할 수도 있다(가장 효율적인 방법).

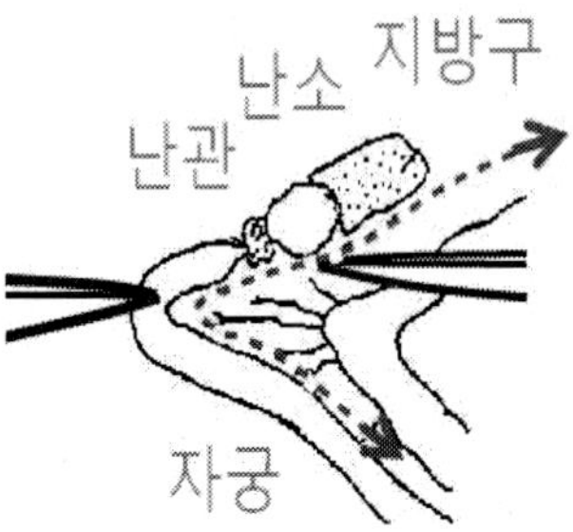

난관 분리

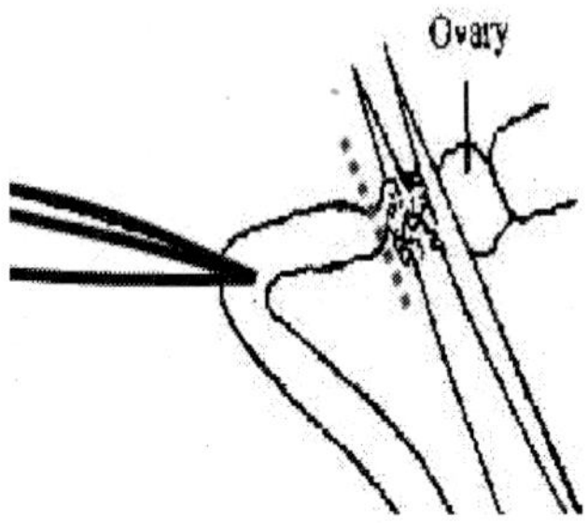

난관 적출

난관 적출 장면

그림 37 난관 적출 모식도

(왼쪽 그림 두 개: Hogan 등. 101쪽)

Ⅱ. 성숙 난자의 회수

1. 배양액의 준비

(1) 난자 회수용: PBS+20% FBS

(2) 난자 배양용(3가지 중 하나)
① Onestep medium(자체적으로 HSA포함)
② GIVF plus(자체적으로 HSA 포함) (또는 GIVF+5% HSA)
③ Fertilization medium(자체적으로 HSA 포함)

(3) 배양 조건
① 배양액의 소적 크기
- 50~100㎕(4-공 배양접시는 50㎕ 이하 소적을 실시할 것), (파라핀 오일을 덮어줌)
- 2㎖

② 37℃ 배양기의 CO_2 농도
- G1 & Fertilization medium: 6%
- Onestep medium & PBS: 5%

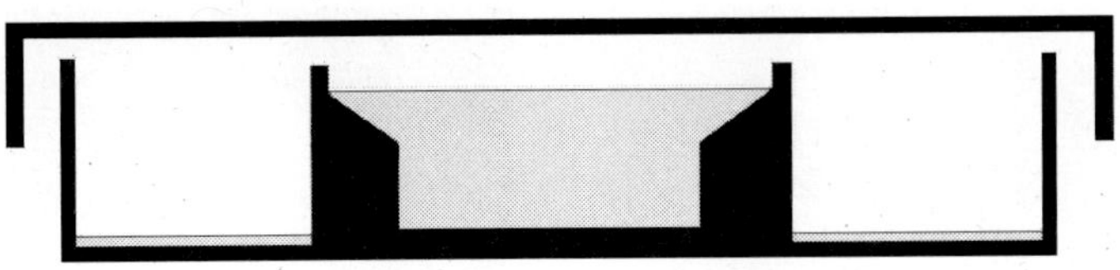

그림 38 난관 팽대부에서 성숙난자 회수를 위한 배양 접시의 준비

2. 성숙 난자의 회수

(1) 난관 팽대부의 처리

① 3~4주령 암 마우스에게 PMSG 5IU 주사 48시간 후 hCG 5IU를 주사한다. hCG 5 IU 주사 18시간 후에 마우스를 희생시켜 난관 팽대부를 회수한다.

② 난관 팽대부를 여과지(또는 멸균 거즈, 티슈) 위에 올리고 주변의 혈액과 지방 조직을 제거한다.

③ 난관 팽대부를 난자 채취 용 배양액에 넣는다.

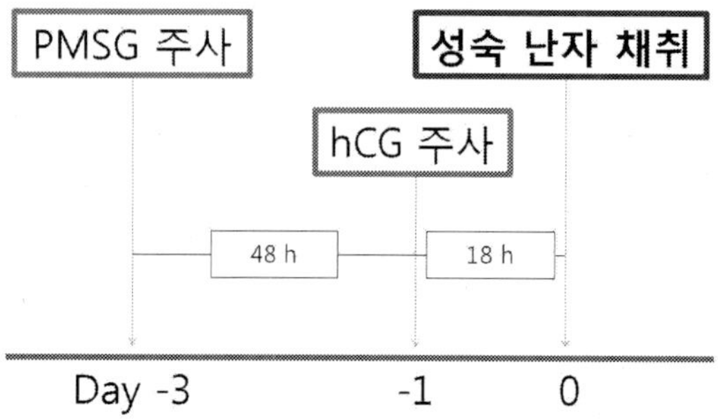

① PMSG와 hCG를 48시간 간격 주사. hCG 주사 후 18시간에 난관 팽대부 회수.

② 난관 팽대부 주변의 지방조직과 혈액 등 이물질 제거.

③ 난관을 난자 채취 용 배양액에 투입.

그림 39 성숙 난자 채취를 위한 호르몬 주사 시간표

(2) 난관 팽대부로부터 성숙 난자의 회수

난관의 한쪽을 핀셋으로 고정시킨 다음 난자·난구세포 복합체가 보이는 팽대부를 1㎖ 인슐린 주사기 바늘로 찔러 터트린다. 난자·난구세포 복합체가 방출되어 나오면 주사기 바늘로 당기듯이 끄집어낸다.

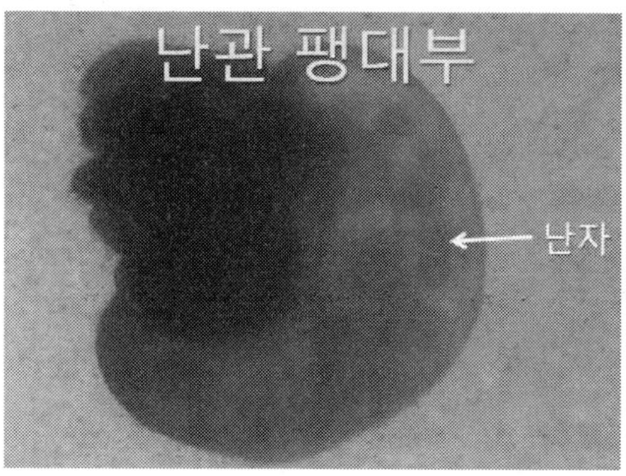

난관 팽대부

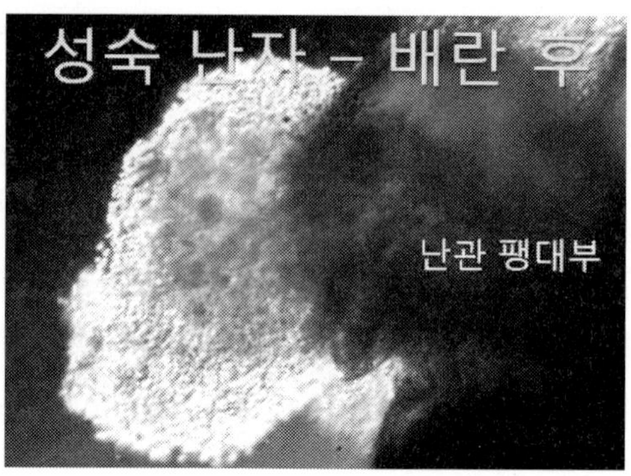

난자-난구세포 복합체 방출

그림 40 난관 팽대부에서 성숙 난자의 채취

3. 난구 세포 제거: 이 과정이 필요 없으면 생략 가능

(1) 난구세포 제거: 1% hyaluronidase(농도 조절 가능)가 들어간 배양액에 난자·난구세포 복합체를 넣는다. 미세 파스퇴르 피펫으로 흡입과 배출을 반복하여 난구세포를 제거할 수 있다.

(2) 난자 세척: 난구세포가 모두 제거되면 배양접시가 매우 지저분하고 난자 주위에 부착된 세포 찌꺼기와 hyaluronidase를 제거해야 된다. 난자를 신선한 세척 배양접시로 옮긴 다음 자리를 바꿔가면서 2~3회 세척한다.

(3) 난자 선별: 난자의 성숙도와 형태, 세포질의 상태 등을 보고 실험에 이용할 난자를 선별한다.

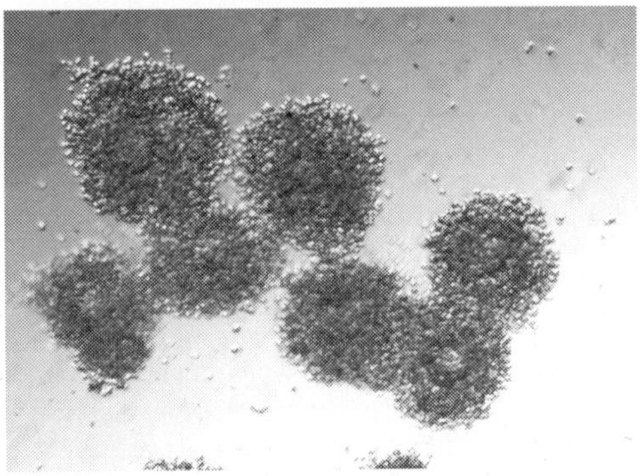

난자·난구세포 복합체

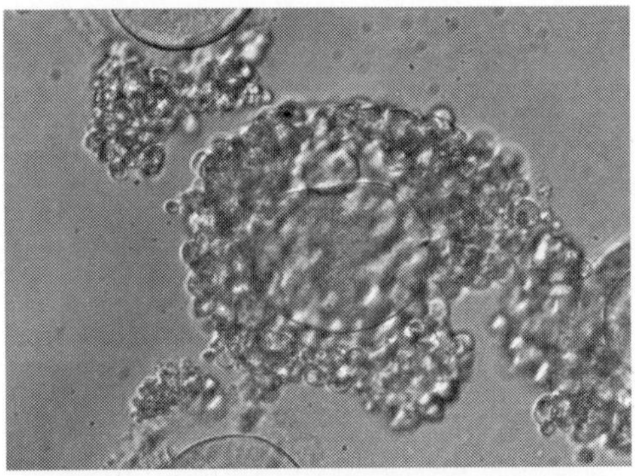

성숙 난자(COC)

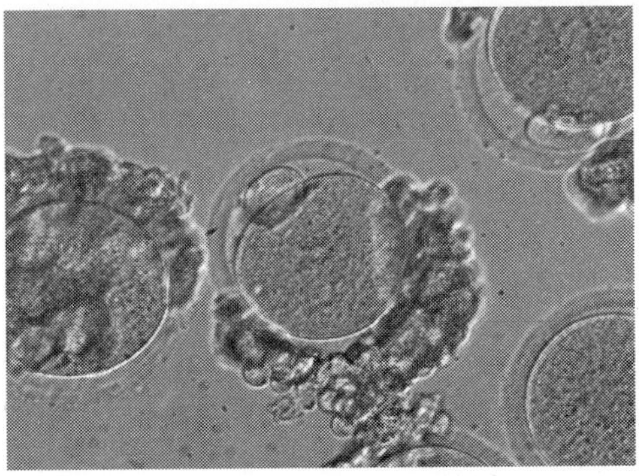

성숙난자(CO)

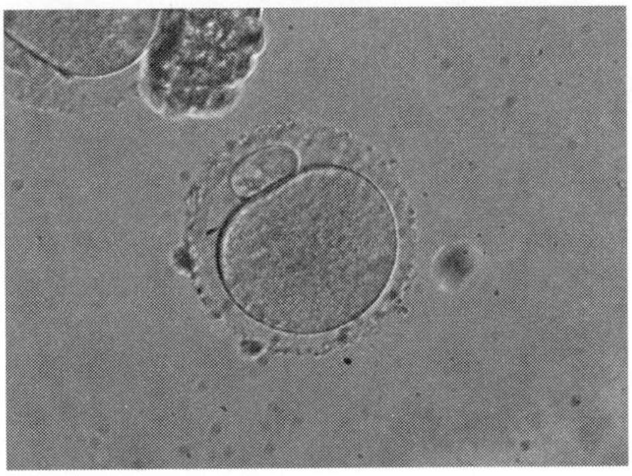

성숙난자(O)

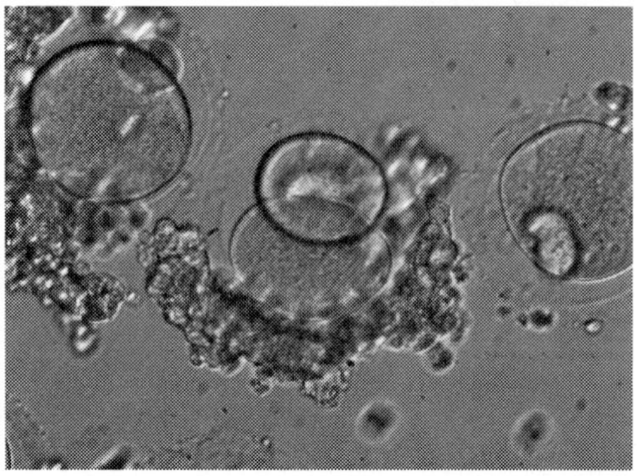

비정상 성숙 난자(거대 극체)

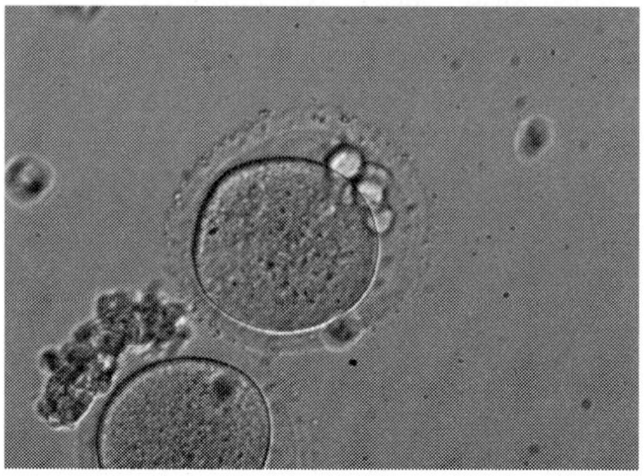

비정상 성숙 난자(극체 여러 개)

그림 41 성숙 난자의 모습

4. 난자의 특성

표 3 마우스에서 배란 난자와 미성숙 난자의 특성(Hogan 등, 32쪽)

지름(diameter)	85㎛
용량(volume)	270pl(volume of pronucleus 1pl)
단백질(protein)	23ng
디옥시리보 핵산 총량(total DNA)	8pg
미토콘드리아 디옥시리보 핵산(mitochondrial DNA)	2~3pg (참고: 미토콘드리아 DNA는 미수정 난자에서 더 많다.)
미토콘드리아 수	10만 개(10^5)
염색체 한조의 디옥시리보 핵산 [genomic DNA(염색체의 반수체 수 그러나 디옥시리보 핵산의 이배체 양, halplid number of chromosomes but diploid amount of DNA)]	6pg
리보솜 리보핵산(ribosomal RNA)	0.2~0.4ng
전이 리보핵산(tRNA)	0.14ng

5. 성숙 난자의 체외수정 유도

(1) 미성숙 난자를 채취한 경우: 성숙 배양을 시켜 성숙이 판정된 난자(또는 성숙 판정을 하지 않고 난자 전부)를 체외수정에 이용한다.

(2) 성숙 난자를 회수한 경우: 성숙이 확인된 난자를 선별하여(또는 성숙판정을 하지 않고 회수 난자 전부를 그대로) 체외수정에 이용한다.

6장

체외수정(IVF)

6장. 체외수정(IVF)

Ⅰ. 정소상체 미부 회수

1. 배양액의 준비

(1) 배양액

① 정소상체 미부 회수 배양액[PBS-HSA (☑) 또는 T6-BSA]

② 정자 회수·부유 배양액[GIVF-HSA (☑) 또는 T6-BSA]

③ 수정능획득 배양액
[OS (☑), GIVF plus, Fertilization medium 또는 T6+15㎎/㎖BSA]

④ 체외수정 배양액
[OS (☑), GIVF plus, Fertilization medium 또는 T6+15㎎/㎖BSA]

(2) 배양 조건

① 배양액의 소적 크기

- 50~100㎕(파라핀 오일을 덮어줌)
- 0.5~2㎖

② 37℃ 배양기의 CO2 농도

- GIVF & Blastocyst medium: 6%
- Onestep medium, PBS & T6: 5%

정소상체미부 회수용 튜브 준비

에펜도프 튜브　　　　5㎖ 튜브

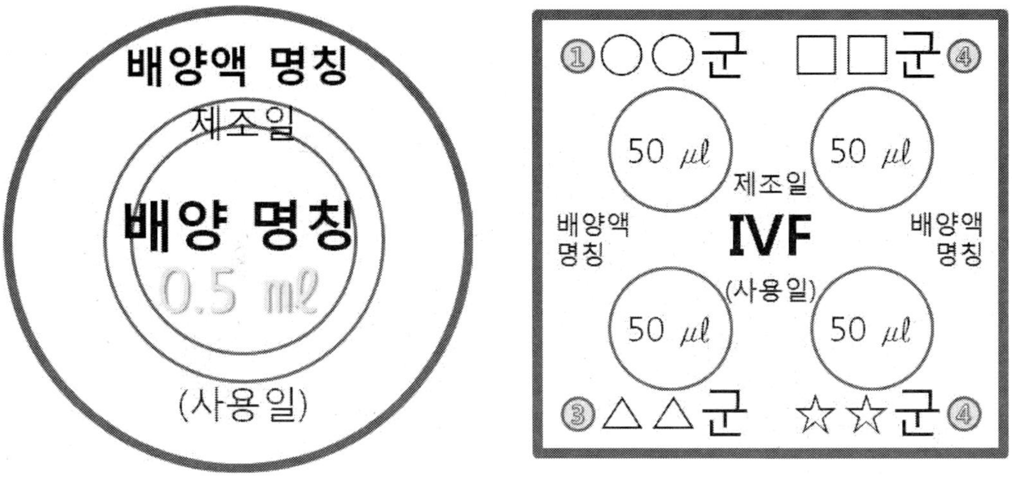

배양 접시 준비

정자채취·부유/수정능획득　　　　체외수정(2-well 또는 4-well 배양접시)

그림 42 체외 수정을 위한 배양액의 준비

2. 정소상체 미부 회수

수컷 마우스의 복부 지방을 잡아당기면 정소와 함께 정소상체 미부(부정소)를 찾을 수 있다.

정소상체 미부는 정소주위에 붙어 있으며 그림 43에서 보는 것처럼 정소상체 미부(epididymis cauda)와 수정관을 분리해 낸다.

	정소상체 미부 적출 장면 및 순서	정소상체 미부 모식도
1	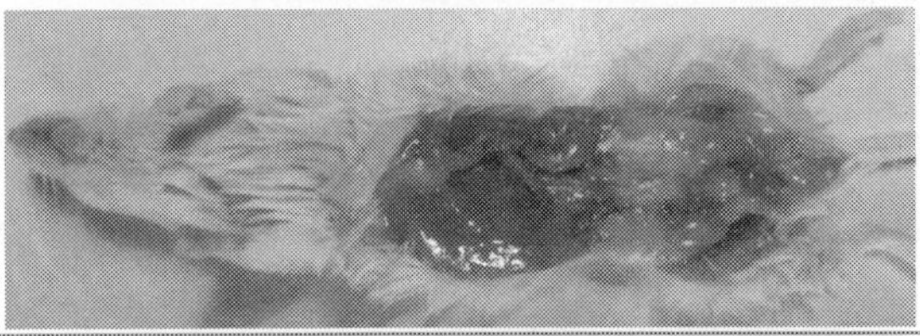	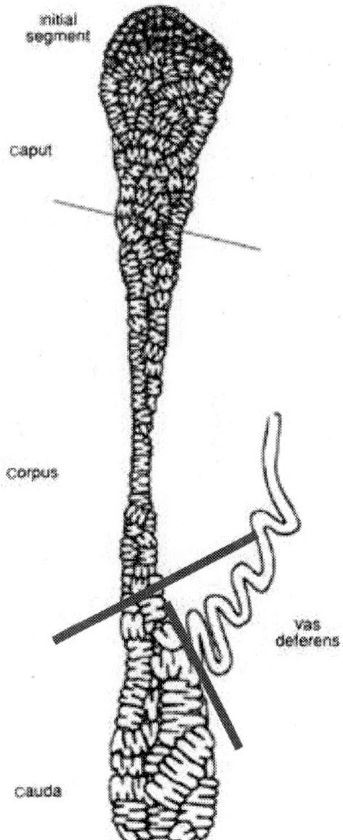
2	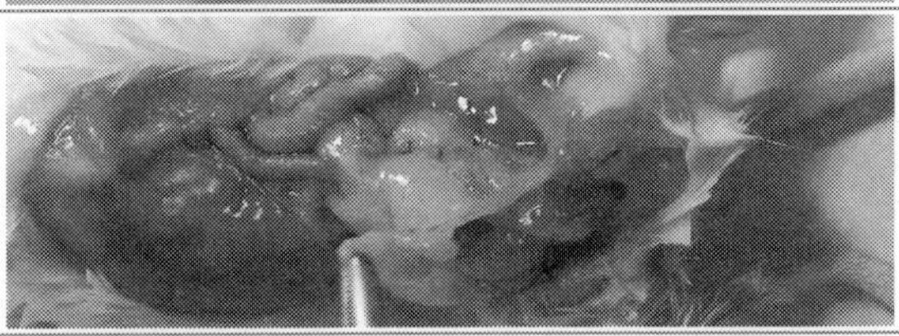	
3		
4	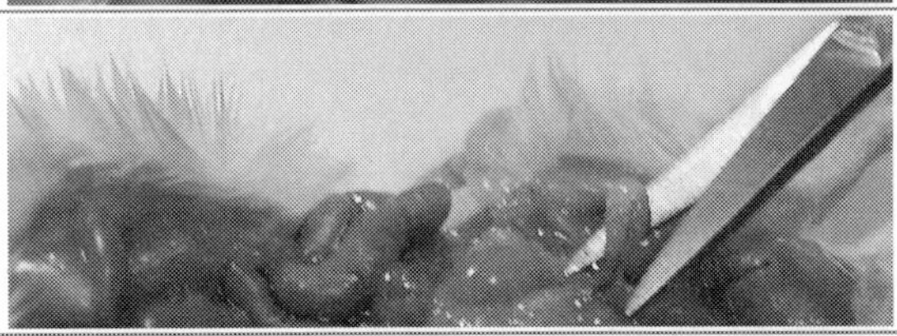	
5		

그림 43 정소상체 미부 적출

(오른쪽 그림: http://www.reproduction-online.org/content/133/3/575/F1.expansion.html)

※ 참고: 정소를 당겨보면 caput 부분을 cauda 부분과 헛갈려 적출할 수 있으므로 주의할 필요가 있다(정자가 거의 나오지 않음).

Ⅱ. 정자의 수정능 획득

1. 수정능 획득의 정의

(1) 정자에 있어서 난관 통과 시 일어나는 일련의 변화

(2) 첨체반응 직전에 일어나는 가역적 변화

(3) 이러한 변화의 대표적인 특징은 정자의 운동성 과활성화(hyperactivated motility)라고 불리는데, 이때부터 정자가 수정을 할 수 있는 상태가 되는 것을 의미한다. 정자의 운동성의 변화를 보면, 수정능 획득 전에는 일직선 운동을 하던 것이 수정능 획득 후에는 마치 채찍을 휘두를 때에 나타나는 모습처럼 정자의 꼬리가 요동치듯이 움직인다.

(4) 종별특이성

① 수정능획득에 필요한 시간은 동물 종마다 다르다.

② 마우스의 경우 1.5~2시간 소요

(5) 체내와 체외에서의 수정능 획득: 체내에서는 난관 및 자궁에서 일어난다. 체외에서도 수정능획득이 가능하다.

2. 체외 수정능 획득 방법

(1) 배양액의 준비

① 정자채취 배양액(0.5㎖, 뚜껑="정자회수·부유" 기입)

- GIVF-HSA: HSA 무첨가 GIVF 배양액(☑)
- T6-BSA: BSA 무첨가 T6 배양액

② 수정능획득 배양액(0.5㎖, 뚜껑="수정능획득" 또는 "Cap. M." 기입)

- Onestep medium(☑)
- GIVF plus
- Fertilization meium
- T6+15mg/㎖ BSA(이때 BSA는 Fraction V)

③ 체외수정 배양액

(2㎖ 또는 50~100㎕, 뚜껑= “체외수정” 또는 “IVF" 기입)

- Onestep medium (☑)
- GIVF plus
- Fertilization meium
- T6+15㎎ / ㎖ BSA(이때 BSA는 Fraction V)

※ 이들 배양 접시를 37℃ 배양기에 넣어둔다.(최소 2시간 이상 전배양)

(2) 정자의 채취와 부유: 15분간

① 정소상체 미부는 주위의 지방조직을 잘 분리한 다음 정자채취 배양액 (GIVF-HSA 또는 T6-BSA)에 넣는다.

② 실체 현미경하에 주사기 바늘로 미부를 찢고 터트리고 누르면서 정자 괴를 방출시킨다.

- 정소상체 미부의 여러 곳을 바늘로 터트리고 나서 중간 중간을 찢어 주면 효율적으로 정자괴를 방출시킬 수 있다.
- 핀셋과 주사기 바늘로 정소상체 미부를 눌러주면서 정자괴를 짜내면 시간을 단축시킬 수 있다.

③ 정자 괴는 배양액에서 금방 풀어진다(swim-out).

※ 세포 찌꺼기 제거: 정자가 뭉쳐있거나 과도한 세포찌꺼기 등을 제거한다.

회수한 정소상체 미부의 모습

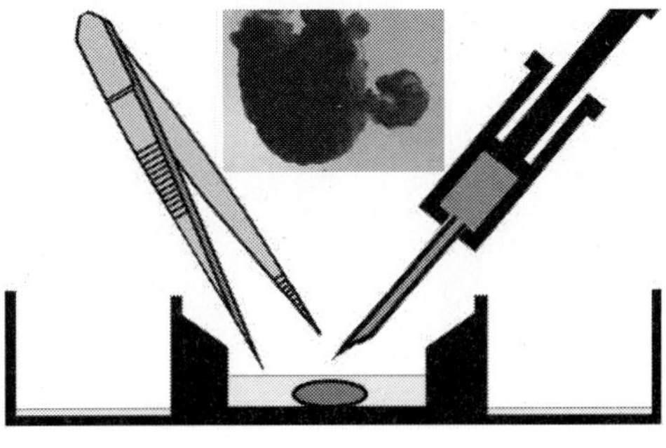

정자 회수 모식도

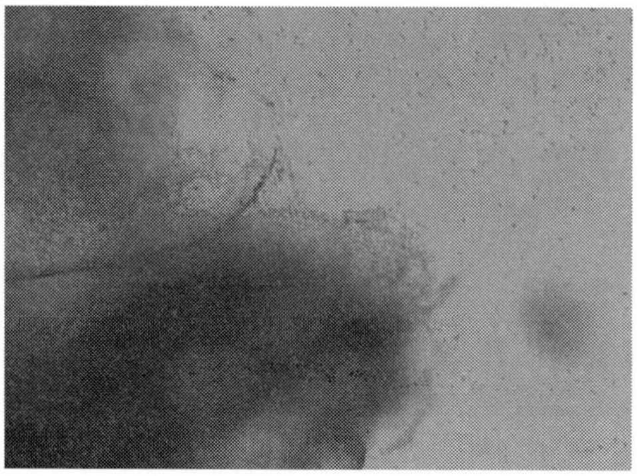

정자괴에서 정자가 퍼지는 모습

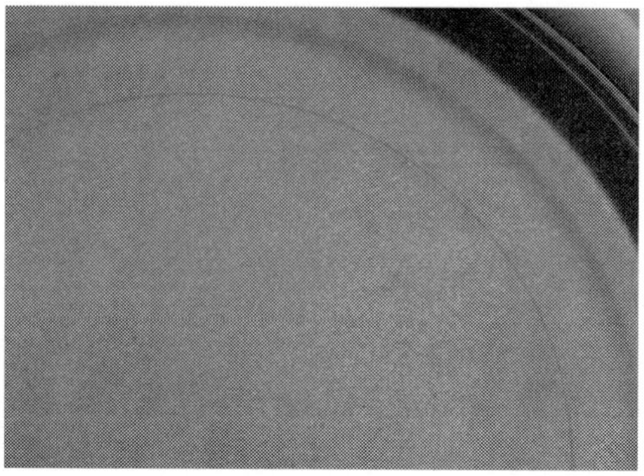

정자 부유 완료 모습(세포 찌꺼기 제거 후)

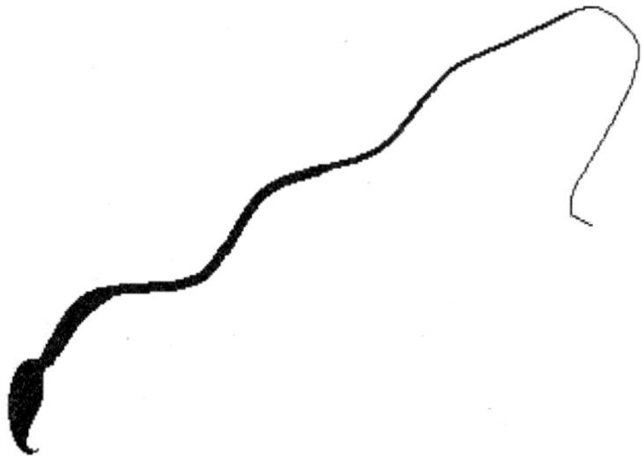

정자의 모식도

- 전체 길이≒150㎛ (※ 사람: 50㎛)
- 머리
  - 모양: 갈고리 형태
  - 길이≒10㎛(사람: 5㎛)
  - 두께≒2㎛(사람: 1.5㎛)
  - 분자량≒8,000(포유류 전체)

그림 44 마우스 정자의 채취와 부유

(3) 체외 수정능 획득: 1.5시간

① 정자회수 배양액(GIVF-HSA) 0.5㎖ 전부를 0.5㎖의 수정능획득 배양액(GIVF+5% HSA, Fertilizatin medium 또는 Onestep medium)으로 옮긴다. 최종 1㎖가 된다.

② 수정능획득 배양액을 배양기에서 방치하여 정자의 수정능획득을 유도한다.

※ 세포 찌꺼기 제거: 수정능획득 배양액을 배양기로 옮기기 전에 세포 찌꺼기 등을 제거해 준다. 또한 수정능획득이 거의 끝나갈 무렵(약 10분 전)에 배양기에서 수정능획득 배양액을 꺼내어 정자가 뭉쳐있거나 세포찌꺼기 등이 있으면 모두 제거한다.

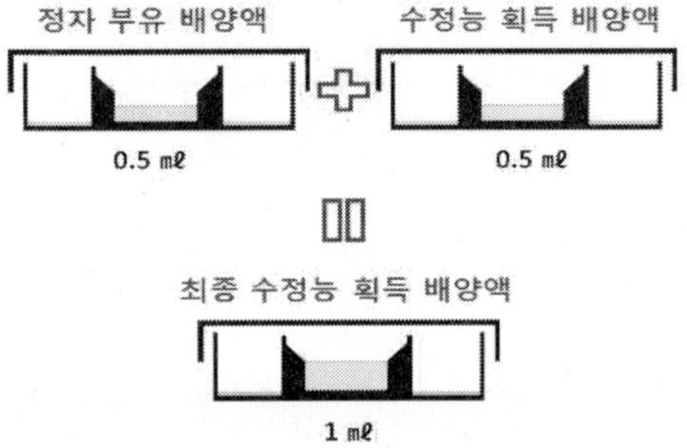

① 정자 부유액 0.5㎖ 전량을 0.5 ㎖이 든 수정능획득 배양액 접시로 옮긴다.

② 1.5시간 동안 배양해서 정자의 수정능 획득을 유도한다.

※ 참고: 최종 수정능 획득 배양액 총량은 1㎖가 되고 총 단백질 농도는 1/2로 줄어들게 된다.

그림 45 마우스 정자의 수정능 획득

(4) 정자의 농도 계산

- 체외수정 배양액으로 정자를 주입하기 전에 정자의 농도를 측정한다.
- 정자 주입 농도(생존 정자 기준: 0.3~2×10⁶/㎖(㎖당 3십만~2백만 마리)가 되게 주입

※ 수정능획득 배양액을 약 5~10% 정도 넣으면 된다.(예: 체외수정 배양액이 2㎖인 경우에는 정자가 든 수정능획득 배양액 100~200㎕를 주입하고 체외수정 배양액이 100㎕인 경우는 수정능획득 배양액 5~10㎕를 주입하면 된다.)

×200(마클러 카운팅 챔버) ×1,000

그림 46 마우스 정자의 농도 계산

1. 체외수정(요약)

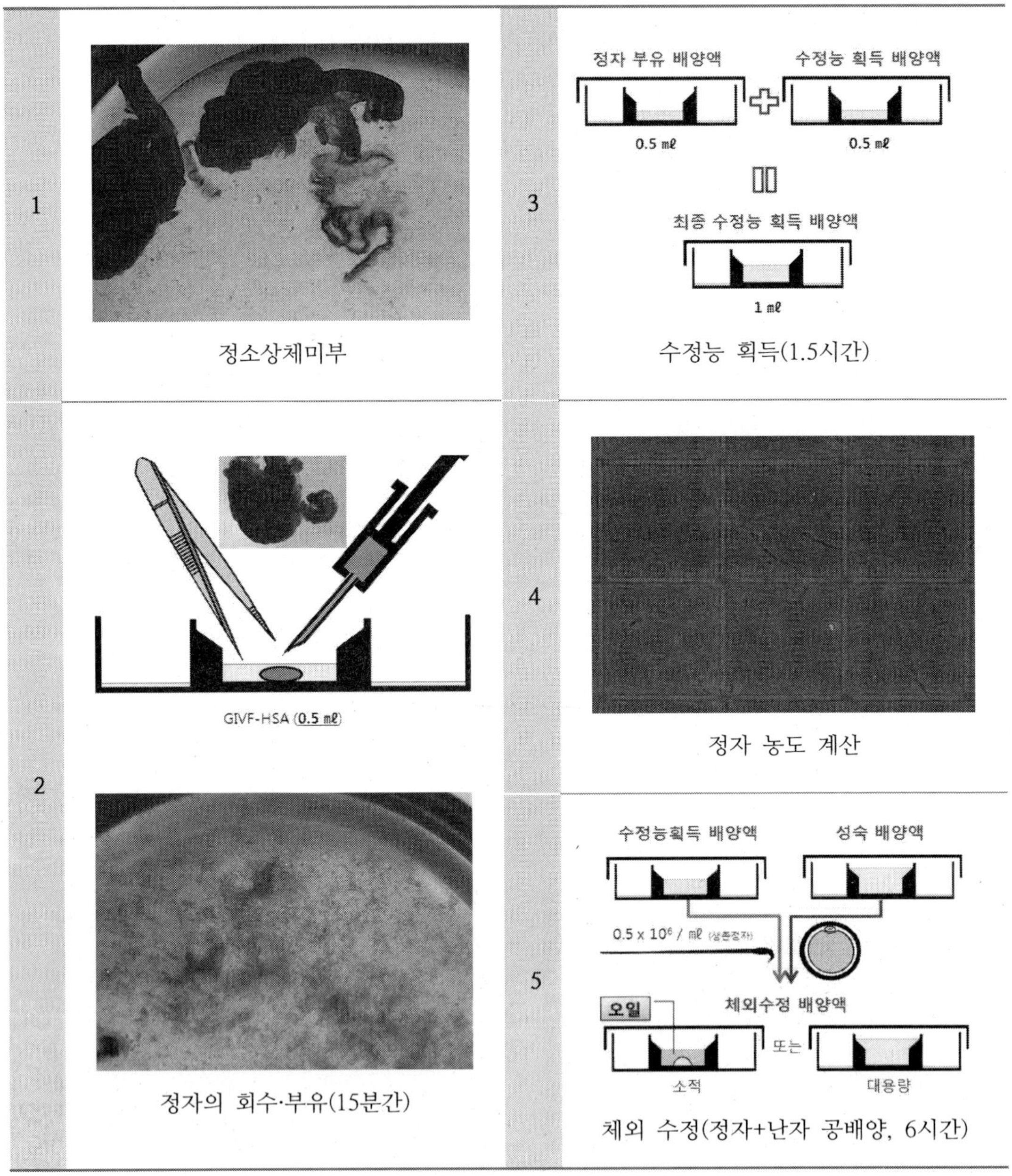

그림 47 체외수정(요약)

2. 정자 주입 후 시간의 경과에 따른 수정란의 모습

시간 (h)	품종		
	ICR	C57BL6	Hybrid
1-2	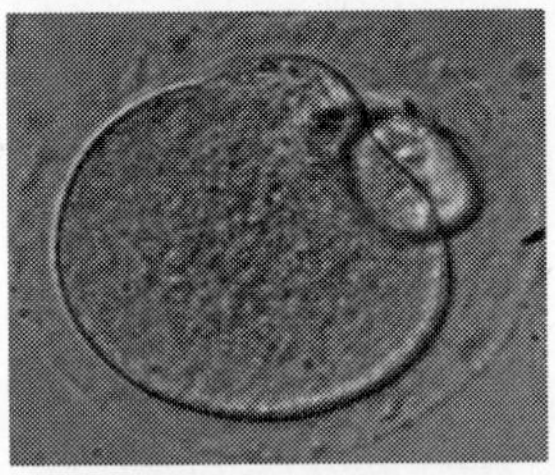 2극체 부분 솟아오름	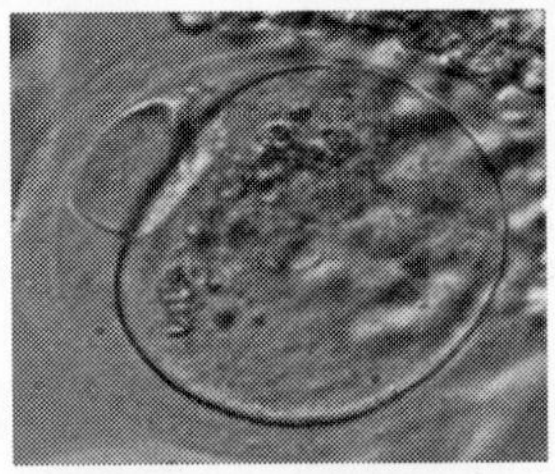 ♂ 전핵 형성	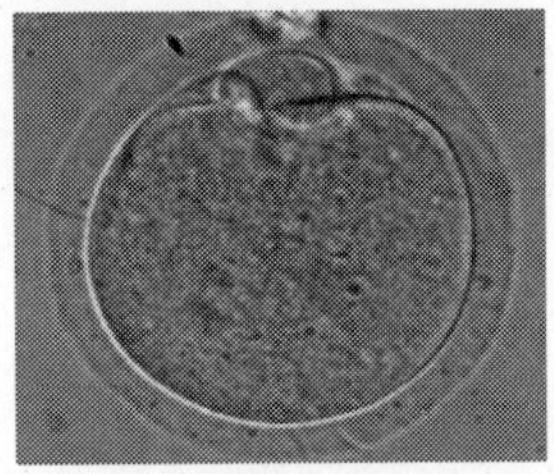 2극체 부분 솟아오름
3-4	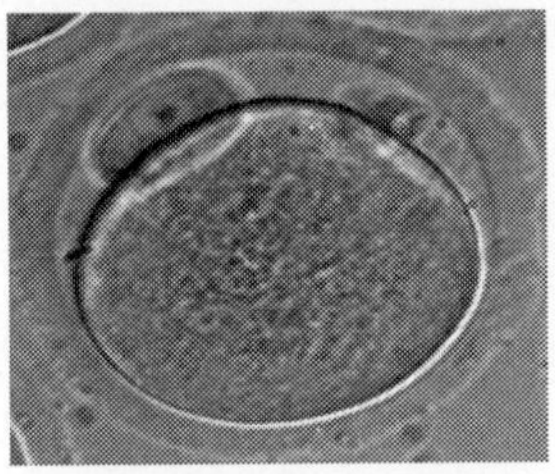 ♂ 전핵 형성 & 핵분열	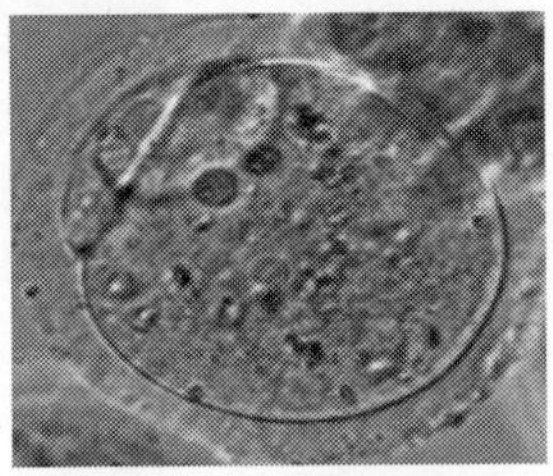 ♂&♀ 전핵 형성	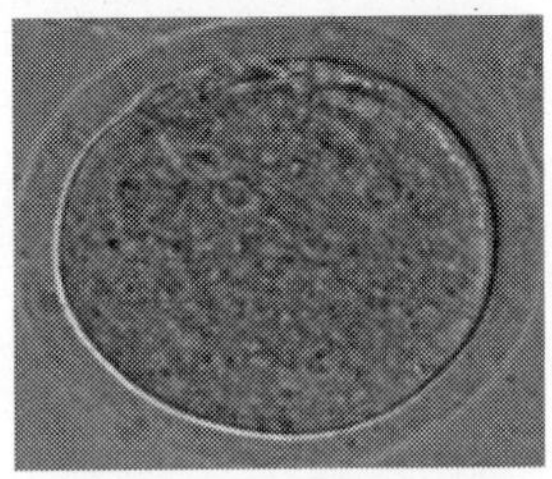 ♂&♀ 전핵 형성
5-6	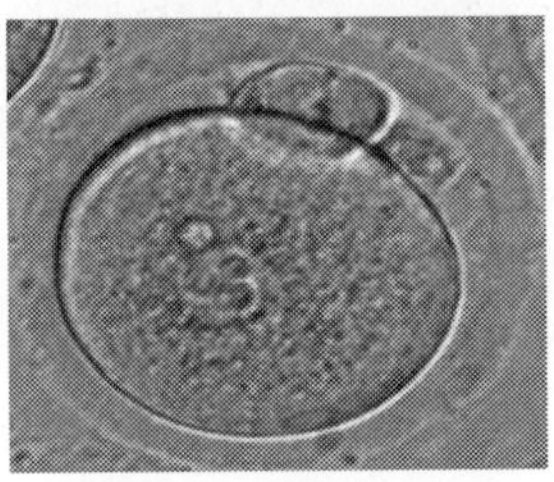 ♂&♀ 전핵 조우	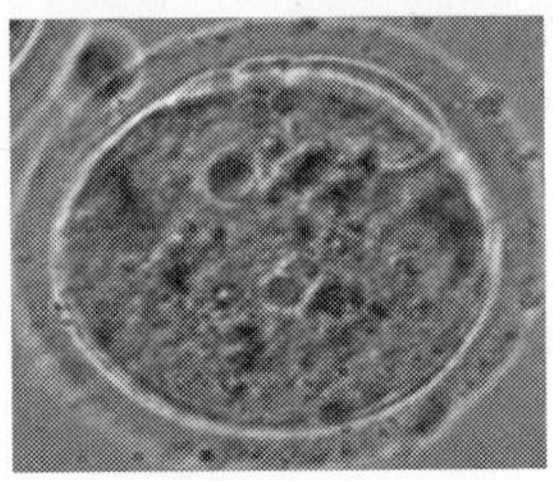 ♂ 전핵의 핵분열 시작	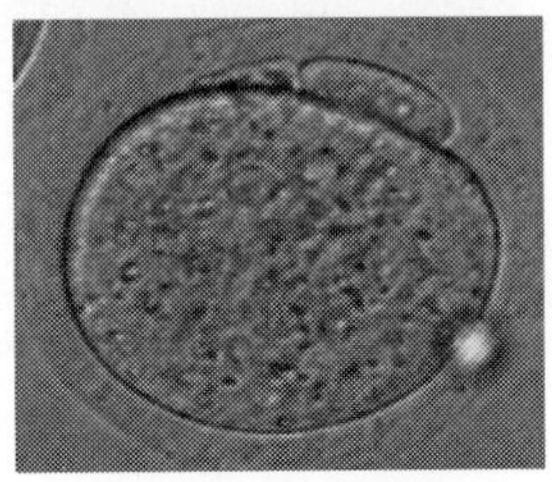 ♂&♀ 전핵 조우
24h	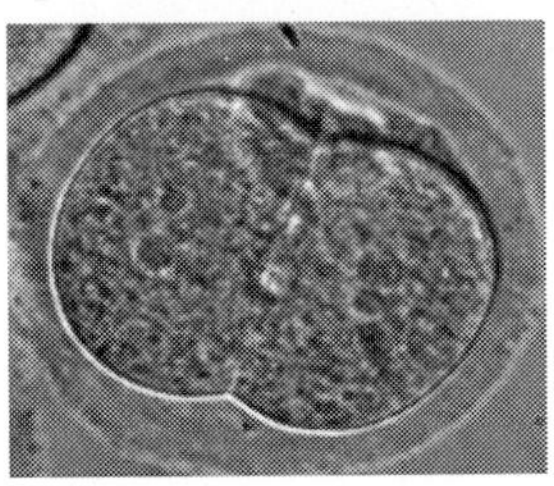 2-세포 배아(핵분열 중)	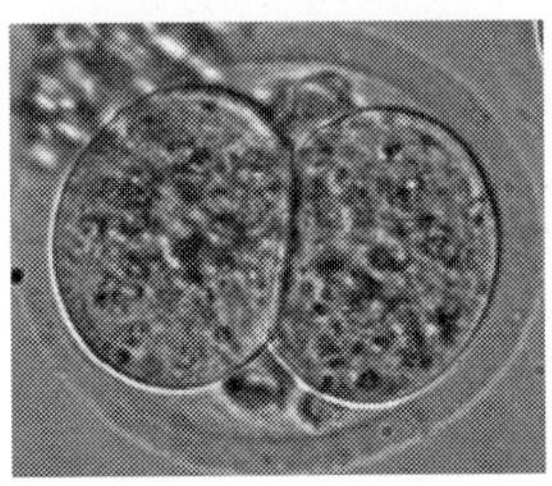 2-세포 배아 (핵분열 시작)	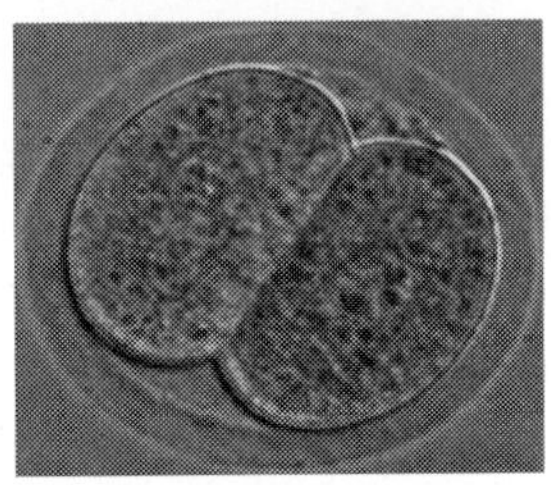 2-세포 배아(핵분열 중)

그림 48 수정시간의 경과에 따른 마우스 품종별 수정란의 변화 모습

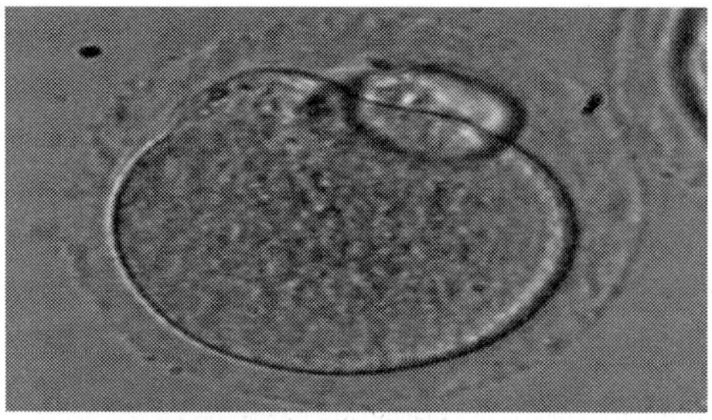

1시간(제2극체 부분 솟아오름)

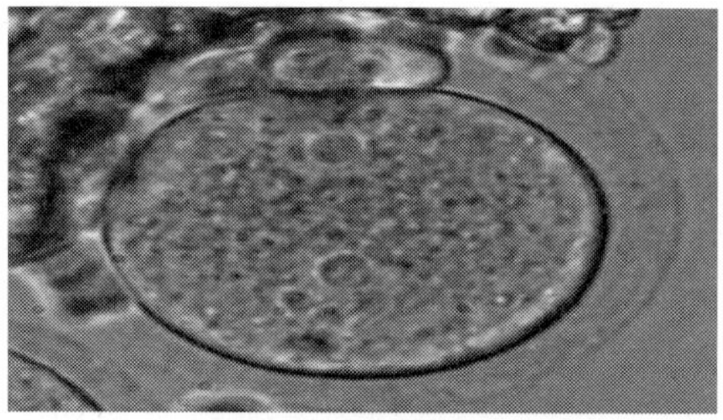

4시간(♂ & ♀ 전핵 형성)

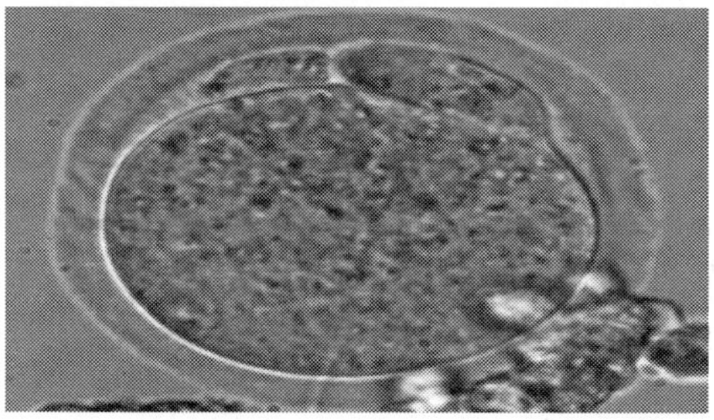

2시간(제2극체 완성 직전)

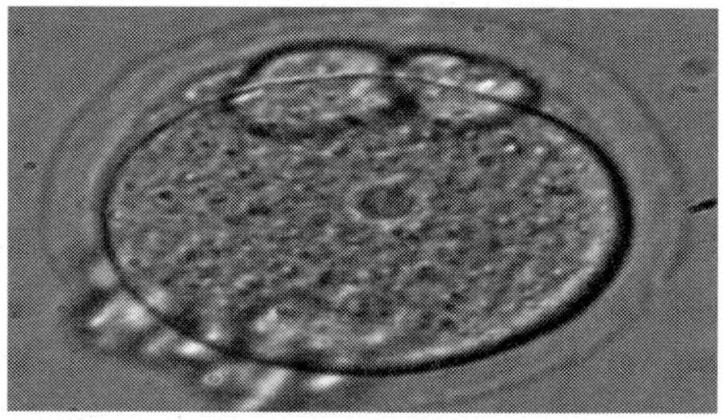

5시간(♂ & ♀ 전핵 조우 시작)

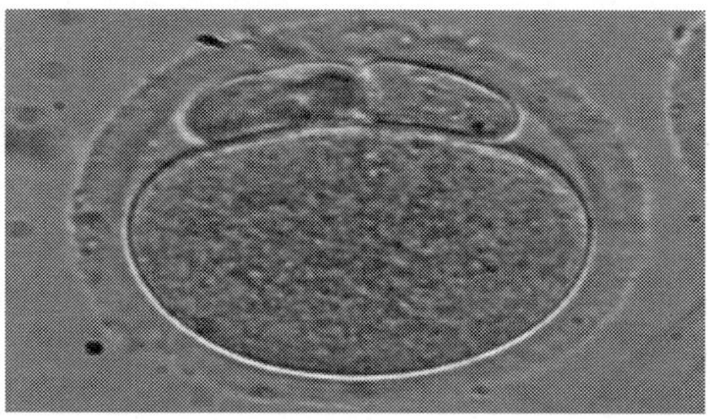

3시간(제2극체 완성)

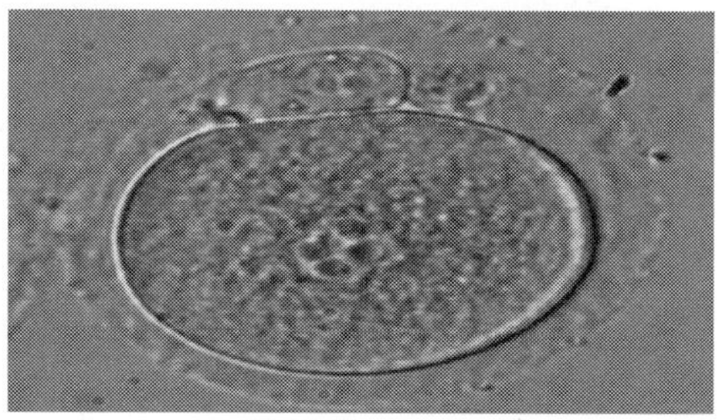

6시간(♂ & ♀ 전핵 조우)

그림 49 정자 주입 후 시간의 경과에 따른 수정란의 세부 변화

3. 체외 수정 후 발달 소요 시간

표 4 마우스에서 체외 수정 후 발달 소요 시간(Hogan 등, 32쪽)

특징	정자 주입 후(시간)
제 2극체 출현(extrusion of second polar body)	2~5
웅성 전핵 형성(formation of ♂ pronucleus)	4~7
자성 전핵 형성(formation of ♀ pronucleus)	6~9
디옥시리보 핵산 복제(DNA replication)	11~18
난할(cleavage)	17~20

4. 체외수정 모식도

1

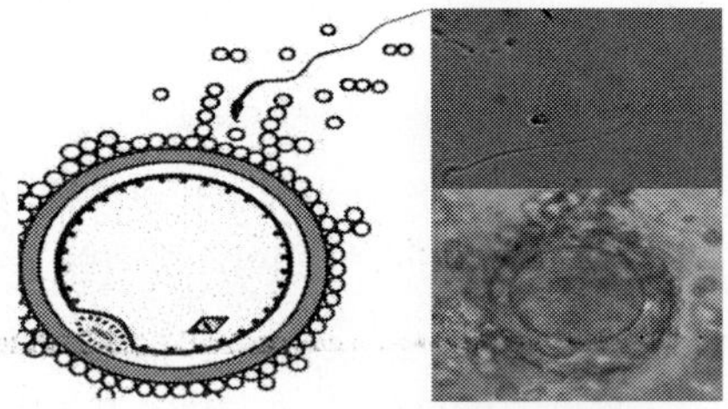

정자-처음 난구세포와 조우

2

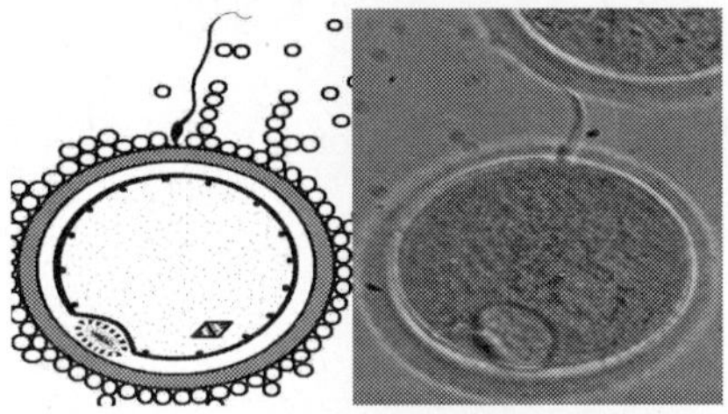

정자-투명대 부착

3

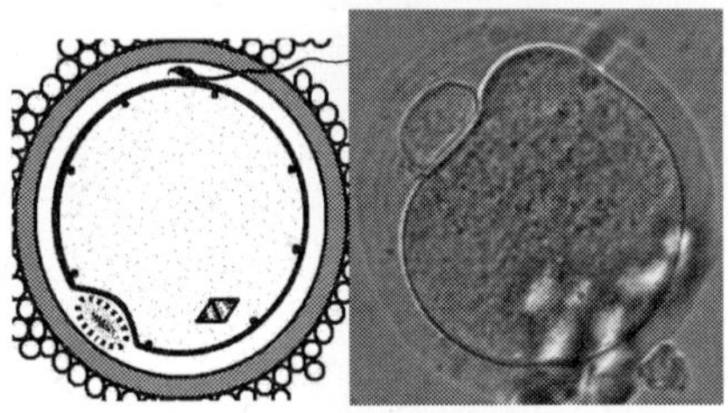

AⅡ(2차 감수분열 후기)
정자-투명대 통과
& 난황막 부착·융합
난자-제2극체 방출중

4

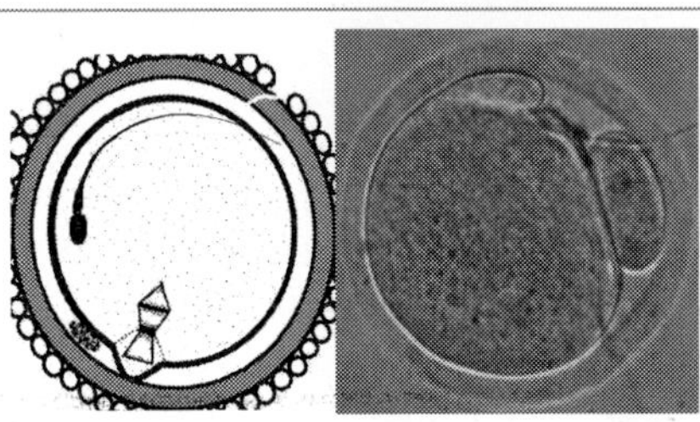

TⅡ(2차 감수분열 말기)
정자-두부 팽창 시작
난자-제 2극체 완성직전

5

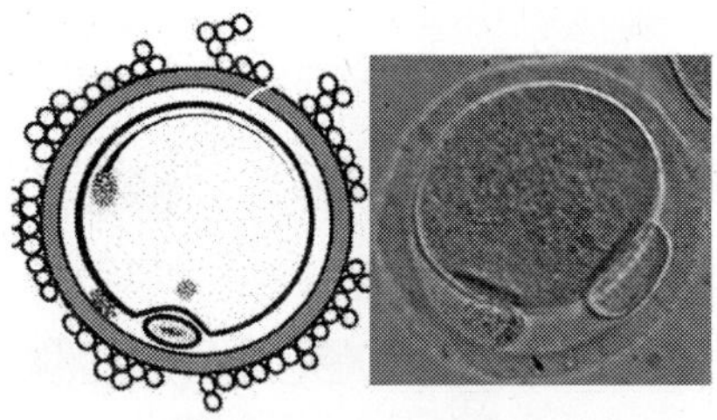

정자-염색질 풀어짐
난자-제2극체 방출 완료

6

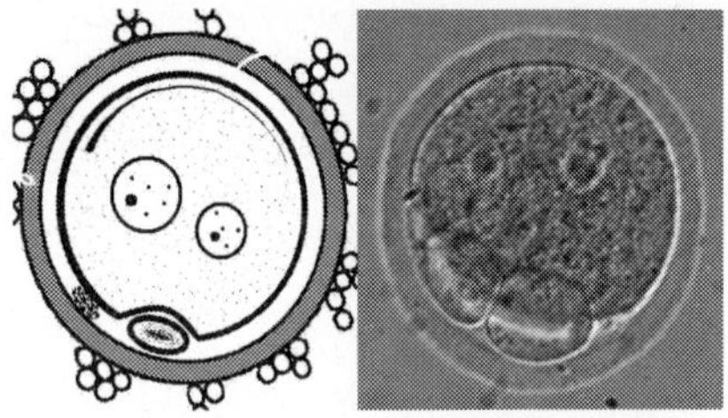

2-PN(전핵기, 2-pronucleus)

7

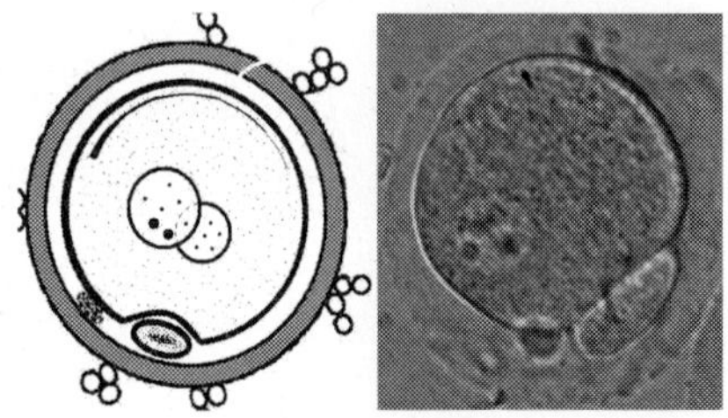

전핵-병치·융합

8

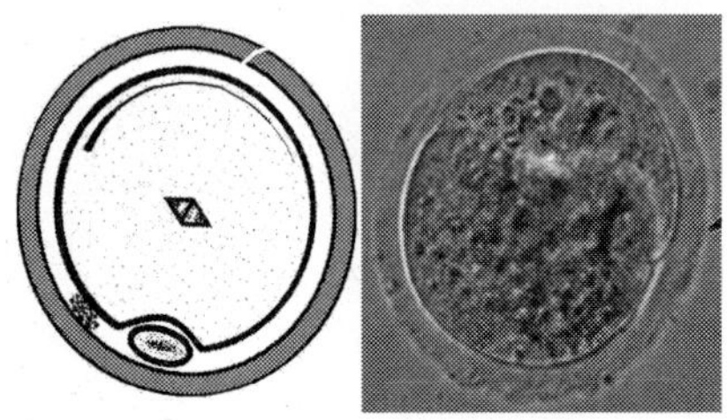

난할 직전(웅성 & 자성 염색체 ⇨ 방추사 위에 정렬)

그림 50 마우스 체외수정 모식도

(1~8번의 왼쪽 그림: Austin & Short. 128~129쪽을 참고로 제작)

5. 투명대의 특징

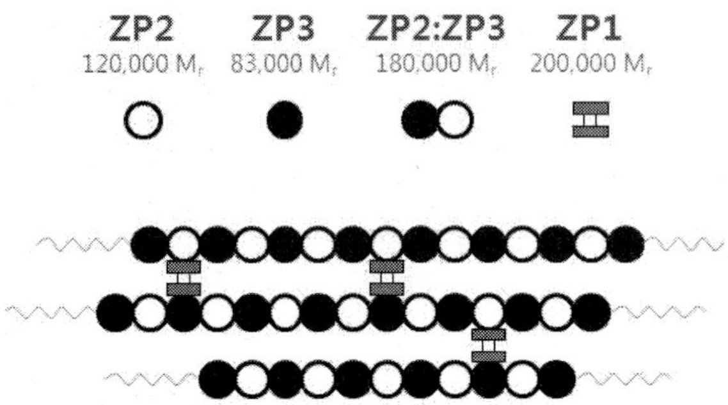

- 두께thickness: 7㎛
- ZP-1: 지지대 역할
- ZP-2: 제2차 정자 수용체, 첨체반응이 일어난 정자만 수용.
- 수정 후 구조변화=ZP-2 ⇨ ZP-2f (투명대경화 & 정자수용불가)
- ZP-3: 제1차 정자 수용체, 종(species) 특이성.

그림 51 마우스 투명대 사상체(filaments)의 당단백질(glycoprotein) 배열 모식도
(Cohen 등, 90~93쪽 & Hogan 등, 27쪽을 참고로 제작)

6. 수정 시 표층과립 물질의 변화

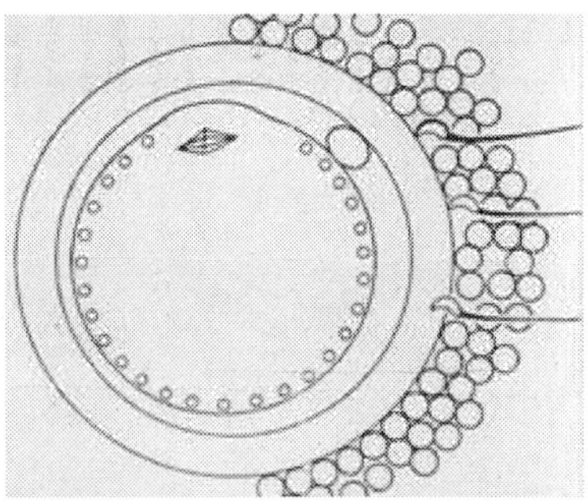

수정 전(표층과립 물질 방출 전)

- 수정 전에는 표층과립 물질이 난황막 내에 존재.
- 난자의 세포질 내로 정자의 침입이 가능.

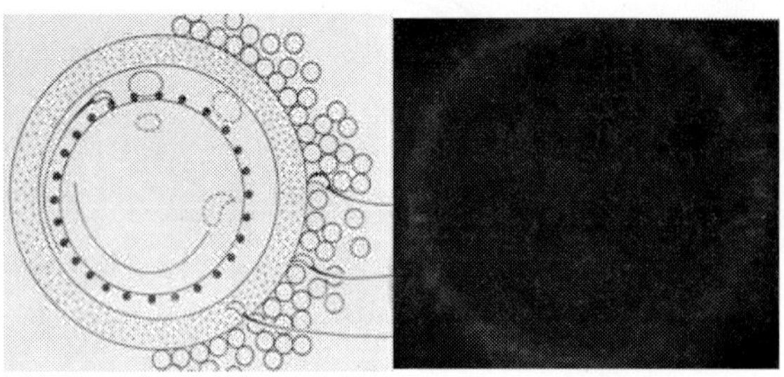

수정 후(표층과립 물질 방출 후)

- 수정 후에는 표층과립 물질이 난황막 밖으로 방출.
- 난자의 세포질 내로 정자의 침입을 차단. ⇨ 다정자 침입 방지

그림 52 수정 시 표층과립 물질(cortical granules)의 방출 모식도

7. 정자와 난자의 융합 모습

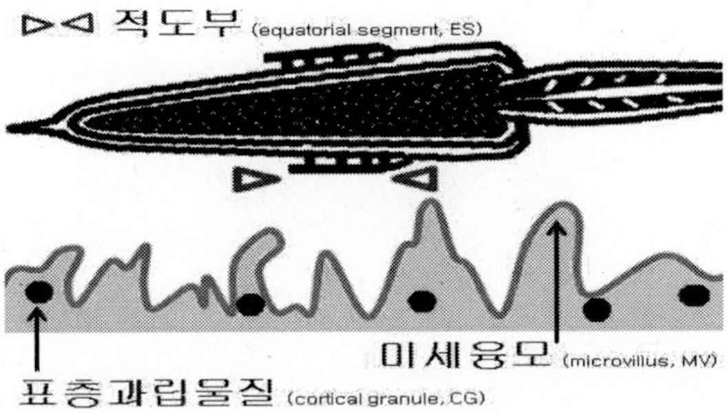

정자의 투명대 침투 직후

- 정자: 난자의 위란강에 위치

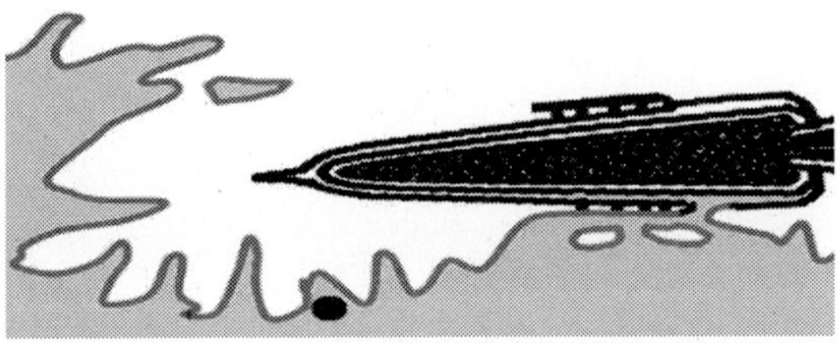

난황막 부착

- 정자 적도부가 난황막 표면에 부착한다.
- 난자: 표층과립 물질 방출 시작

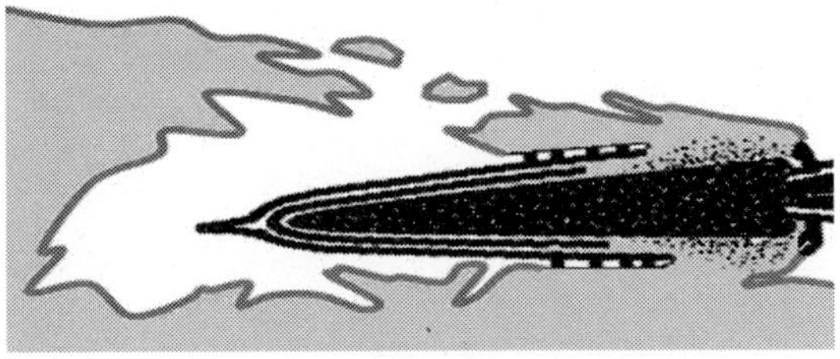

융합 자극

- 정자: 정자핵 풀림 시작
- 난자: 표층과립 물질 방출 완료

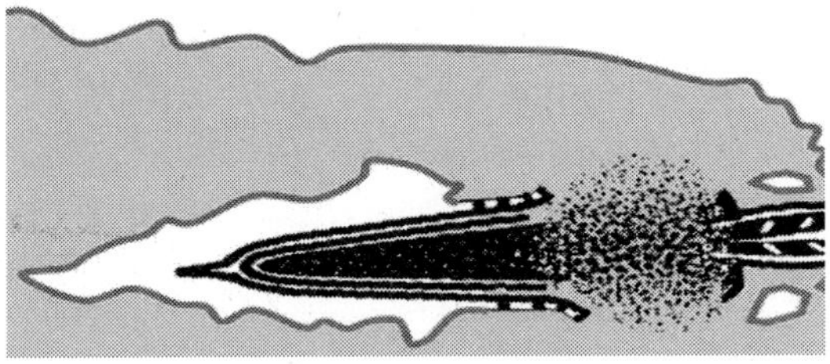

난황막이 정자를 둘러쌈

- 정자: 정자 핵 주위가 난황막에 휘감김

  ※ 적도부는 남아있음.

- 난자: 난황막이 정자의 내첨체막을 둘러쌈

그림 53 마우스 정자와 난자의 융합과 합체 모식도

(Austin & Short, 147쪽을 참고로 제작)

7장

2-세포기 배아의 배양

7장. 2-세포기 배아의 배양

Ⅰ. 배양 전날 준비

1. 배양액의 준비

(1) 난관 관류 배양액

① 난관 회수 배양액: 에펜도프 튜브(또는 5㎖ 튜브)에 적당량의 PBS(±20%FBS)

② 난관 관류 배양액: 기관 배양(2-well) 접시에 2㎖의 관류용 배양액(PBS+20%FBS)

③ 관류 후 세척 배양액: 배양 접시에 세척용 배양액(50㎕~2㎖)

(2) IVC 배양액의 종류

① G1-G2 plus

② Cleavage-Blastocyst medium

③ Onestep medium

④ TCM+20% FBS

⑤ 기타

(3) 배양 조건

① 배양액의 소적 크기: 50㎕~2㎖

② 37℃ 배양기의 CO2 농도

- G1-G2 plus & Cleavafe-Blastocyst medium: 6%
- Onestep medium, PBS, TCM: 5%

2. 난관 관류용 배양액의 준비

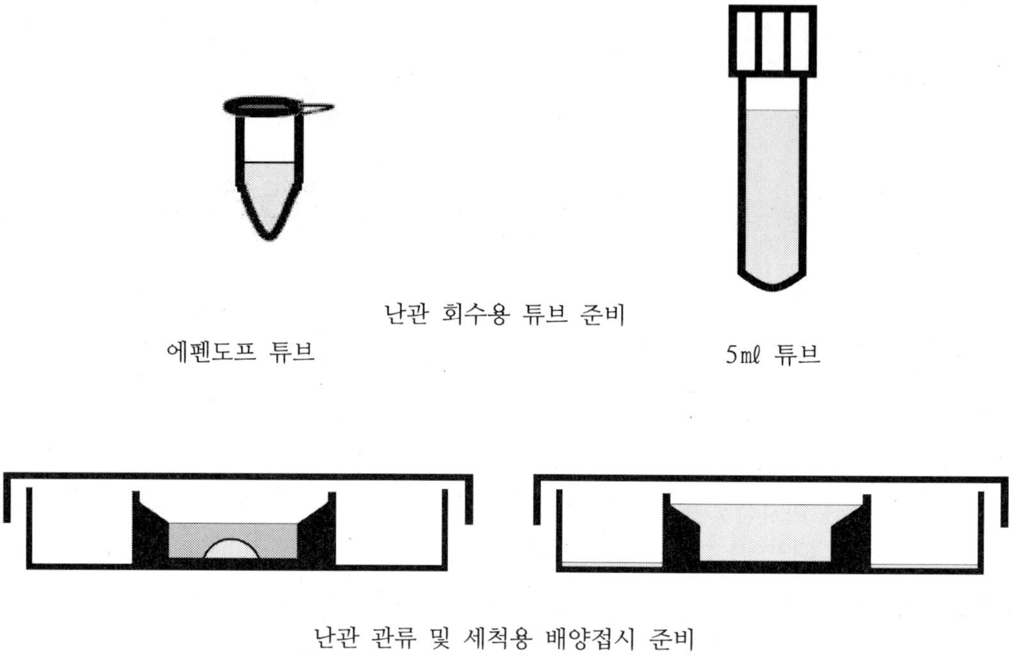

그림 54 난관 관류용 배양액 준비

1. 준비물

(1) 난관 회수용 해부 도구
(2) 난관 회수용 배양액이 든 튜브(알루미늄 호일로 싸서 빛을 차단)
(3) 미세 파스퇴르 피펫
(4) 관류용 1㎖ 주사기

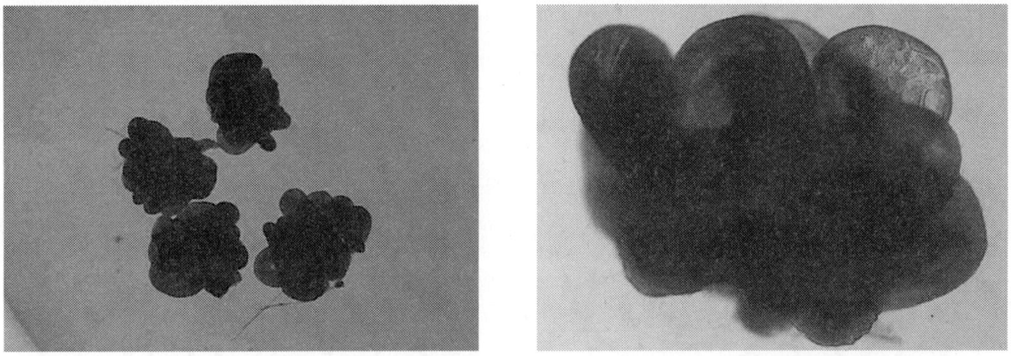

그림 55 회수한 난관의 모습

2. 난관 관류용 주사 바늘의 준비

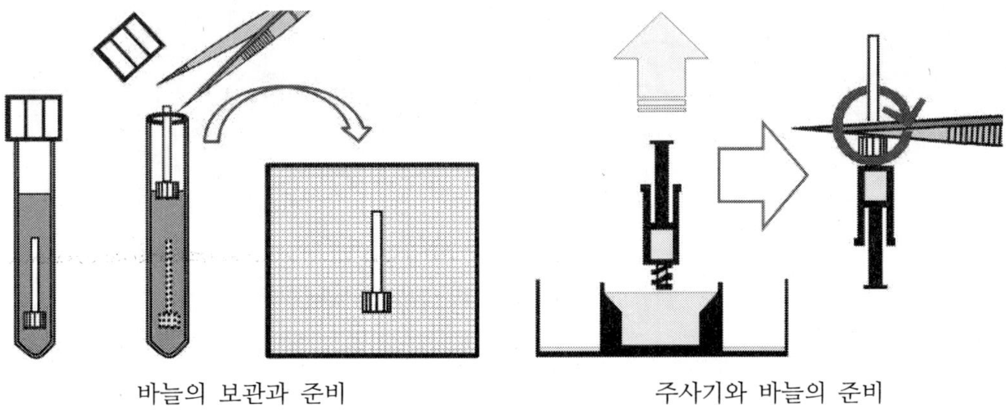

그림 56 난관 관류용 바늘과 주사기 준비

Ⅲ. 난관 관류

1. 순서

(1) 난관 회수: 난관 팽대부 회수 참조(74쪽 그림 37 & 76쪽 그림 40)

(2) 전 배양된 난관 관류용 접시와 세척용 접시를 배양기에서 IVF 챔버로 옮긴다.

(3) 1㎖ 주사기에 관류용액을 0.5㎖정도 흡입하여 거꾸로 세워둔다.

(4) 핀셋으로 튜브에 있는 난관을 관류용 접시로 옮긴다.

(5) 난관을 관류한다.

※ 난관 입구를 찾기 어려울 경우: ① 난관 전체를 돌리면서 관찰하면 볼 수 있는데 그래도 잘 보이지 않으면, ② 난관 입구가 내부에 숨어 있을 수 있으므로 살살 풀어 헤치면서 관찰하면 찾을 수 있다.

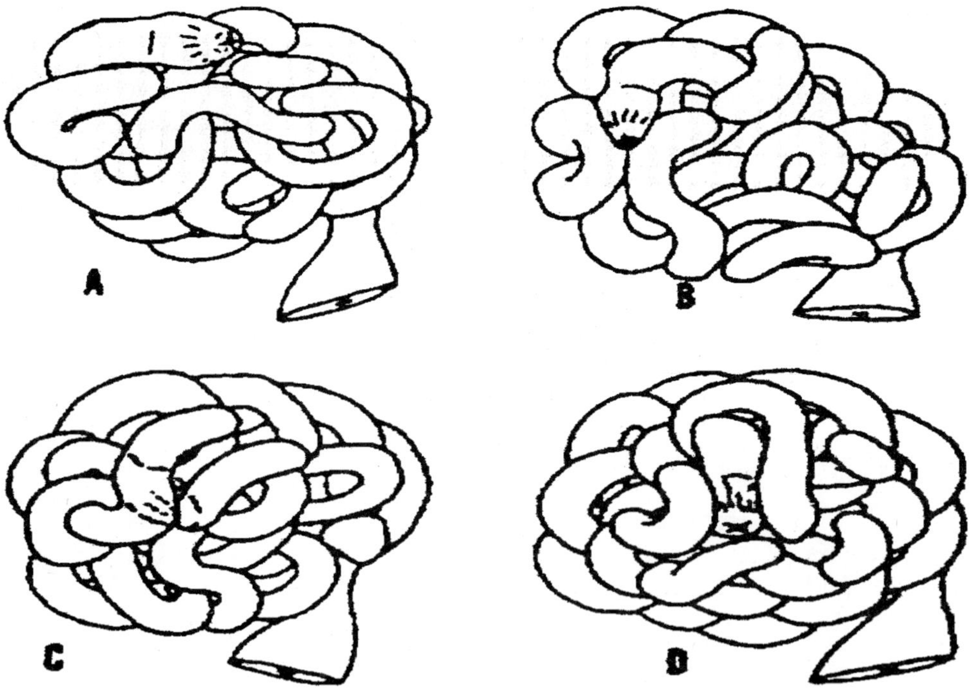

난관의 절개 부위와 절개 방법 및 분리된 난관의 방향에 따른 모습(A~D)

난관입구가 상부로 올라와 있으면(A와 B) 비교적 찾기가 쉽다. 난관 입구가 완전히 또는 거의 아래에 숨어 있는 경우(C와 D)에는 핀셋이나 바늘로 찾는다. 이 경우 특히 일부 난소 낭(ovarian bursa)막이 일부 남게 되어 난관 입구를 덮기도 한다. 대개 난관 말단 부분과 난관팽대부 부분은 각도가 상당히 굽어져 있다.

그림 57 난관의 모식도(이상호, 92쪽)

※ 관류용 주사침이 따로 없는 경우: 1㎖ 인슐린 주사기 바늘 끝을 핀셋의 몸통에 대고 긁어 끝을 뭉툭하게 만들어서 사용하면 난관입구가 찢어지는 것을 방지할 수 있다(숙달되면 바늘 끝을 처리하지 않아도 별 무리 없이 작업을 할 수 있다).

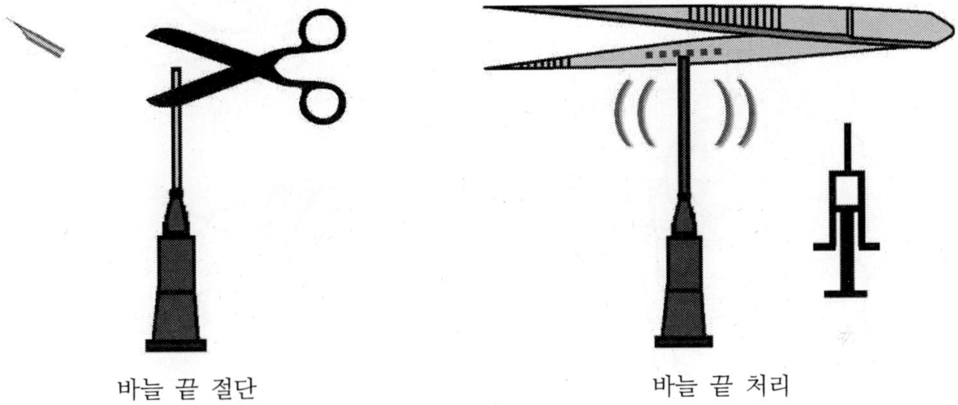

그림 58 인슐린 주사기에 부착된 바늘 끝의 처리

(6) 관류가 끝난 난관은 기관 배양 접시의 외벽 out-well 으로 제거한다.

2. 난관 관류 방법

(1) 난관 입구를 주사침 또는 핀셋으로 찾는다.
(2) 핀셋으로 난관 왼쪽을 살짝 고정한다.
(3) 관류용 주사침을 난관 오른쪽에서 삽입한다.
(4) 관류용 주사침이 난관에 완전히 들어가면 왼손으로 잡은 핀셋으로 난관 입구를 부드럽게 고정한다.
(5) 오른손으로 잡은 관류 주사기를 눌러 배양액으로 난관을 관류한다.
※ 주의: 핀셋을 너무 세게 누르면 난관 입구가 찢어질 수 있으므로 주의할 것.

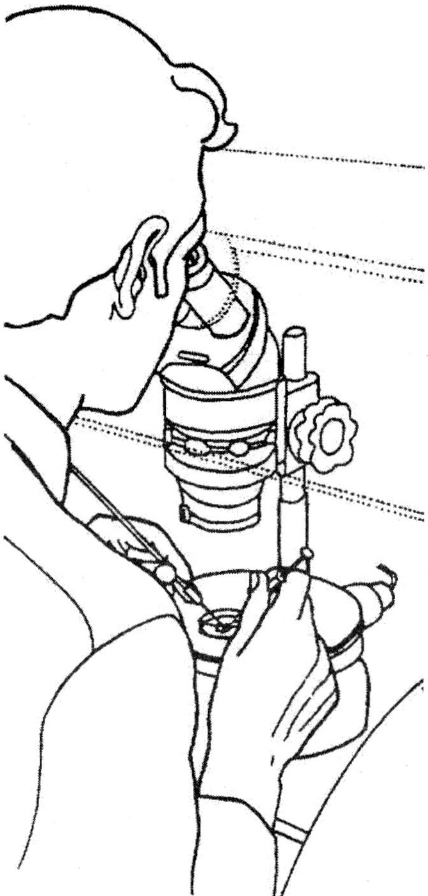

관류하는 모습

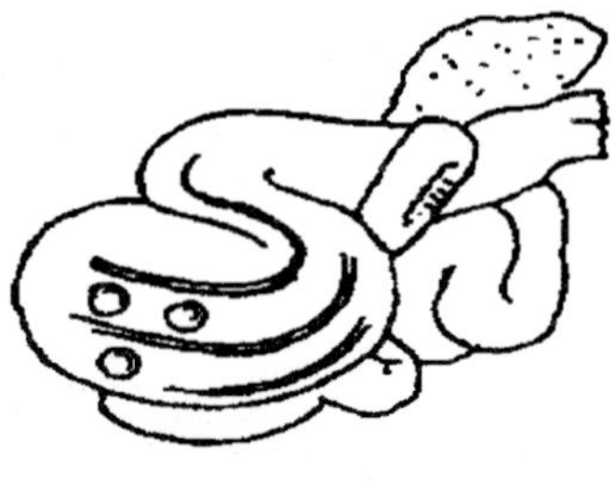

난관 팽대부

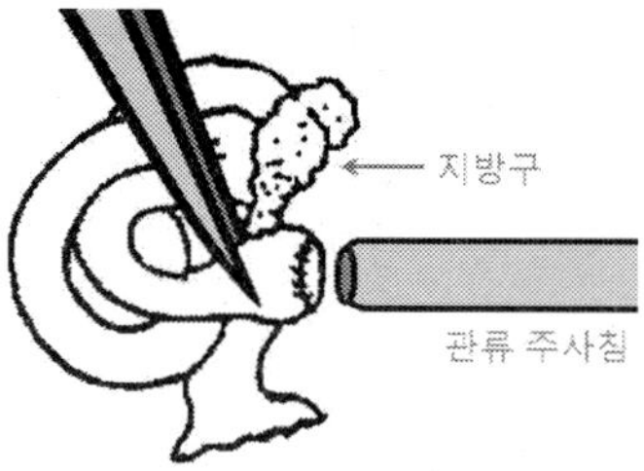

난관 입구에 주사침 삽입 전

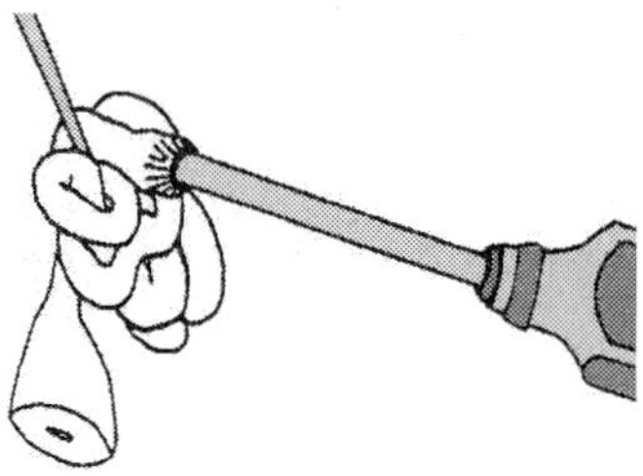

난관 입구로 주사침
삽입/관류

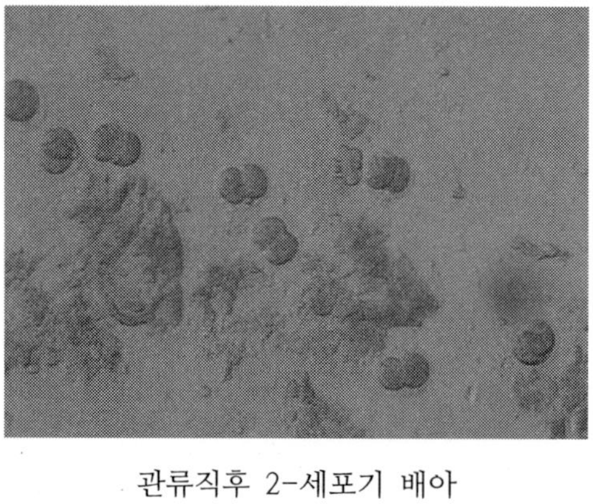

관류직후 2-세포기 배아

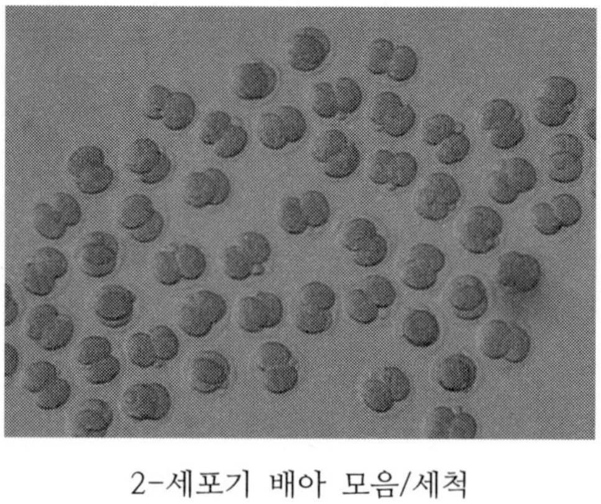

2-세포기 배아 모음/세척

그림 59 난관 관류 방법

(왼쪽 그림 1개: 이상호, 93쪽 & 오른쪽 그림 3개: Hogan 등, 101쪽)

Ⅳ. 2-세포기 배아의 배양

1. 배양액의 준비

(1) 배양액

① 초기(2~8-세포기 까지): Onestep medium(☑), G1 plus, Cleavage medium

② 후기(8-세포기 이후): Onestep medium(☑), G2 plus, Blastocyst medium

③ 말기(투명대탈출 포배아 이후): TCM+20% FBS

※ 실험의 성격에 따라 사용하는 배양액과 첨가물질의 종류와 농도가 달라질 수 있다.

(2) 조건

① 배양액의 소적 크기

- 50~100㎕(OVOIL을 덮어줌)
- 2㎖

② 37℃ 배양기의 CO_2 농도

- G1-G2 plus, Cleavage-Blastocyst medium: 6%
- Onestep medium, PBS & TCM: 5%

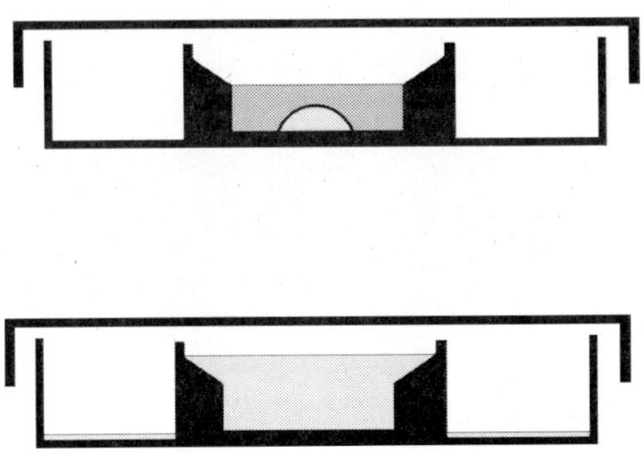
기관 배양(2-well) 접시

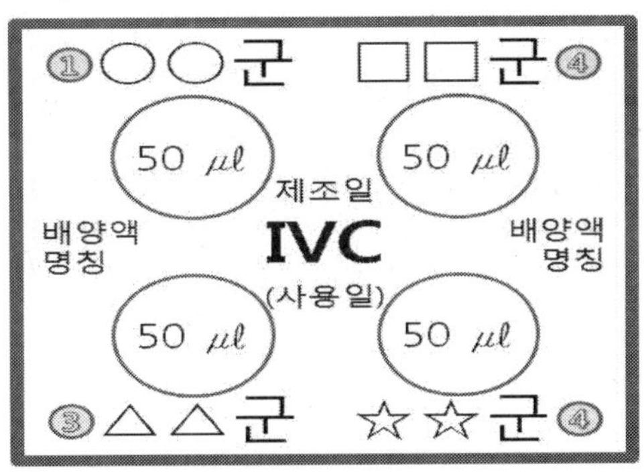

4-공 배양(4-well) 접시

그림 60 배아 발달용 배양액 준비

2. 배아의 준비

(1) 난관 관류 배아

- 호르몬 주사(PMSG & hCG)와 수컷과의 동숙을 한 다음 hCG 주사 48시간 후에 난관을 관류한다. 회수한 2-세포 배아의 배양을 실시한다.

(2) 체외 수정 배아

① 미성숙 난자 사용: PMSG 주사 48시간 후에 난소에서 미성숙 난자를 채취한다. 성숙 배양하여 MⅡ 단계에서 체외 수정한 다음 접합자 단계부터 배아 배양을 실시한다.

② 성숙 난자 사용: 호르몬 주사(PMSG & hCG)를 한다. hCG 주사 18시간 후에 난관 팽대부에서 성숙난자를 회수한다. 회수한 성숙난자를 체외 수정한 다음 접합자 단계부터 배아 배양을 실시한다.

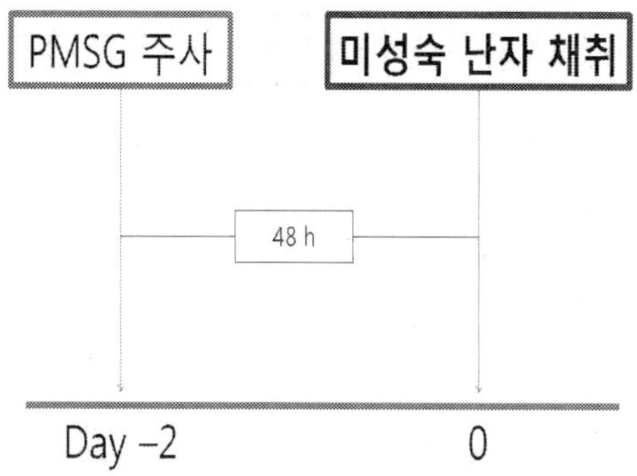

미성숙 난자(GV) 채취

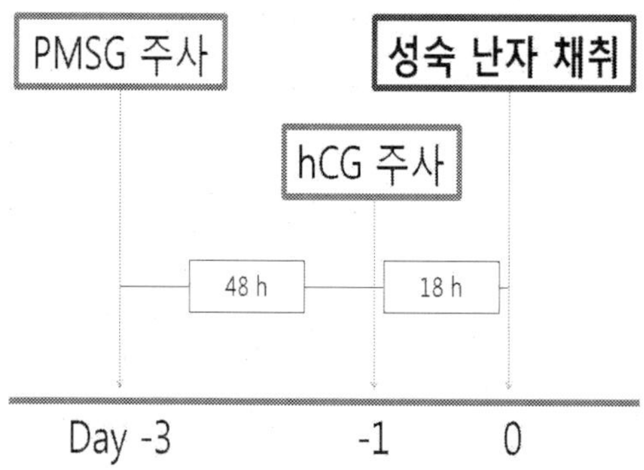

성숙 난자(MⅡ) 채취

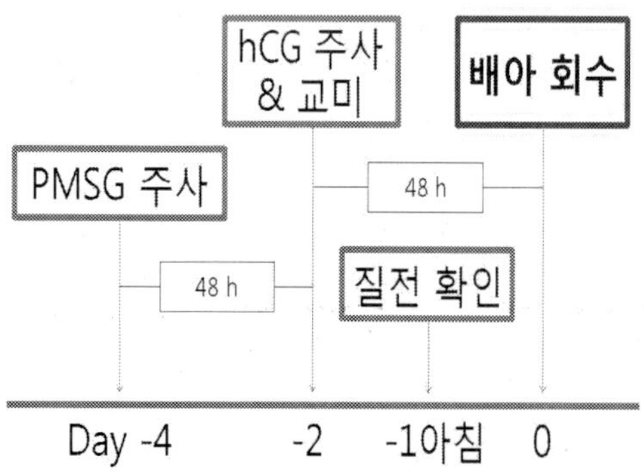

2-세포기 배아 회수

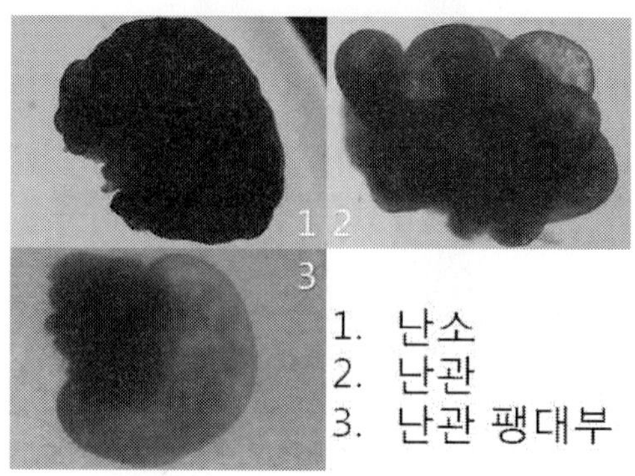

난소와 난관 팽대부의 모습

그림 61 호르몬 주사 시간표

3. 배아의 발달 과정

(1) 초기 발달(2~8-세포기 배아)

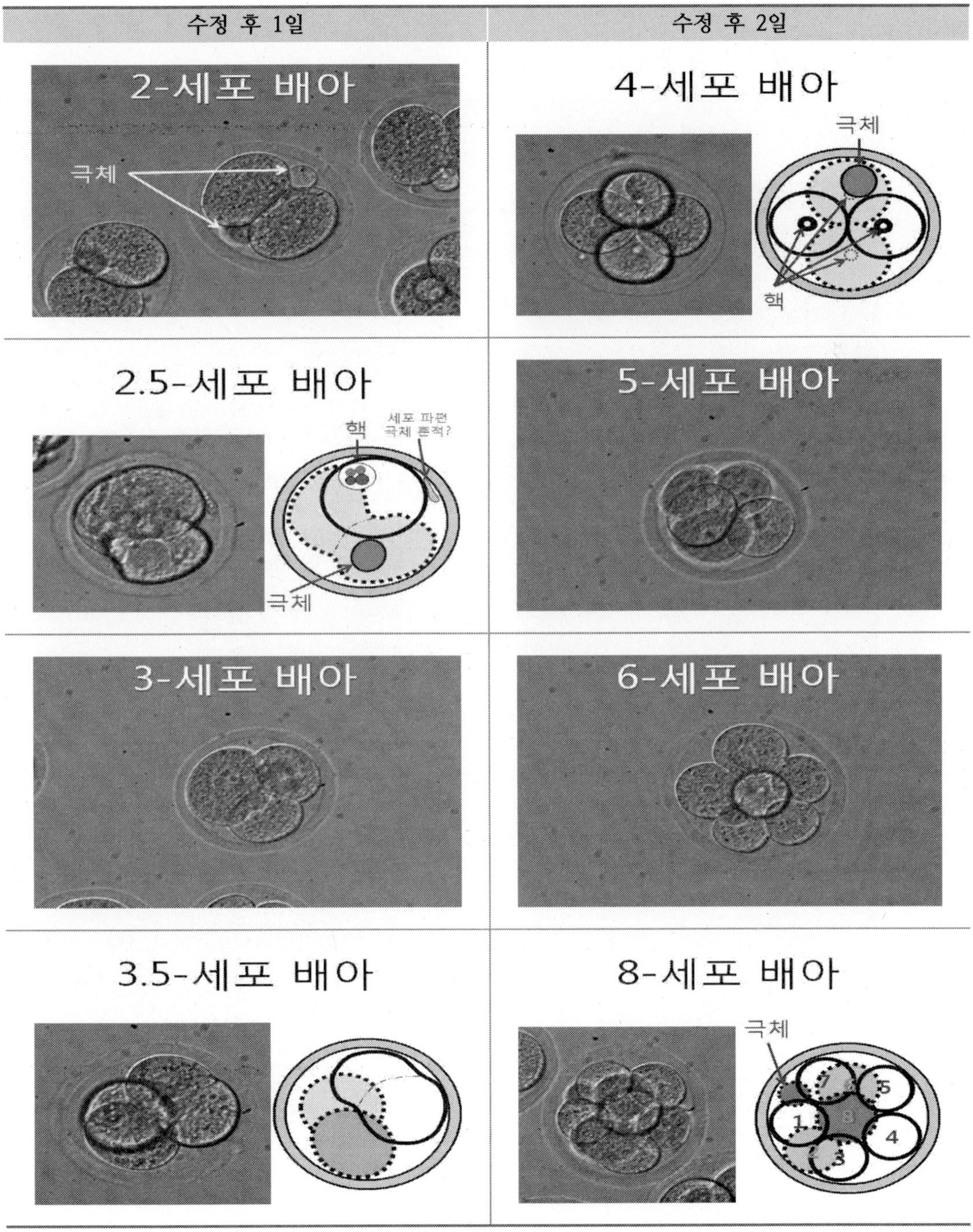

그림 62 배아의 난할 과정

(2) 후기 발달(상실기~포배아)

① 상실기(M)

② 초기 포배아(EB)

③ 중간 확장 포배아(M exp B)

④ 최대 확장 포배아(F exp B)

⑤ 투명대 탈출 중인 포배아(Hig B)

⑥ 투명대 탈출 완료 포배아(Hed B)

⑦ 접시 바닥 부착 포배아(Attached B)

일 (PI)	상태	일 (PI)	상태
2 ~ 3	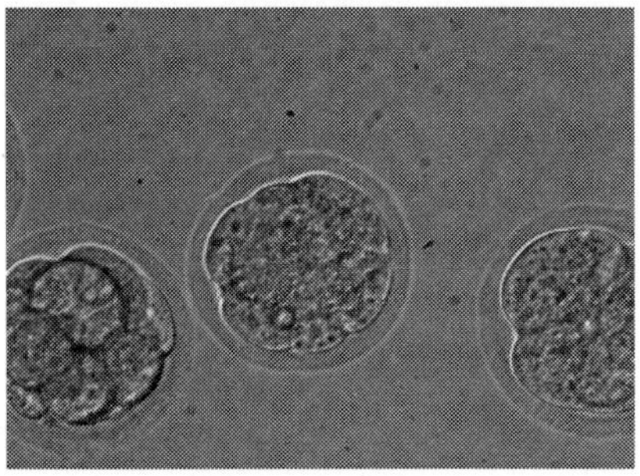 상실배아(morulae)	4	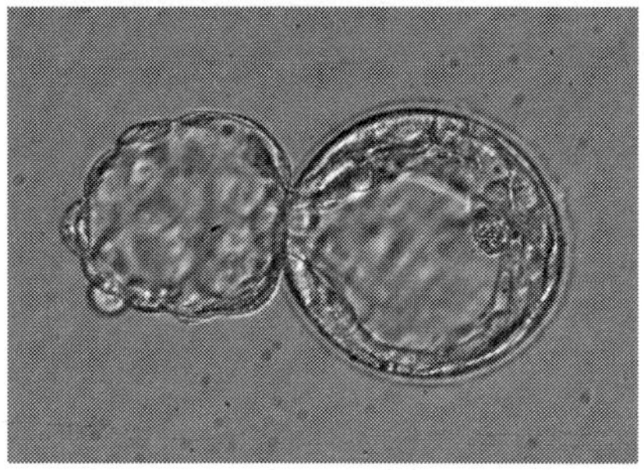 투명대 탈출중
3	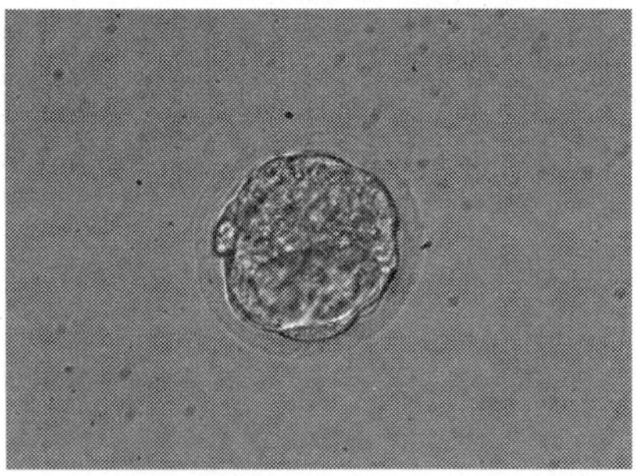 후기 상실배아~초기 포배아	5	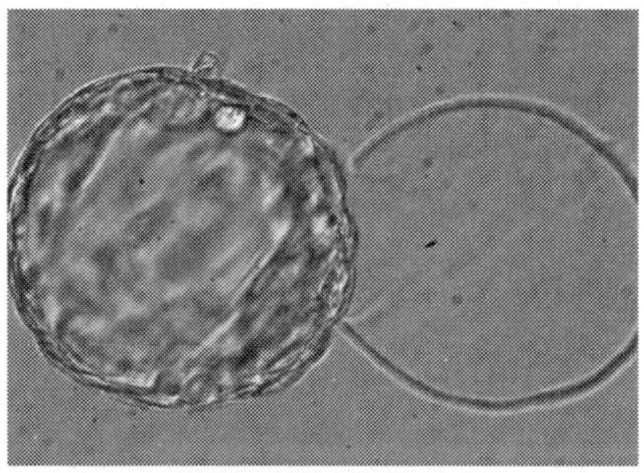 투명대 탈출 완료
4	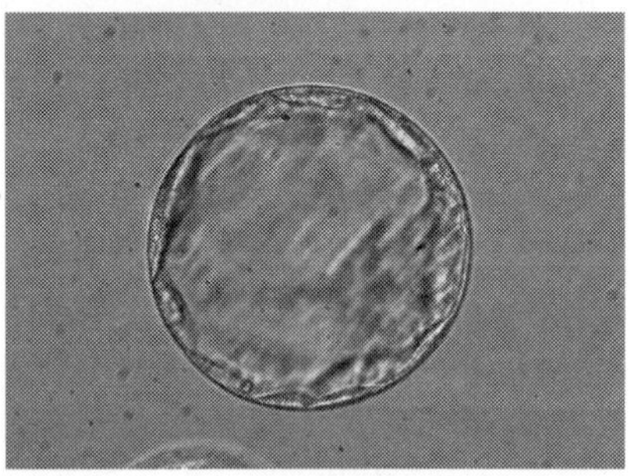 포배아(최대확장)	6	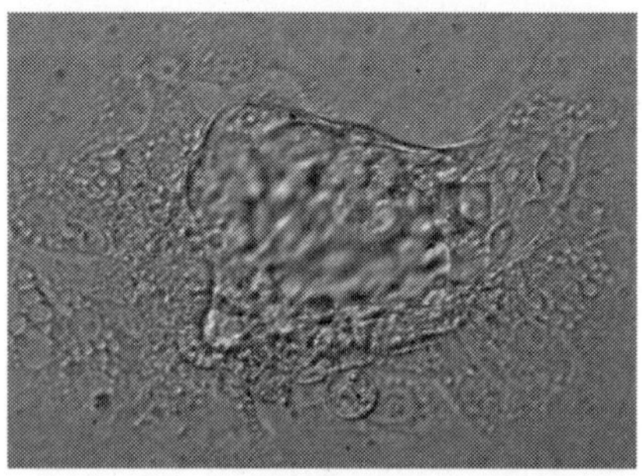 바닥 부착(착상)

※ PI: Post insemination(수정 후)

그림 63 포배아의 발달 과정

4. 배아의 발달 소요 시간

표 5 체내에서 마우스 배아의 발달 소요 시간(Hogan 등, 35쪽)

배아 발달 단계	hCG 주사 후 시간	수정(배란, 교미) 후 시간
2C	48(2일)	36(1.5일)
3~4C	60(2.5일)	48(2일)
5~8C	72(3일)	60(2.5일)
상실기	84(3.5일)	72(3일)
포배아	96(4일)	84(3.5일)
투명대 탈출	96~108(4~4.5일)	84~96(3.5~4일)
착상	108~120(4.5~5일)	96~108(4~4.5일)

8장

이중 형광 염색

8장. 이중 형광 염색

포배아의 내세포괴(inner cell mass, ICM, 청색으로 염색됨)와 영양배엽(trophectoderm cell, TE, 분홍색으로 염색됨)을 구분하여 다르게 염색해서 각각의 세포 수를 확인하기 위해 실시하는 염색법이다.

Ⅰ. 염색액의 제조

1. 염색에 사용하는 염색액의 종류와 농도

(1) 염색액 1(Sol. 1): 포배아의 영양배엽 세포(trophectoderm, TE)를 분홍색으로 염색

① 재료

- Propidium Iodide(PI, Sigma, P-4170, 25㎎)
- Triton X-100(Sigma, T-9254, 100㎖)
- PBS(GIBCO, 14287-080, 500㎖)

② 첨가 농도 및 방법

- 첨가 농도: PBS 1㎖(1,000㎕)에 PI 100㎍(0.001g)과 Triton 1% 첨가
- 방법

ⅰ. PI 저장 용액(stock sol.) 제조: PI 25㎎(최초 들어있는 양)을 25㎖의 PBS로 녹인다.(5㎖ 피펫 이용) 이렇게 하면 PI의 농도는 100㎍/100㎕가 된다.

ⅱ. 1㎖의 염색액 1 제조 시: PI 저장 용액(stock sol.) 100㎕+Triton 10㎕ +PBS 890㎕

ⅲ. 2㎖의 염색액 1 제조 시: PI 저장 용액(stock sol.) 200㎕+Triton 20㎕ +PBS 1,780㎕(실제 염색 실험에서는 2㎖가 용이함)

(2) 염색액 2(sol. 2): 포배아의 내세포괴 ICM을 청색으로 염색시킴

① 재료

- Bis-benzimide(BB, SIGMA, B-2883, 25㎎)
- 99.9% 에탄올(고정용)

② 첨가 농도 및 방법

- 첨가 농도: 에탄올 1㎖(1,000㎕)에 BB 25㎍(0.00025g) 첨가
- 저장 용액(stock sol.) 제조 방법: BB 25㎎(최초 들어있는 양)을 20㎖의 에탄올에 녹인다.(5㎖ 피펫 이용) 이렇게 하면 BB의 농도는 25㎍/20㎕가 된다.

2. 저장 요액(stock sol.)의 제조 방법(상세)

(1) PI 농도: PBS 1㎖(1,000㎕)에 PI 100㎍(0.001g)과 Triton 1% 첨가

① PI 저장 용액(stock sol.) (×10): 100㎍ (0.001g)을 측정하여 직접 첨가하기는 불가능하므로 저장 용액(stock sol.)을 만들어 사용한다.

② PI는 한 병에 25㎎이 들어 있어서, 이는 사용하고자 하는 양(0.001g PI/1㎖ PBS)의 250배이다. 이것을 1㎖ PBS에 녹이면 250배의 저장 용액(stock sol.)이 되고 25㎖ PBS에 녹이면 10배의 저장 용액(stock sol.)이 된다.

③ 1㎖ 에펜도프 튜브eppendorf tube에 약 220㎕씩 분주한다.

- PI 저장 용액(stock sol.) 에펜도프 튜브를 약 113개 정도 만들 수 있다.
- 사용 용액(working sol.)을 제조할 때에는 PI 저장 용액(stock sol.)의 농도가 사용 용액의 10배이므로 PBS 0.9㎖(900㎕)에 PI 저장 용액(stock sol.) 0.1㎖(100㎕)를 넣어주면 된다.

※ 주의: 빛을 최대한 차단하여 저장 용액(stock sol.)을 제조한다.

④ 최종 working sol. 1은 2㎖로 맞추어서 염색하는 것이 실험에 용이하므로 220㎕씩 분주하는 것이 적당하고, 각각의 에펜도프 튜브는 알루미늄 호일로 싸서 빛을 차단하여 냉동 보관한다.

- 분주 후 녹여서 사용할 때에는 에펜도프 튜브 내벽에 저장 용액(stock sol.)이 묻어있을 수 있으므로 20㎕ 더 분주해 놓는다(115쪽, 그림 65. “염색 저장 용액의 보관 방법” 참고).

(2) BB(bis-benzimide) 농도: 에탄올 1㎖(1,000㎕)에 BB 25㎍ (0.00025g) 첨가

① BB 저장 용액(stock sol.) (×50): 25㎍(0.00025g)을 측정하여 직접 첨가하기는 어려우므로 저장 용액(stock sol.)을 제조하여 사용한다.

② BB 1병에는 25㎎이 들어 있다. 이는 사용하고자 하는 양(0.00025g BB/1㎖ 에탄올)의 1,000배이다. 이것을 1㎖ 에탄올에 녹이면 1,000배의 stock sol. 이 되고 20㎖ 에탄올에 녹이면 50배의 저장 용액(stock sol.)이 된다.

③ 1㎖ 에펜도프 튜브에 약 200㎕씩 분주.

- BB 저장 용액(stock sol.) 에펜도프 튜브를 약 100개 만들 수 있다.
- 사용 용액(working sol.)을 제조할 때에는 BB 저장 용액(stock sol.)의 농도가 50배이므로 에탄올 980㎖에 BB 저장 용액(stock sol.) 20㎕를 넣어주면 된다.

④ 최종 사용 용액 2는 1㎖로 맞추어서 실험 군 별로 따로 염색하므로 각각의 튜브를 알루미늄 호일로 싸서 빛을 차단하여 냉동 보관(115쪽, 그림 65. “염색 저장 용액의 보관 방법” 참고).

※ BB 저장 용액(stock sol.) 제조 시 주의할 점

주1. 최소한의 빛만 남겨두고 제조한다.

주2. BB(25㎖/1병)는 냉동 보관이므로 에탄올로 녹이기 전에 BB 병 내의 시약을 무균상 위에 두어 녹인다.

주3. BB는 잘 녹지 않으므로 50배 저장 용액(stock sol.)이 든 병의 마개를 막고 병 전체를 알루미늄 호일로 싸서 흔들고 정치하는 과정을 반복한다.

주4. 수차례 반복하여도 완전히 녹지 않고 노란 형광색의 알갱이가 남아있게 된다. 이들은 여과해주는 것이 염색에 도움이 되므로, 종이 여과지(주사기 여과기는 에탄올에 녹으므로 사용 금지)를 이용하여 여과한다.

주5. 종이 여과지를 접어 삼각뿔모양으로 만들어 핀셋으로 집어서 200㎖ 병에 올려두고, stock sol.을 〈그림 64〉 (114쪽)처럼 붓는다.

주6. 한꺼번에 많은 양을 부을 경우 저장 용액(stock sol.)이 넘치므로 여과되기를 기다렸다가 다시 붓는 과정을 반복하여 여과를 완료한다.

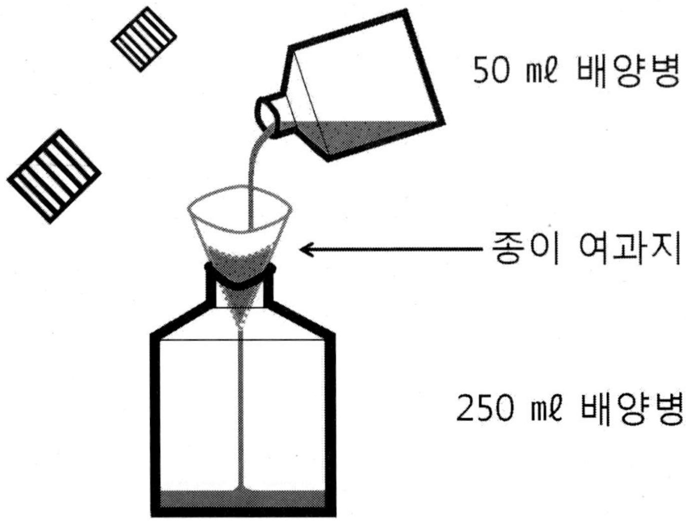

그림 64 염색 저장 용액의 여과 방법

3. 분주 및 보관

(1) 분주 후 100mℓ 비이커(때에 따라 종이박스, semen's cup, 미네랄 오일 통 자른 것 등)의 외부를 알루미늄 호일로 싸서 빛에 노출되지 않도록 한 다음 냉동 보관한다.

(2) 에펜도프 튜브를 1개씩 알미늄 호일에 싸서 비이커에 넣어 보관하면 에펜도프 튜브를 꺼내기 위해 뚜껑을 열 경우에도 빛에 노출되는 것을 차단할 수 있다.

(3) 보관하는 통 속에 시약 이름, 제조 일자, 저장 용액의 제조 방법 및 저장 용액(stock sol.)을 이용하여 염색액을 만들 수 있는 방법 등을 자세하게 기록하여 넣어둔다.

(4) 분주 통 외벽에 저장 용액의 종류 및 날짜를 기록한 종이를 붙여 놓는다.

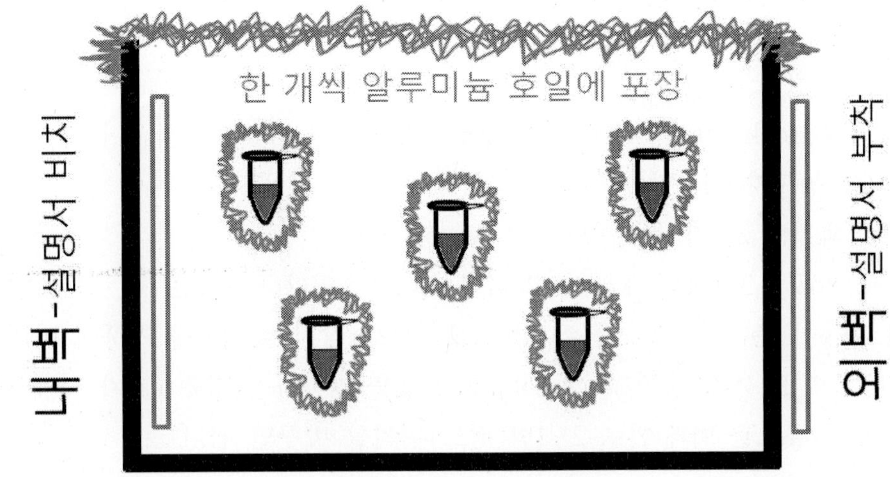

	외벽: 저장 용액의 종류와 날짜를 기록한 설명서를 보관통 외벽에 부착
	내벽: 시약이름, 제조일자, 저장 용액 제조방법, 등을 적은 설명서를 비치
1	PropidiumIodide 저장 용액(×10) (SIGMA, P-4170, 25㎎) PI 25㎎/PBS 25㎖ ⇨ 1㎎(1,000㎍)/1㎖(1,000㎕) ⇨ 100㎍/100㎕ ⇨ 200㎍/200㎕(PI stock sol.) ※ PI 저장 용액을 이용한 사용 용액(working sol.) 1 제조 방법 (2㎖ 기준): PBS 1.78㎖ (1,780㎕)+Triton 20㎕+PI 저장 용액 200㎕ ※ 1㎖ 에펜도프 튜브에 220㎕씩 분주. OOOO년 OO월 OO일
2	Bis-benzimide 저장 용액(×50) (SIGMA, B-2883, 25㎎) Bis-benzimide 25㎎(25,000㎍)/에탄올 20㎖(20,000㎕) ⇨ 25㎍/20㎕(bis-benzimide stock sol.) ※ Bis-benzimide 저장 용액을 이용한 사용 용액(working sol.) 2 제조 방법(8㎖ 기준) : 에탄올 7.84㎖+bis-benzimide 저장 용액 160㎕(0.16㎖) ※ 1㎖ 에펜도프 튜브에 약 200㎕씩 분주. OOOO년 OO월 OO일

그림 65 염색 저장 용액(stock sol.)의 보관 방법

4. 사용 용액(working sol.)의 제조 방법

(1) 사용 용액(working sol.) 1

저장 용액(stock sol.)은 10배 농축액이므로 사용 시 10배 희석하여 사용한다.

즉, 사용 농도가 1㎖ 당 PI 100㎍이다.

실제 염색에는 2㎖가 용이하다.

따라서 PBS 1,780㎕에 Triton 20㎕를 넣고 녹인다(Triton은 잘 녹지 않으므로 심하게 흔들어 준다. 이때 거품이 많이 생기므로 잠시 방치하여 거품이 가라앉기를 기다린다.) ⇨ PI 저장 용액(stock sol.) 200 ㎕를 첨가하여 최종 2㎖가 되게 한 다음 잘 섞어준다(튜브를 아래·위로 2~3번 정도 위치를 바꾸면 됨).

▸ 예) 사용 용액(working sol.) 1 제조(2㎖ 제조의 경우)

① 첨가물질과 양

- PBS: 1,780㎕
- Triton: 20㎕(농도로는 1%)
- PI 저장 용액(stock sol.): 200㎕(PI 양은 200㎍)

② 제조 방법

- 냉장고에 있는 PBS 1,780㎕를 5㎖ 튜브에 넣는다.
- 1,780㎕ PBS에 Triton 20㎕(1%)를 넣어 녹인다. 잘 안 녹으므로 심하게 흔들어준 다음 거품이 가라앉도록 잠시 정치한다.
- 200㎕ PI stock sol을 첨가하여 섞어 준다.
- 완성된 2㎖ 용액을 기관 배양(2-wel)l 접시에 넣은 다음, '빛 차단 상자'에 넣어 염색에 이용될 때까지 냉장고에 보관한다(125쪽, 그림 69. "염색 배양 접시를 '빛 차단 상자'에 준비" 참고).

▸ 사용 용액(working sol.) 1의 제조 시 주의 사항

① Triton을 20㎕ 마이크로 피펫(yellow tip)으로 흡입 할 때 천천히 하지 않으면 흡입이 잘 안 된다. 또한 PBS에 첨가할 때에도 피펫 내벽에 Triton이 묻어 있으므로 흡입과 배출을 반복하여 Triton을 모두 녹여주어야 한다.

② Triton은 점도가 굉장히 강하여 잘 녹지 않으므로, PBS에 Triton을 첨가 후 마개를 막고 심하게 흔들어서 녹인다. 이 때 발생된 거품은 가라앉을 때까지 기다렸다가 남은 거품을 제거하고 사용한다.

③ 충분한 PI의 양이 없을 경우에는 각 군마다 사용 용액(working sol.) 1을 만들지 않고 2㎖의 사용 용액(working sol.) 1만 만들어서 한번 실험 시 반복적으로 사용할 수 있다.

④ 사용 용액(working sol.) 1을 제조하기 전 최대한 빛이 들어오지 않도록 한다(무균상에서 sol. 제조 시 소등하여 제조).

⑤ 필요한 PI 양을 계산하여 냉동고 안에 분주·보관되어 있는 PI(에펜도프 튜브 내에) 를 최대한 빛에 노출되지 않게 호일에 싸서 무균상으로 가져 와서 녹인다.

1	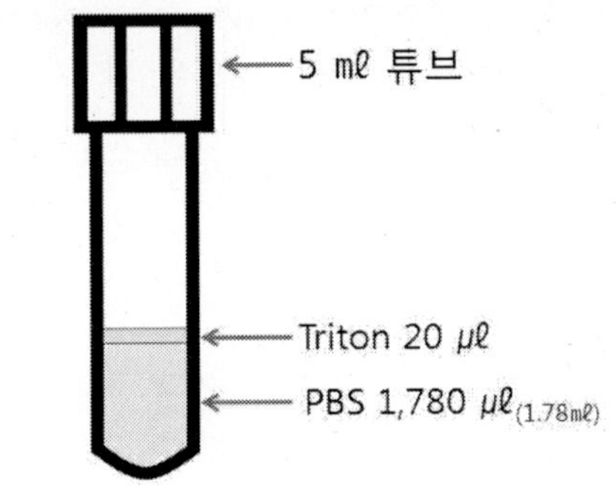	• PBS 1,780㎕(1.78㎖)에 Triton 20㎕를 첨가한다.
2	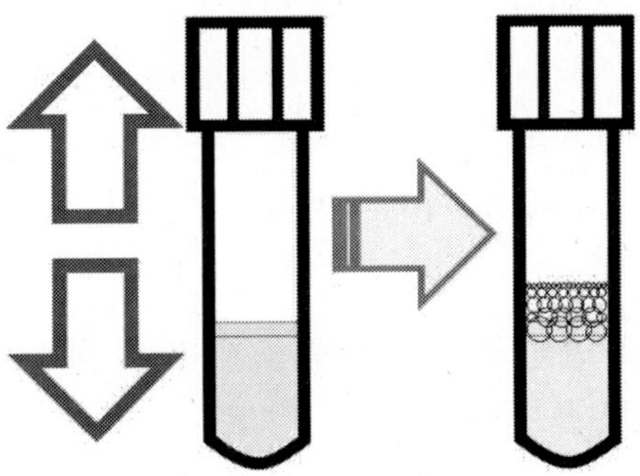	• Triton은 잘 녹지 않으므로 심하게 흔들어 준다. • 이 때 거품이 많이 생기므로 잠시 방치하여 거품이 가라앉기를 기다린다. • 남은 거품은 제거.
3	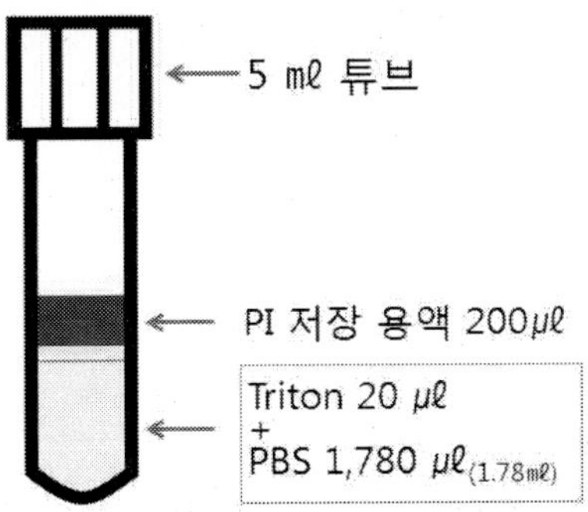	• PI 저장 용액 200㎕를 첨가하여 최종 2㎖가 되게 한다.

4	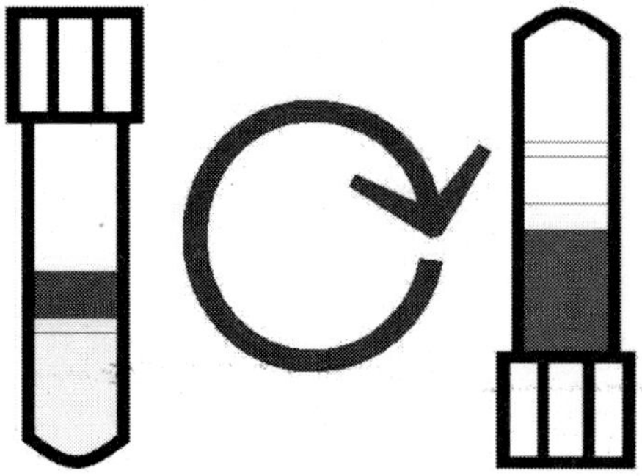	• 잘 섞어준다 ※ 튜브를 아래/위로 2~3번 위치를 바꿔주면 된다.
5	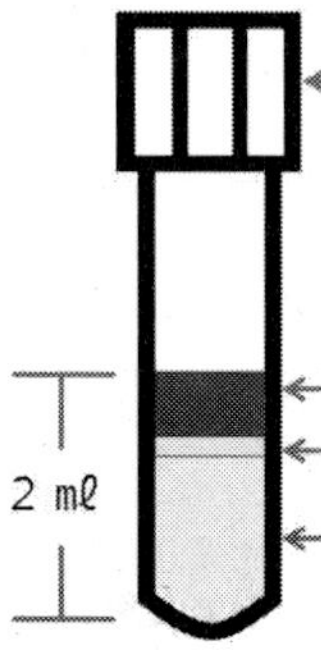	• 1차 염색액(PI working sol.) 2mℓ 제조를 위한 첨가물질의 종류와 양

그림 66 염색액 I (PI working sol.)의 제조 방법

(2) 사용 용액 2(working sol. 2, Bis-benzimide sol.)

Bis-benzimide 저장 용액의 농도는 사용 용액의 50배이므로 사용 용액을 제조할 때는 50배 희석하여 사용한다.

※ 에탄올은 퍼지는 성질이 있으므로 소적으로 만들 수 없다(실험 군이 많을 경우는 4-well 접시를, 실험군이 적을 경우에는 2-well 접시를 사용).

▸ 예) 사용 용액(working sol.) 2 제조(8mℓ 제조 기준).

① 첨가물질과 첨가량

- Bis-benzimide 저장 용액: 160μℓ(0.16mℓ)
- 에탄올: 7.84mℓ

② 제조 방법

- Bis-benzimide 저장 용액이 들어있는 에펜도프 튜브 1개를 무균상으로 가져와서 녹인다.
- 에탄올 7.84mℓ을 14mℓ 튜브에 넣는다.

• Bis-benzimide 저장 용액 160㎕을 7.84㎖ 에탄올에 첨가한다.

• 잘 섞어준다.

※ 주의 사항: 염색액을 제조하기 전 최대한 빛이 들어오지 않도록 한다(무균상에서 염색액을 제조할 때는 소등한 채 실시할 것).

<table>
<tr><td>1</td><td>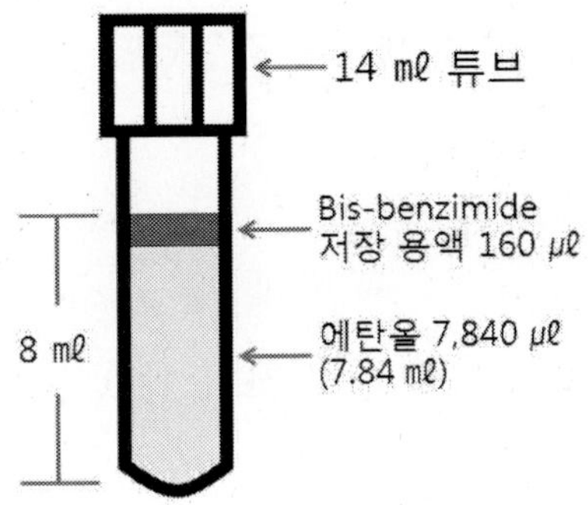
</td><td>• 미리 bis-benzimide 저장 용액이 들어 있는 에펜도프 튜브 1개를 무균상으로 가져와서 녹여둔다.
• 14㎖ 튜브에 에탄올 7.84㎖를 넣는다.
• Bis-benzimide 저장 용액 160㎕를 첨가한다.</td></tr>
<tr><td>2</td><td>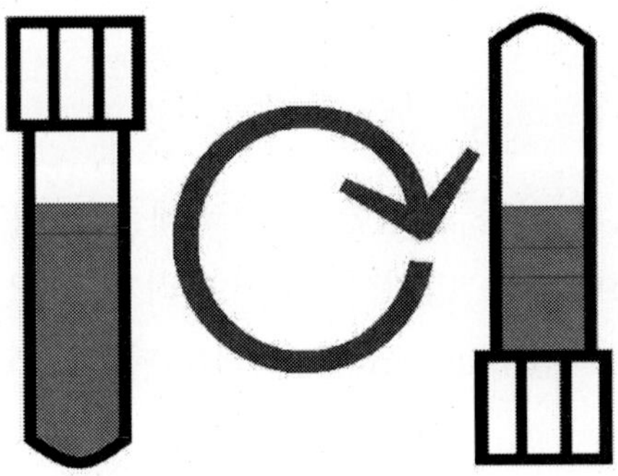</td><td>• 잘 섞어준다.</td></tr>
</table>

그림 67 염색액 Ⅱ(bis-benzimide working sol.)의 제조 방법

Ⅱ. 관찰용 슬라이드 유리와 글리세롤의 준비

1. 슬라이드 유리와 덮개 유리의 준비

슬라이드 유리와 덮개 유리는 70% 에탄올을 분사하여 킴 와이프스 티슈로 먼지 등을 제거하여 깨끗하게 준비하고 각 군의 명칭을 마커 펜으로 기입한다.

2. 글리세롤 소적의 준비

슬라이드 유리에 글리세롤 소적(5㎕ 이하/소적 크기에 신경 쓰지 말고 포배아를 올려놓을 수 있을 정도로 살짝 찍어 놓는다.)을 준비해 둔다.

3. 글리세롤 배양액 접시의 준비

글리세롤 세척 배양접시(2-well 배양접시, 1㎖)를 준비한다. 글리세롤을 배양접시로 옮길 때 직접 부어주거나(이럴 경우에는 양이 너무 많거나 적을 우려가 있고, 주위가 지저분해 질 수 있다) 1㎖ 피펫, 1㎖ 마이크로 팁(blue tip) 또는 소독된 파스퇴르 피펫을 이용하면 된다.

1

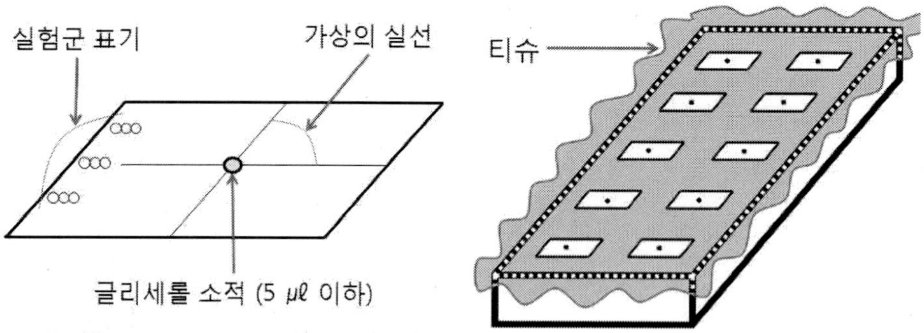

슬라이드 유리의 준비

2	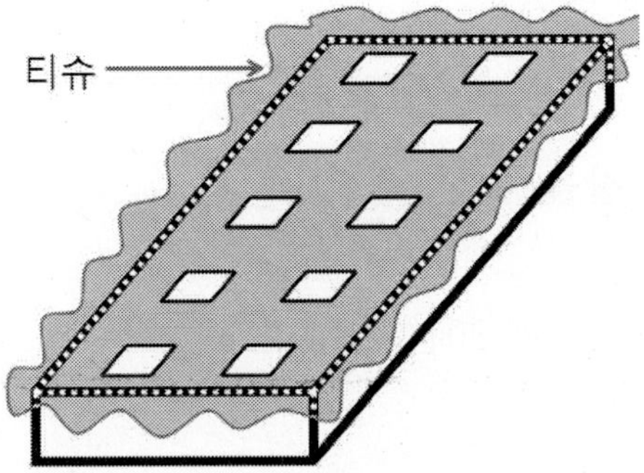덮개 유리의 준비	① 덮개 유리가 지저분하면 70% 에탄올을 분사하고 나서 티슈로 깨끗하게 닦아 놓는다. ② 티슈를 깐 상자 위에 가지런히 올려둔다. ※ 덮개 유리는 실험 중에 잃어버리는 경우가 많으므로 슬라이드 유리보다 조금 더 많이 준비해 두면 도움이 됨.
3	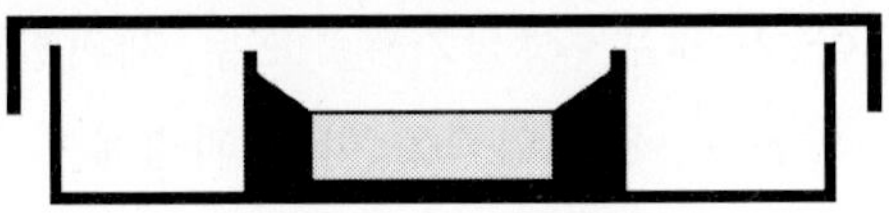세척 용 글리세롤 배양접시의 준비	• 기관 배양(2-well)접시에 글리세롤을 약 1㎖ 정도 부어둔다.

그림 68 관찰용 슬라이드 유리와 글리세롤의 준비

1. 염색 준비 및 순서(개요) (염색 및 관찰을 위한 실험순서)

(1) 염색 배양접시 제조 후 냉장 보관(최소 염색 30분 전)

(2) 배아 발달 상태 확인 기록

(3) 염색을 실시하기 전에 포배아 외의 배아(2-세포~상실기)는 모두 제거한다.

※ 주의: 포배아와 다른 단계의 배아가 섞여 있을 시에는 염색을 하는 과정에서 포배아를 선별해야 되므로 실험 시간이 길어지는 등 장애 요인이 될 수 있다.

(4) 냉장 보관중인 염색 배양접시를 현미경 근처로 가져온다.

(5) 염색 배양접시를 순서대로 정렬 한다.

① 1차 염색액(염색 배양접시 #1, working sol. 1)

② 2차 염색액(염색 배양접시 #2, working sol. 2)

(6) 배양기에서 배아가 배양중인 배양접시를 현미경으로 가져온다(이때부터 소등, 사물을 식별할 수 있을 정도의 최소한 빛만 있도록 할 것).

(7) 1차 염색액으로 포배아를 옮겨 1차 염색을 실시한다.

※ 주의 1: 염색시간은 15초 이내로 시간을 최소화 할 것(포배아를 세척한다는 느낌으로 잠시 침지했다가 바로 꺼내면 된다. 이렇게 하기 위해서는 취급하는 포배아의 숫자를 3개 이하로 제한하면 도움이 됨).

※ 주의 2: 1차 염색액에 넣어 두는 시간이 길어지면 PI 염색액이 강하게 되어 ICM과 TE의 구분이 없이 전체적으로 붉게 염색이 되어 이중형광염색이 제대로 되지 않으므로 주의할 것.

(8) 1차 염색이 끝난 포배아는 즉시 2차 염색액으로 옮긴 다음 1.5시간 이상 방치하여 염색을 유도한다.

※ 주의 1: 이때 포배아를 2차 염색액에 그대로 방치할 경우 배양접시 바닥에 들러붙어 작업이 매우 어렵게 될 수가 있다. 또한, 주위에 찌꺼기가 생겨서 최종적으로 관찰 할 때에 이물질이 보이는 등 염색이 깔끔하게 되지 않는 경우가 있으므로, 2차 염색액에 침지하는 즉시 포배아가 접시 바닥에 내려 앉지 않도록 위치를 여러 번 바꿔주면 도움이 된다.[예: 파스퇴르 피펫으로 염색 배양액을 흡입/배출을 하면서 포배아를 직접 또는 간접적으로(어떤 경우에는 약하게 또는 강하게) 위치 이동시킨다.]

※ 주의 2: 2차 염색액이 들어있는 염색 배양접시 #2를 '빛 차단용 상자'에 넣어(빛을 차단하기 위함) 1.5시간 이상 냉장 보관하면서 염색을 유도한다.(2차 염색액은 순수 에탄올에 녹아 있으므로 실온에 방치할 경우 에탄올이 급속히 휘발되므로 저온을 유지해야 된다)

※ 참고: BB에 노출시키는 시간에 따라서는 염색 성공률에서 큰 차이가 없었으나, 약 30분간 노출하였을 때에는 ICM이 불명확하거나 어렴풋하게 보이는 것이 많았고, 1시간 노출하였을 때에도 내세포괴가 불명확하게 염색되는 것이 다소 있었다. 1.5시간 이상 노출하였을 때에는 전체적으로 내세포괴와 영양배엽 세포가 매우 명확하게 염색되어 현미경 상에서 쉽게 구별할 수 있었다. 따라서 BB에 노출시키는 시간은 연구자나 연구 상황에 따라 결정할 수 있겠으나, 1.5시간 이상 노출시켜 염색하면 관찰이 용이할 것이다. BB에서 6시간 이상 밤새 노출(overnight)시킨 것에서는 세포 주위에 청색 띠가 나타나는 과 염색이 관찰되기도 하여 내세포괴와 영양배엽의 판별이 불편할 수 있다(크게 문제가 되지는 않을 것으로 사료되지만, 비추).

(9) 슬라이드 유리와 덮개 유리를 깨끗이 세척하여 염색이 완료된 포배아를 올릴 준비를 한다.

※ 참고 1: 슬라이드 유리는 포배아를 올릴 순서대로 정렬해 놓고 덮개 유리도 가까이 두면 실험에 도움이 된다.

※ 참고 2: 염색이 완료된 포배아를 슬라이드 유리에 올리기 위해서는 약 30분 전에 슬라이드 유리와 덮개 유리를 준비해 두는 것이 좋다.

(10) 글리세롤 배양접시와 소적을 준비한다.

※ 주의 1: 글리세롤 1㎖가 든 기관 배양(2-well)접시 2개를 준비한다 (1차 세척용 & 2차 세척용).

※ 주의 2: 이때, 슬라이드 유리에 글리세롤 소적(5㎕ 미만)을 찍어둔다.

(11) 준비된 슬라이드 유리와 덮개 유리, 글리세롤 배양접시를 현미경 옆에 둔다.

(12) 염색 배양접시 #2(2차 염색중인 포배아가 들어 있는 접시)가 수납된 '빛 차단 상자'(냉장 보관중인)를 현미경 앞에 두고 염색 순서대로 염색 배양접시를 정렬한다.

(13) 염색이 완료된 포배아는 슬라이드 유리로 올릴 순서대로 글리세롤 배양접시로 옮긴다. 이때 주의해야 할 사항이 몇 가지 있다.

※ 주의 1: 글리세롤이 매우 빽빽해서 포배아의 조작이 쉽지 않다.

※ 주의 2: 글리세롤에 2차 염색액의 주성분인 에탄올이 들어가면 에탄올이 글리세롤의 위쪽으로 순간적으로 올라가서 퍼지면서 포배아가 글리세롤 위 표면으로 흩어지는 경우가 있는데 이렇게 되면 찾기가 어려워지고 시간도 많이 소요되므로 파스퇴르 피펫 내에 2차 염색액이 최소한 들어가게 조절하여 포배아를 가져온다. 글리세롤 내에서 알코올이 퍼지기 전에 포배아 주위를 피펫 끝으로 재빨리 휘저어 주면서 알코올이 희석되게 한다(글리세롤 위 표면에 포배아를 배출하지 말고 바닥 근처 깊은 곳에 배출하면 알코올 확산에 의한 포배아 유실을 차단하는 데 도움이 된다).

※ 주의 3: 포배아를 에탄올이 없는 부분으로 옮겨가면서 2~3번 정도 세척을 실시한다.

(14) 글리세롤에서 세척이 완료된 염색 포배아는 글리세롤 소적이 찍혀 있는 슬라이드 유리로 옮긴다.

(15) 덮개 유리를 약간 비스듬하게 하여 염색이 완료된 포배아가 들어 있는 슬라이드 유리 글리세롤 소적 위에 올린다.

※ 참고: 만약 덮개 유리를 슬라이드 유리와 평행하게 덮을 경우 덮개 유리와 글리세롤 소적 접착 면에 많은 수의 공기 방울이 형성되어 포배아 주위 또는 표면에 방울이 엉겨 붙어 관찰이 용이하지 않거나 내세포괴와 영양배엽을 구별하기 어려운 경우도 생긴다. 덮개 유리를 비스듬하게 하여 덮으면 이런 현상을 최소화 할 수 있다.

(16) 염색이 완료된 포배아가 들어 있는 슬라이드 유리 중에서 바로 관찰할 것이 아니면 '빛 차단 상자'에 넣어 둔다.

(17) 불을 끈 채 형광 현미경에서 형광염색이 완료된 포배아를 관찰 하다가 손전등을 실험 공책에 비추어서 내세포괴/영양배엽 세포 수를 기록한다.

※ 참고: 암실이 없는 경우에는 최대한 불빛을 차단하고 실시해야 된다.

2. 염색 준비

(1) 염색 배양 접시 제조 후 냉장 보관

① 1차 염색액(working sol. 1, PI)과 2차 염색액(working sol. 2, bis-benzimide) 접시 제조

- 1차 염색액: 기관 배양(2-well)접시에 2mℓ 준비
- 2차 염색액: 기관 배양(2-well)접시 또는 4-well 배양접시에 1mℓ 씩 준비

※ '빛 차단 상자'에 담아 냉장 보관한다(염색 최소 30분 전) (뚜껑이 없는 경우에는 알루미늄 호일로 덮어도 된다).

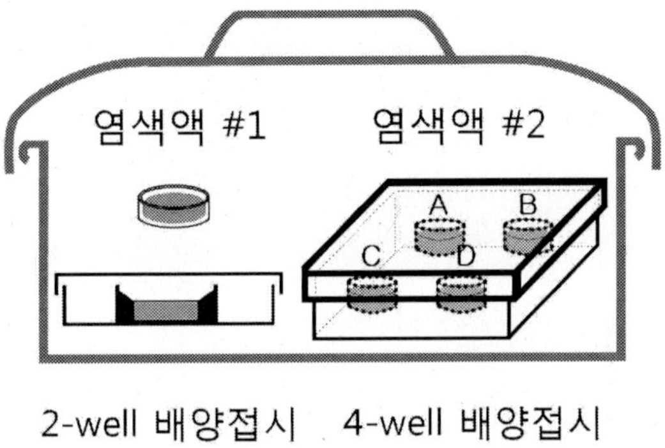

• 참고: 뚜껑이 따로 없는 경우에는 알루미늄 호일로 덮어서 빛을 차단해도 된다.

그림 69 염색 배양접시를 '빛 차단 상자'에 준비

3. 염색 순서

(1) 1차 염색 (working sol. 1, PI 염색)

※ 노출 시간: 15초 미만(노출 시간이 짧을수록 이중형광염색이 명확하게 됨). 포배아가 1차 염색액(working sol. 1, PI)에 노출되는 시간을 최소화한다. 짧은 시간에 세척까지 해야 하므로 숙달되어야 한다.

※ 참고 1: 염색할 포배아는 3개 이내가 적당하다. 5개 이상을 한꺼번에 염색에 이용할 경우에는 고도의 집중력과 숙련도를 요한다.

※ 참고 2: 소적 배양액(미네랄 오일이 덮인 50~100㎕의 배양액)에서 포배아를 꺼내는 경우에는 파스퇴르 피펫을 배양 접시의 소적에 넣는 순간 미네랄 오일이 피펫으로 약간 들어오지만 크게 문제 될 것은 없다.

※ 참고 3: 포배아를 피펫 끝 부분에 최대한 두어야 1차 염색액에 넣을 때 염색액 내로 배양액(culture media)의 유입을 최소화 할 수 있다.

※ 참고 4: 포배아를 배양액에서 염색액으로 옮길 때 포배아끼리 너무 가깝게 붙어있는 경우에는 피펫으로 부드럽게 흡입·배출해서 서로 떨어지게 할 것. 만약 이때 포배아가 서로 붙어있으면 염색액에서 강하게 밀착되어 세포수를 관찰할 때 어려움이 발생할 수 있다.

※ 참고 5: 배양액(culture media)에서 1차 염색 접시로 옮겨온 포배아는 염색액에 넣자마자 재빨리 회수하여[순간적으로 포배아 주위를 약간 휘저어 주면 포배아 주위에 있는 배양액(culture media)를 제거하여 염색에 도움이 됨.] 2차 염색 접시로 옮겨 준다. 이때, 포배아를 피펫의 끝에 위치하도록 하면 2차 염색 접시로 옮길 때 1차 염색액이 적게 유입되게 할 수 있다. 1차 염색액이 많이 유입되면 2차 염색 접시 바닥에 찌꺼기가 많이 생긴다. 만약 찌꺼기가 생기면 피펫으로 흡입하여 제거해 주면 된다.

1	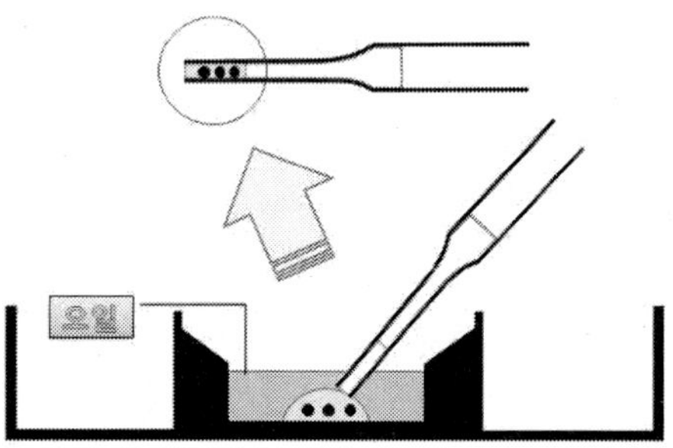 포배아의 선별	• 포배아를 피펫 끝 부분에 최대한 두어야 염색액(sol. 1)에 넣을 때 염색액 내로 배양액(culture media)의 유입을 최소화 할 수 있다.
2	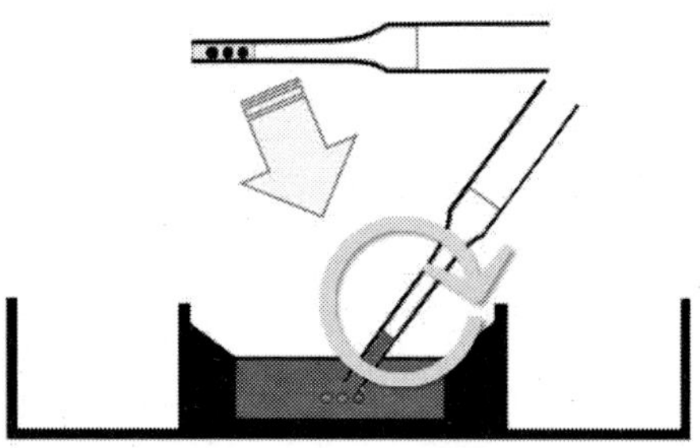 1차 염색(working sol. 1, PI)	• 포배아를 1차 염색액에 넣자마자 주위를 약간 휘저어 주면 포배아 주위에 있는 배양액(culture media)이 제거되어 염색에 도움이 됨. • 포배아를 바로 회수하여 2차 염색액으로 옮겨준다.

그림 70 포배아의 선별과 1차 염색(working sol. 1, PI)

(2) 2차 염색(Working sol 2, bis-benzimide 염색)

① 염색 시간: 2차 염색액에서 1.5시간 이상 보관하면서 2차 염색을 유도한다 (over night 해도 되지만 당일 관찰할 것을 권유).

② 염색 과정 중 주의 사항

주1. 포배아를 1차 염색액 접시에서 2차 염색액 접시로 옮길 때 1차 염색액이 너무 많이 유입되지 않도록 할 것.

- 1차 염색액이 2차 염색액 접시로 너무 많이 유입되면 접시 바닥에서 찌꺼기가 많이 생긴다. 이때 생긴 찌꺼기가 포배아에 붙거나 슬라이드를 더럽혀서 전체적으로 염색이 깔끔하지 못하게 된다.
- 아무리 소량의 1차 염색액이 유입되더라도 찌꺼기가 생기는데, 이때에는 미세 파스퇴르 피펫으로 제거해 주면 된다.

주2. 2차 염색액 접시로 옮겨온 포배아는 접시 바닥에 쉽게 부착되거나 포배아 끼리 서로 엉겨 붙게 되는데, 이를 방지하기 위해서는 2차 염색액 접시로 가져온 즉시 피펫 내에 들어있는 1차 염색액은 배양 접시 밖으로 제거하고 나서 포배아를 흡입과 배출(pipetting)을 해주면 된다.

- 포배아가 접시 바닥에 부착되거나 서로 엉겨 붙어 있을 경우에는 피펫으로 흡입과 배출(pipetting)을 강하게 하면 이를 해결할 수 있다.
- 접시 바닥에 부착된 포배아가 피펫의 흡입과 배출만으로 떨어지지 않을 경우에는, 포배아의 표면을 피펫으로 살짝 스친다는 느낌으로 건드리면서 흡입과 배출을 하면 효과를 볼 수 있을 것이다.

주3. 포배아를 잃어버렸다고 판단될 때에는 현재 있는 것만을 대상으로 염색을 완료할 것.

- 염색이 끝난 다음 나머지 잃어버린 것은 각각의 접시에서 주의 깊게 다시 찾아볼 것.
- 잃어버린 포배아에 미련을 두거나 당황하게 되면 전체 염색 과정을 망칠 수 있다.

주4. 염색할 포배아가 많더라도 한 번에 약 3개 정도만 염색하므로 염색이 끝날 때까지 똑같은 염색과정을 반복하게 된다. 이때 염색액(1차 염색액 & 2차 염색액) 중 일부가 포배아 배양액(culture media)에 유입될 수 있으므로 이를 방지할 필요가 있다.

- 포배아 배양액(culture media)에 유입된 염색액은 포배아에 이미 침투가 된 상태이므로 PI에 노출되는 시간이 길어진 것과 같은 영향을 미쳐서 염색이 또렷하지 않게 된다.
- 또한 염색액 내의 고정액으로 인해 염색 전에 이미 포배아가 고정되어 염색한 포배아를 슬라이드 유리 위에 올리고 덮개 유리로 덮을 때 포배아가 완전히 압착되지 않아 관찰할 때 초점을 맞추기 힘들어져 세포 수를 계측하기가 어려워진다.

- 이러한 현상을 줄이고 완벽한 염색을 위하여 피펫을 2차 염색액에서 포배아가 들어 있는 배양액(culture media)으로 옮기기 전에 염색할 포배아가 존재하지 않는 빈 배양 소적(culture drop) 여러 곳에서 세척을 반복하여 피펫 내외부에 존재하는 염색액을 완전히 제거해야 한다.

<table>
<tr><td>1</td><td>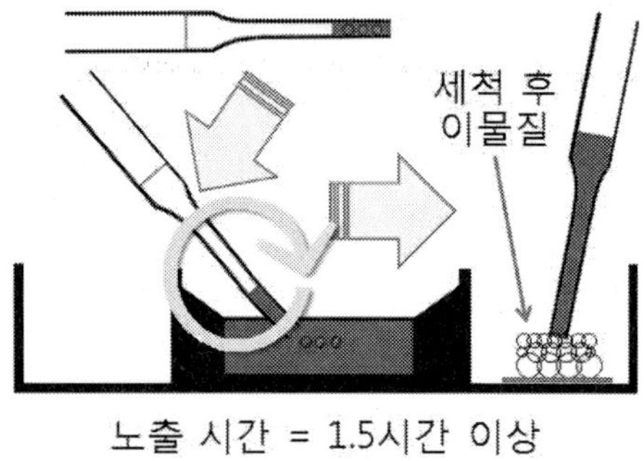

2차 염색</td><td>• 노출 시간: 1.5시간 이상.
• 1차 염색액이 2차 염색액 접시로 많이 유입되면 찌꺼기가 많이 생겨서 염색이 깔끔하지 못하게 된다.
• 포배아 끼리 또는 접시바닥에 붙지 않도록 주의.</td></tr>
<tr><td>2</td><td>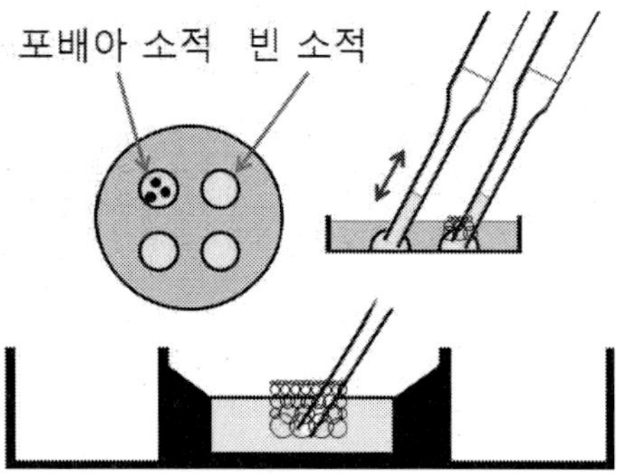

피펫 세척</td><td>• 피펫을 염색에 반복적으로 사용하기 위해서는 2차 염색까지 실시한 다음 여분의 배양액(culture media) 소적에서 세척을 실시하면 도움이 된다.</td></tr>
</table>

그림 71 포배아의 2차 염색(working sol. 2, bis-benzimide)과 피펫의 세척

(3) 글리세롤에서 염색이 완료된 포배아의 세척

① 2차 염색이 끝난 포배아는 2차 염색액 접시에서 글리세롤 접시로 옮겨 세척을 한 다음 슬라이드 유리에 올려준다.

② 글리세롤에서 세척 시 주의 사항

ⅰ. 포배아가 들어 있는 2차 염색액을 글리세롤에 넣으면 순식간에 글리세롤에 떠올라 표면으로 퍼지게 된다.

ⅱ. 2차 염색액을 따라 포배아도 같이 글리세롤 표면으로 퍼지기 때문에 포배아를 잃어버리거나 찾는데 시간이 많이 걸릴 수 있다.

ⅲ. 이를 방지하기 위해, 미리 피펫에 글리세롤을 조금 흡입한 상태에서 2차 염색액 접시에 들어있는 포배아를 가져 온다.

ⅳ. 이때에도 2차 염색액의 양이 최소한이 되게 하고 피펫 끝에 포배아가 위치하게 조절할 것.

ⅴ. 포배아를 글리세롤에 침지한 즉시 포배아 주위의 글리세롤을 피펫으로 휘저어 알코올을 희석해주면 알코올이 순식간에 글리세롤 표면으로 떠서 퍼지는 현상을 방지할 수 있다.

ⅵ. 글리세롤 접시로 옮긴 포배아는 2번 정도 위치를 바꿔가면서 세척하고 나서 슬라이드 유리의 글리세롤 소적에 올려준다.

(4) 염색이 완료된 포배아를 슬라이드 유리에 올림

① 현미경으로 보면서 슬라이드 유리의 글리세롤이 소적(5㎕ 미만)에 염색 포배아를 옮긴 다음, 덮개 유리를 조심스럽게 덮는다.

※ 주의: 공기방울이 생기는 것을 최소화하기 위해서는 덮개 유리를 약간 비스듬하게 해서 덮으면 도움이 된다.

1	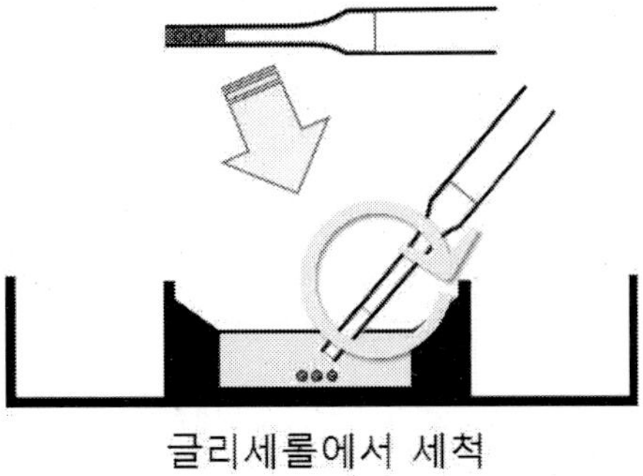 글리세롤에서 세척	• 포배아를 글리세롤에 침지한 즉시 포배아 주위의 글리세롤을 피펫으로 휘저어 알코올을 희석해주면 알코올이 순식간에 글리세롤 표면으로 떠서 퍼지는 현상을 방지할 수 있다.
2	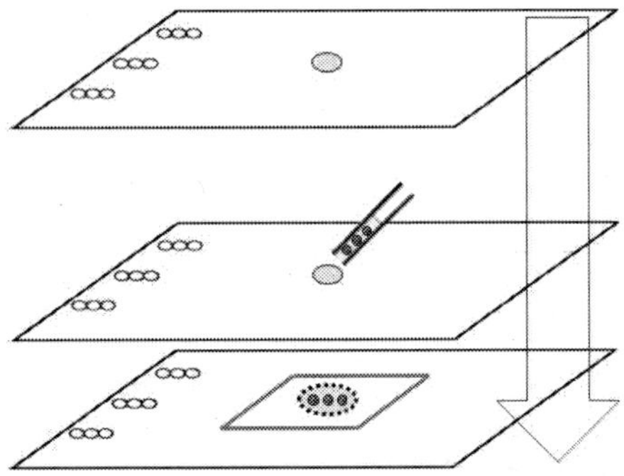 글리세롤 소적에 올림	• 글리세롤 소적: 5㎕ 미만 • 공기방울 형성을 최소화하기 위해 덮개유리를 비스듬하게 덮어 줄 것.

그림 72 글리세롤에 염색이 완료된 포배아의 노출

(5) 관찰

① 글리세롤 세척이 끝나기 약 3분 전에 형광 현미경의 형광 버너를 미리 켜둔다.

※ 주의: 형광 버너의 전원을 켜고 끌 때 반드시 지켜야 할 규칙.

- 사용 전(예열): 전원을 켜고 나서 약 3분 이상 방치하여 예열이 되도록 한다. 형광 버너의 예열이 되어 있지 않으면 자외선 UV 발생이 불안정해서 관찰 결과를 신뢰할 수 없게 된다.
- 사용 후(전원 차단): 형광 버너를 끌 때는 켠 뒤 최소 15분 뒤에 전원을 꺼야 한다. 이를 지키지 않으면 형광 버너의 고장 원인이 될 뿐만 아니라 폭발이 일어 날 수도 있다.

② 암실이 되게 조명기구를 소등하고 관찰한다.

※ 참고: 결과 기록을 위해 손전등을 미리 준비해 두면 도움이 된다.

③ 계수기counter로 포배아의 세포 수를 세고 기록지에 기입한다.

i. 우선 내세포괴(ICM) 세포수를 세어 기록한다.

ii. 전체 세포 수(total cell No.)를 기록한다.

iii. 영양배엽 세포TE 수는 전체 세포 수에서 내세포괴 세포 수를 제외한 숫자로 기록한다.

※ 참고 : 옆에서 기록을 도와주는 사람이 있으면 매우 편리하다.

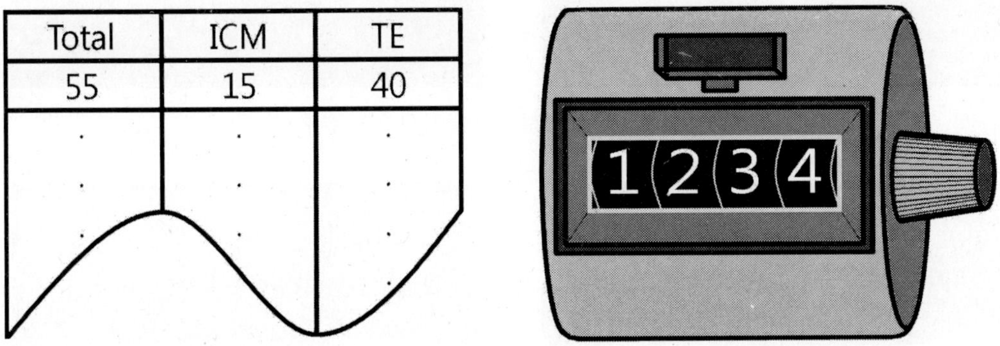

기록지 계수기(counter)

그림 73 세포 수의 기록 방법

4. 염색 포배아의 모습

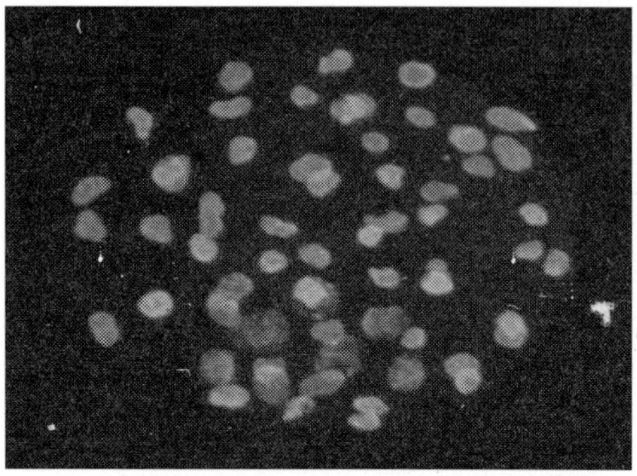
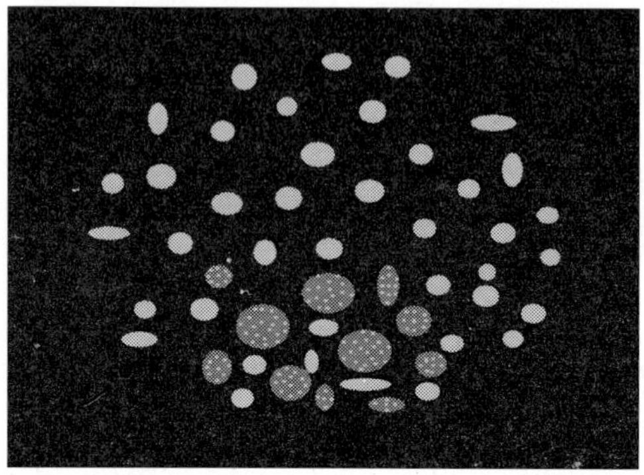

완성된 이중 형광 염색(ICM=청색/TE=분홍색)

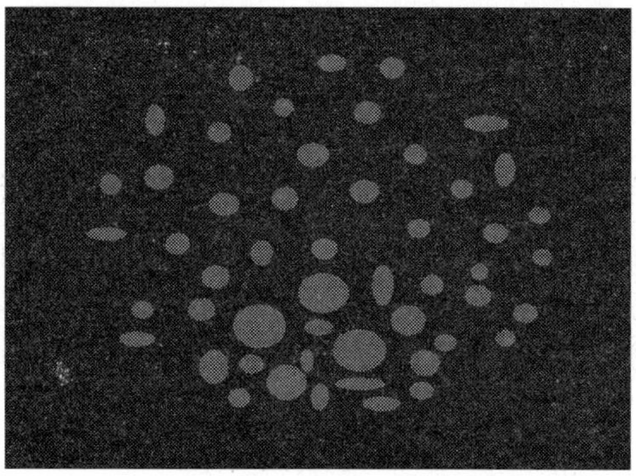

PI 단독 염색(붉은색)

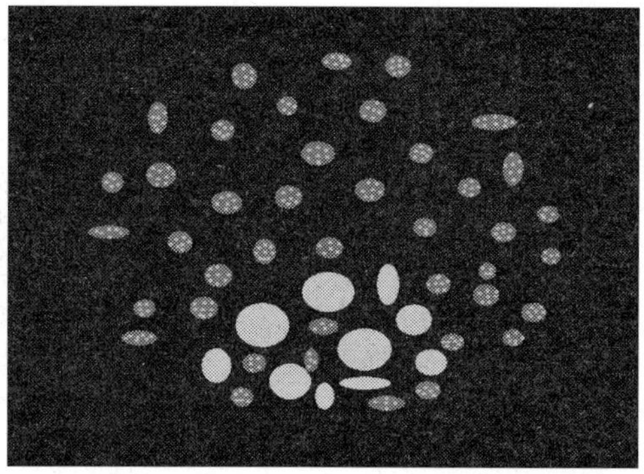

Bis-benzimide 단독 염색(청색)

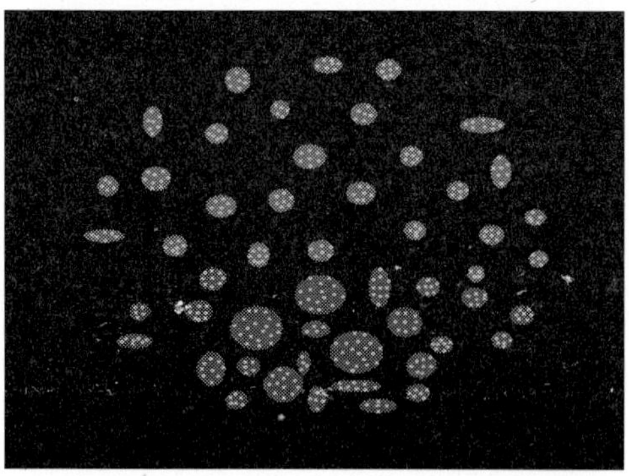

비특이 염색(non-specific labeled)

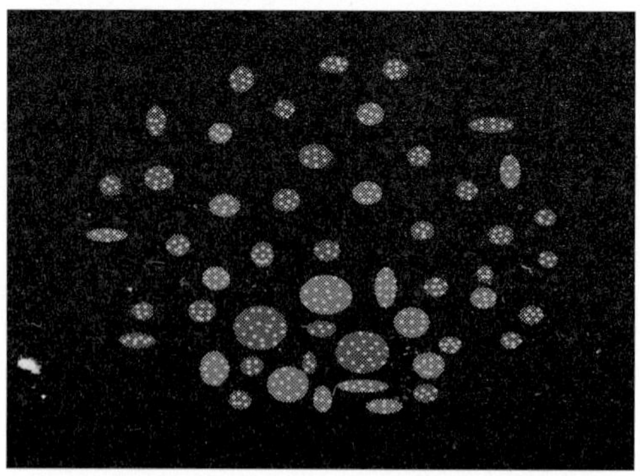

불확실 염색(uneven labeled)

그림 74 염색 포배아의 모습

5. 염색 순서(요약)

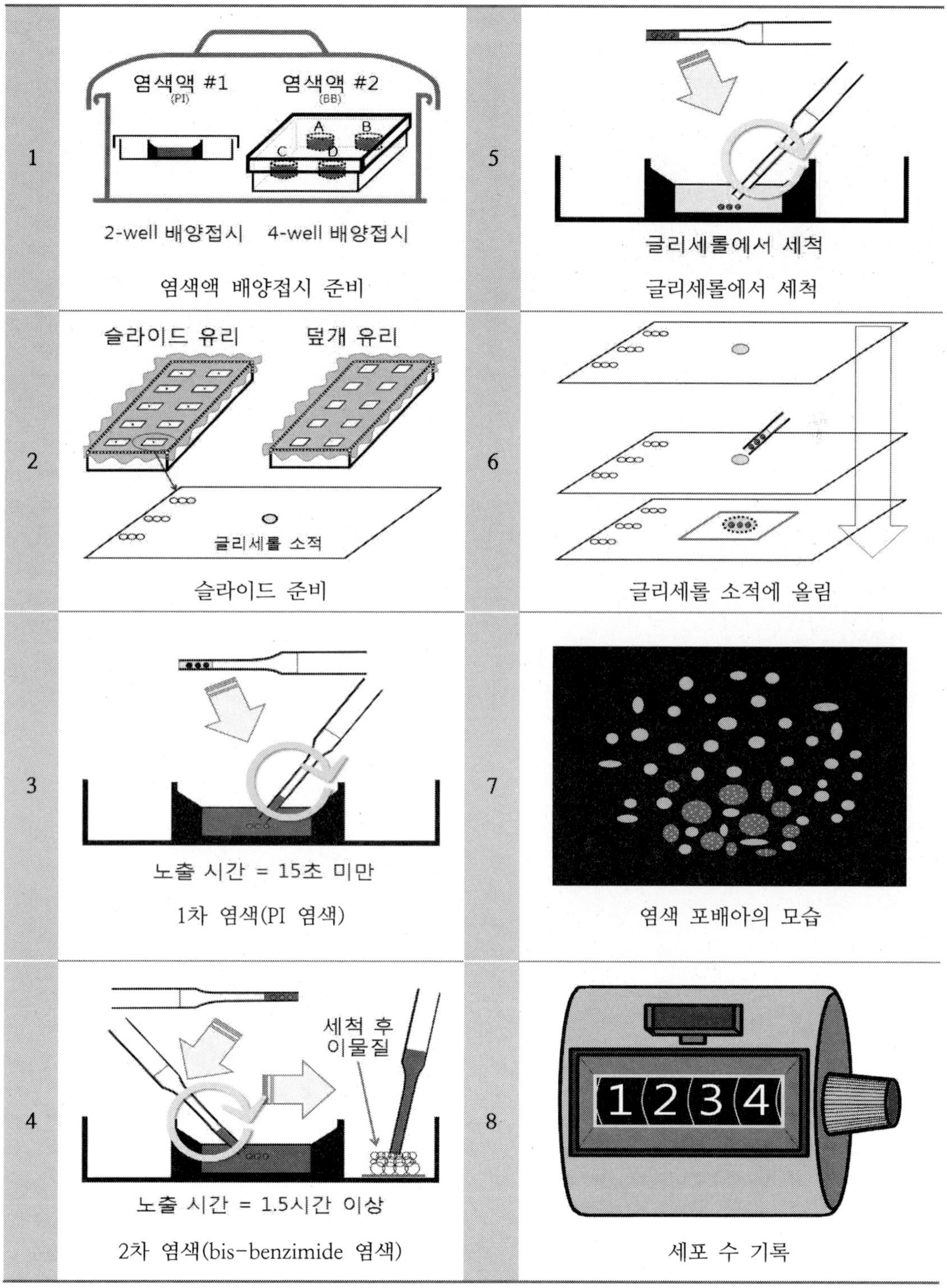

그림 75 포배아의 염색 순서(요약)

9장

유리화 동결

9장. 유리화 동결

Ⅰ. 포배아와 난자의 유리화 동결 & 융해(Vitrification & warming of blastocyst and oocyte)

1. 준비물

(1) 화학약품

① DPBS(GIBCO, 14287-080, 500㎖)

② HSA-solution(Vitrolife, 10064, 10㎖, Human Serum Albumin)

③ HA(SAGE, SPN-00234, Human Albumin) (C병원 난자oocyte 동결용)

④ FBS(Gibco, 12483-020) (S병원 난소조직 처리용)

⑤ Ethylene glycol

병원명	품명	동결 적용
K병원	Sigma-Aldrich, 324558, 100㎖	난소조직, 난자, 포배아
S병원	Sigma-Aldrich, 102466	난소조직
C병원	Sigma, E-9129	난자(oocyte)

⑥ DMSO

병원명	품명	동결 적용
S병원	Sigma, D-8418	난소조직
C병원	Sigma, D-2350	난자(oocyte)

⑦ Ficoll(Sigma, F2878, 100g)

⑧ Sucrose

병원명	품명	동결 적용
K병원	Sigma, S-9378, 500g	난소조직, 난자, 포배아
S병원	Sigma, S-1888	난소조직
C병원	Sigma, S-1888	난자(oocyte)

⑨ G-2(Vitrolife, 10131, 30㎖)

⑩ Blastocyst medium(Sydney Cook blastocyst medium, K-SIBM-20)
(S병원 난소조직 이동 및 처리용)

⑪ Quinn's Advantage medium with HEPES(SAGE, SPN-01235)
(C병원 난자oocyte 동결용)

⑫ FSH(Gonadotrophin) (S병원 난소조직 처리용)

⑬ hCG(Ovidrel) (S병원 난소조직 처리용)

⑭ Ham's F-10, HEPES buffered(Gibco, 12390-035 (S병원 난소조직 처리용)

(2) 피펫 에이드(BD Falcon, 357590, Express Portable Pipet-Aid)

(3) 튜브

병원명	품명	적용
K병원	14㎖ 튜브(Falcon 2001)	각종 배양액 제조
	원심분리 튜브(Falcon 2098, 14㎖)	난소조직 동결
S병원	50㎖ 튜브(Falcon 599361-050N)	난소조직 동결
	15㎖ 튜브(Falcon 599364-015B)	

※ 참고: 난소조직을 동결 배양액에 노출할 때, 원심분리 튜브를 사용하면 튜브 뚜껑의 틈에 조직이 잘 끼지 않아서 작업이 수월함.

(4) 피펫

① 1㎖ 피펫(Falcon 7521)

② 5㎖ 피펫(Falcon 7543)

③ 10㎖ 피펫(Falcon 7551)

④ 5.75″ 파스퇴르 피펫(Origio, PP-5.75-90, IVF PASTEUR PIPETS)

⑤ 주입 피펫(J.Y.Lab, I-30, Injection pipette) (포배아 위축에 부분적 사용)

⑥ 고정 피펫(J.Y.Lab, H-30, Holding pipette) (포배아 위축에 부분적 사용)

(5) 0.2㎛ 여과기(Sartorius, Minisart, Syringe filter)

(6) 주사기

① 1㎖ 인슐린 주사기(BD, 328820, Ultra-Fine II, 31G) (포배아 위축용)

② 1㎖ 주사기(BD, 302100) (스트로 장착용)

③ 10㎖ 주사기(BD, 302149)

④ 20㎖ 주사기(BD, 309661)

(7) 주사 바늘

병원명	품명	적용
B병원	17G	포배아 동결 용 스트로 고정
S병원	18-19G	난소조직에서 난자 채취

(8) 마커펜(Nalgene Nunc, 6311-0010, Cryoware Marker Set)

(9) 가위

① 절단 가위(전체 14㎝, 날 부위 5~6㎝)

② 안과용 가위(끝 부분: curved) (난소조직 동결용)

병원명	품명	적용
K병원	절단가위(전체-14㎝, 날-5㎝)	스트로 절단
	안과용 가위(끝 부분: curved)	난소조직 처리
S병원	Large(정도 B&P, JD-S-50)	난소조직 절단
	Fine(Curved & sharp, 정도 B&P, S-1121-14)	난소조직 처리

(10) 메스 & 손잡이(난소조직 동결 또는 스트로 절단용)

① 일체형(Martin, Germany, 0297) (플라스틱 손잡이)

② 분리형

i. 메스(Handle No. 3, Round 또는 Straight)

ii. 손잡이(Handle No. 3)

(11) 배양접시

병원명	품명	적용
K병원	35㎜ dish(Corning, 25000)	난소조직 동결
	2-well dish(Falcon, 3037)	포배아 동결
	60㎜ dish(Falcon, 3002)	포배아 동결
	50㎖ 조직배양 병(Falcon, 3014)	포배아 동결

병원명	품명	적용
S병원	150㎜ dish(Falcon, 3025)	난소조직 동결
	60㎜ dish(Falcon, 3004)	
	35㎜ dish(Falcon, 3001)	
	Organ dish(Falcon, 3653)	

(12) 핀셋(forceps)

병원명	품명	적용
K병원	30㎝	LN2 작업용
	13㎝(끝 부분: 직선 & curved)	난소조직 처리
S병원	Forcep(without teeth, 끝 부분: curved)	난소조직 절단
	Large(정도B&P, F-1005)	LN2 작업용

(13) 케인(Cryo cane)

(14) 고블렛(Cryo goblet)

(15) 스트로(Cryo straw)

(16) 그리드(Elctron microscopic copper grids)(Glider Co, West shester, PA) (C병원 난자oocyte 동결용)

명칭	규격(Cat. No.)	적용
Grid 400 mesh	G400TT	사람, 소, 돼지
Grid 600 mesh	G600TT	마우스

(17) 동결병(Cryogenic Vial) (난소조직 & 정자 동결에만 사용)

병원명	규격	동결 적용
K병원	Corning, 430488, 2㎖	난소조직, 정자
S병원	Nunc, 377267, 1.8㎖	난소조직 Slow-freezing Pathology/SCID 이식용 조직동결

(18) Cryotissue kit(Kitozato, VT301-CT) (난소조직 동결에만 사용)

(19) Ova Cryo Device Type M(Kitozato, 81213, ODTx10)
(난소조직 동결에만 사용)

(20) Cooling rack(스티로폼 상자로 대체)

(21) LN2 탱크(MVE, 36L XC34/18)

(22) 멸균 거즈[태명약업사, 가아제3호, 10㎝×10㎝×8ply(2매) 또는 ㈜대한위재상사, 대한멸균거즈에이, 10㎝×10㎝×8p(5매)]

(23) 자(Ruler, 약 10㎝) (난소조직 동결에만 사용)

(24) 알코올 램프

(25) 면 반창고(스트로와 케인에 환자정보 기록용)

(26) 스티로폼 상자(LN2 작업용)

(27) 해부현미경(Leica, MZ12.5)

(28) 미세조작 장치(포배아 위축에 부분적 사용)
① 도립현미경(미분간섭현미경) (Olympus, IX71RC/DIC)
② 미세조작기
i . Micromanipulator(RI, Integra Ti)
ii . Injector(Sutter)

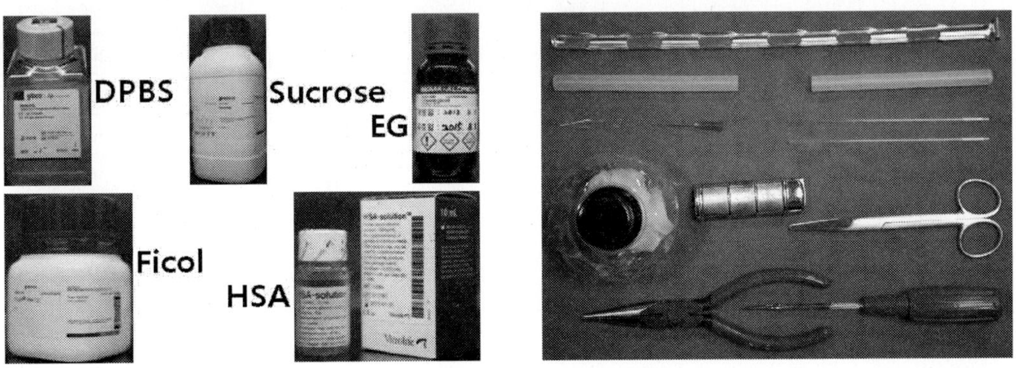

준비물 사진

2. 배양액 제조(유리화 동결/융해)

(1) 동결(vitrification) 배양액 제조

(1)-1. K병원(유리화 동결 배양액) (5㎖/10㎖/20㎖ 제조 기준)

① 20% HSA(1번 동결 배양액)

약품명		첨가량		
		5㎖기준	10㎖ 기준	20㎖ 기준
1	DPBS	4㎖	8㎖	16㎖
2	HSA	1㎖	2㎖	4㎖

② EG20(2번 동결 배양액)

약품명		첨가량		
		5㎖ 기준	10㎖ 기준	20㎖ 기준
1	DPBS	3㎖	6㎖	12㎖
2	HSA	1㎖	2㎖	4㎖
3	Ethylene glycol	1㎖	2㎖	4㎖

③ EFS40(3번 동결 배양액)

약품명		첨가량		
		5㎖ 기준	10㎖ 기준	20㎖ 기준
1	DPBS	1.3㎖	2.6㎖	5.2㎖
2	HSA	1㎖	2㎖	4㎖
3	Ethylene glycol	2㎖	4㎖	8㎖
4	Ficol	0.9g	1.8g	3.6g
5	Sucrose	0.514g	1.028g	2.056g

(1)-2. C병원(유리화 동결 배양액 - 난자oocyte 동결) (20㎖ 제조 기준)

① 7.5% EG+7.5% DMSO(Pre-equilibration solution) (1번 동결 배양액)

번호	약품명	첨가량
1	EG(Ethylene Glycol)	1.5㎖
2	DMSO(Dimethyl sulphoxide)	1.5㎖
3	HEPES(Quinn's medium)	13.0㎖
4	HA(Human Albumin)	4.0㎖

② 15% EG+15% DMSO+0.5M Sucrose(Equilibration solution) (2번 동결 배양액)

번호	약품명	첨가량
1	EG(Ethylene Glycol)	3.0㎖
2	DMSO(Dimethyl sulphoxide)	3.0㎖
3	HEPES(Quinn's medium)	10.0㎖
4	HA(Human Albumin)	4.0㎖
5	Sucrose	3.423g

주1. Ethylene glycol(EG)은 주사기 바늘로 뽑아서 배양액에 첨가하는 데, 이때 주사기 내부를 여러 번 세척해서 벽에 묻은 약품이 없도록 한다.

1. EG를 주사기 바늘로 뽑는다.	2. 주사기로 뽑은 EG를 배양액에 첨가한다.	3. 배양액을 섞어준다.
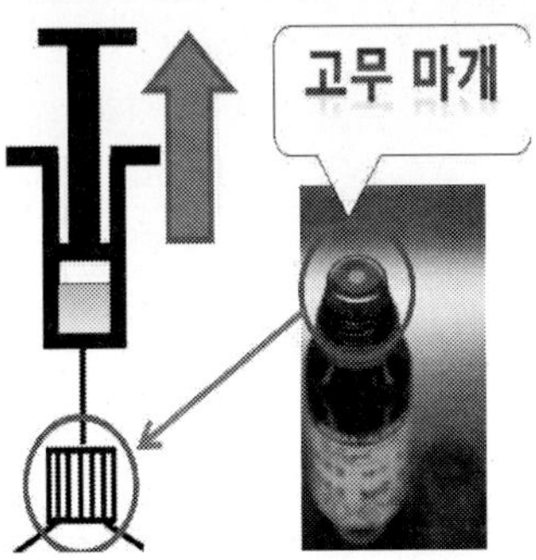	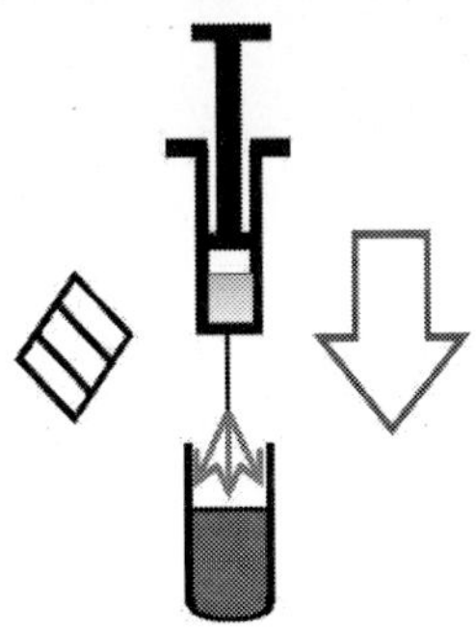	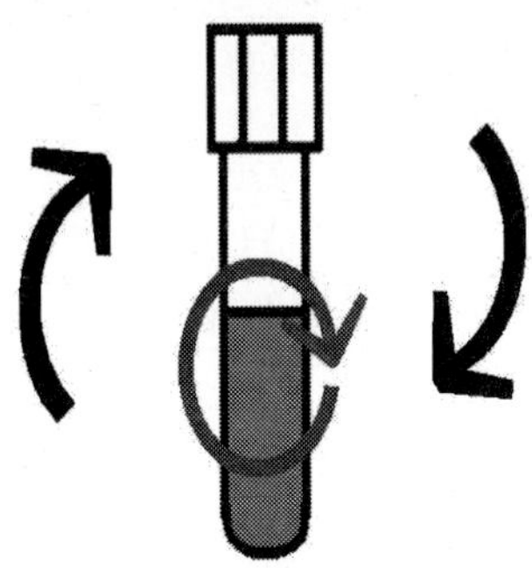

주2. Ficol은 잘 녹이 않으므로 다음과 같은 방법으로 처리해야 한다. Ficol을 50㎖ 조직배양 병에 따로 준비한다. ⇨ '주1의 배양액' 전부를 'Ficol이 들어 있는 50㎖ 조직배양 병'에 부어준다. ⇨ Ficol이 전체적으로 섞이도록 마구 흔들어 준다(상하좌우). ⇨ 자연적으로 녹을 수 있도록 하루 정도 정치해 둔다(상온 또는 37℃).

1. Ficol을 50㎖ 조직배양 병에 따로 준비.	2. Ficol이 든 조직배양 병에 미리 제조해 둔 배양액을 첨가.	3. 마구 흔들어 준 다음 하룻밤 정체.
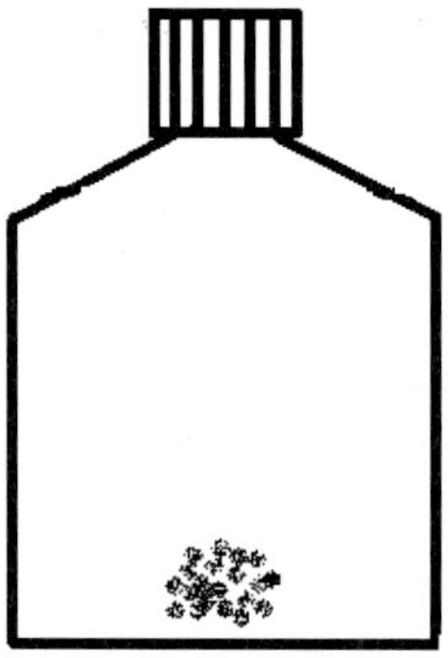	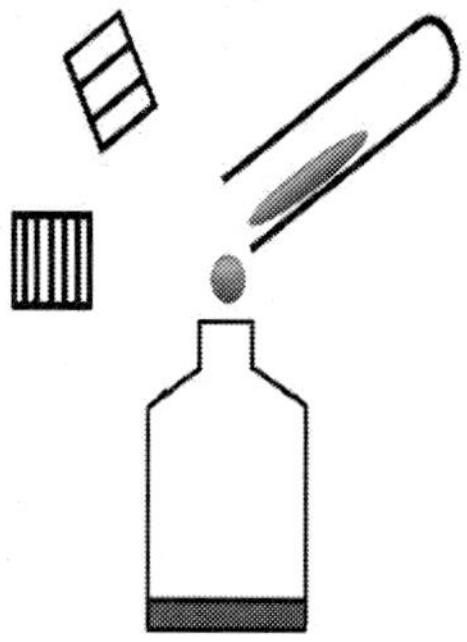	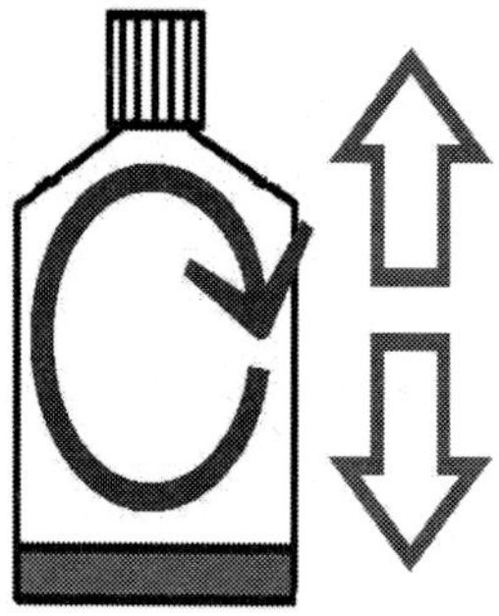

※ 동결/융해 배양액은 각 배양액 별로 14㎖ 튜브에 0.2㎛ 여과기로 제균하면서 분주한 다음, 4℃ 냉장고에서 사용할 때 까지 보관한다.

(2) 융해(warming) 배양액 제조

(2)-1. K병원(6단계 융해법 배양액/Warming medium)

① 0.5M Sucrose(1번 융해 배양액)

약품명		첨가량		
		5㎖ 기준	10㎖ 기준	20㎖ 기준
1	DPBS	3.2㎖	6.3㎖	12.6㎖
2	HSA	1㎖	2㎖	4㎖
3	0.5M Sucrose	0.856g	1.712g	3.424g

② 0.4M Sucrose(2번 융해 배양액)

약품명		첨가량		
		5㎖ 기준	10㎖ 기준	20㎖ 기준
1	DPBS	3.4㎖	6.7㎖	13.3㎖
2	HSA	1㎖	2㎖	4㎖
3	0.4M Sucrose	0.685g	1.37g	2.74g

③ 0.3M Sucrose(3번 융해 배양액)

약품명		첨가량		
		5㎖ 기준	10㎖ 기준	20㎖ 기준
1	DPBS	3.5㎖	7㎖	14㎖
2	HSA	1㎖	2㎖	4㎖
3	0.3 M Sucrose	0.513g	1.026g	2.052g

④ 0.2M Sucrose(4번 융해 배양액)

약품명		첨가량		
		5㎖ 기준	10㎖ 기준	20㎖ 기준
1	DPBS	3.7㎖	7.4㎖	14.7㎖
2	HSA	1㎖	2㎖	4㎖
3	0.2 M Sucrose	0.342g	0.684g	1.368g

⑤ 0.1M Sucrose(5번 융해 배양액)

약품명		첨가량		
		5㎖ 기준	10㎖ 기준	20㎖ 기준
1	DPBS	3.9㎖	7.7㎖	15.4㎖
2	HSA	1㎖	2㎖	4㎖
3	0.1 M Sucrose	0.1712g	0.3424g	0.6848g

⑥ 0M Sucrose(6번 융해 배양액)

약품명		첨가량		
		5㎖ 기준	10㎖ 기준	20㎖ 기준
1	DPBS	4㎖	8㎖	16㎖
2	HSA	1㎖	2㎖	4㎖
3	0 M Sucrose	0g	0g	0g

(2)-2. K병원(3단계 융해법 배양액/Warming medium)

① 0.5M Sucrose(1번 융해 배양액)

약품명		첨가량		
		5㎖ 기준	10㎖ 기준	20㎖ 기준
1	DPBS	3.2㎖	6.3㎖	12.6㎖
2	HSA	1㎖	2㎖	4㎖
3	0.5M Sucrose	0.856g	1.712g	3.424g

② 0.25M Sucrose(2번 융해 배양액)

약품명		첨가량		
		5㎖ 기준	10㎖ 기준	20㎖ 기준
1	DPBS	3.6㎖	7.2㎖	14.4㎖
2	HSA	1㎖	2㎖	4㎖
3	0.25M Sucrose	0.428g	0.8562g	1.712g

⑥ 0M Sucrose(3번 융해 배양액)

약품명		첨가량		
		5㎖ 기준	10㎖ 기준	20㎖ 기준
1	DPBS	4㎖	8㎖	16㎖
2	HSA	1㎖	2㎖	4㎖
3	0 M Sucrose	0g	0g	0g

(2)-3. C병원(3단계 융해법 배양액/Warming medium)

① 0.5M & 0.25M & 0.125M Sucrose

	0.5M Sucrose	0.25M Sucrose	0.125M Sucrose
Sucrose	3.423g	1.712g	0.856g
HA	4㎖	4㎖	4㎖
Total Vol.	20㎖	20㎖	20㎖

3. 포배아와 난자(oocyte)의 유리화 동결 방법(vitrification)

(1) 포배아 수축: 포배강 내에 있는 액체를 제거하기 위한 과정

① 방법 1(주사기 바늘 이용): 해부용 현미경 사용. 인슐린 주사기 바늘을 포배아 [내세포괴(ICM)는 미리 6시 또는 12시 방향으로 옮겨 둘 것]의 3시와 9시 방향에서 눌러 준다(※ 참고: 바늘 끝 두 개가 거의 마주칠 정도로 포배아를 눌러주면 됨). (※ 참고: 수축이 제대로 안 되었을 경우에는 다시 한 번 더 수축을 시도해서 포배아의 수축을 확실하게 할 것) ⇨ 약 30분간 배양액(※ 동결배양액 아님)에서 정치(37℃ 배양기). ⇨ 포배아가 완전히 수축됨. ⇨ 동결배양액으로 옮김(동결 시작).

② 방법 2(미세 피펫 이용): 도립 현미경(inverted microscope) 사용. 포배아 내세포괴(ICM)는 미리 6시 또는 12시 방향으로 옮겨 둘 것. 배아의 9시 방향에서 고정용 피펫으로 배아를 고정한 다음 3시 방향에서 주입용 피펫을 찔러 넣어 포배강 내 액체를 뽑아낸다.

<table>
<tr><th rowspan="2">기구</th><th colspan="3">포배아 수축</th></tr>
<tr><th>수축 전</th><th>수축 작업</th><th>수축 후</th></tr>
<tr><td>방법1
바늘</td><td>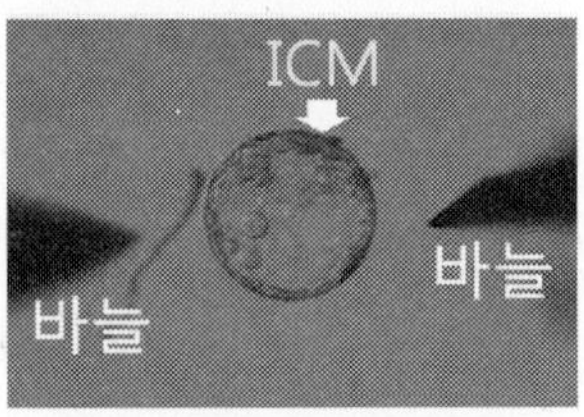</td><td>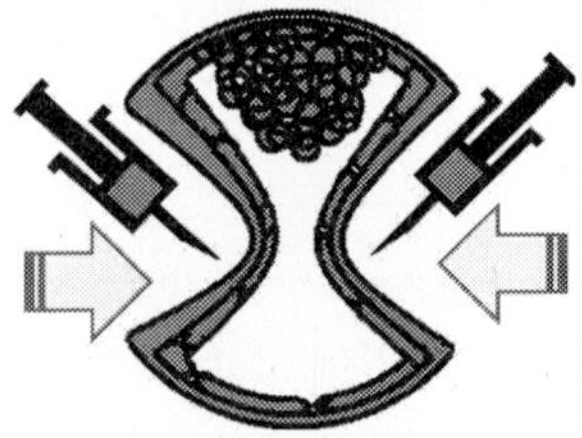</td><td>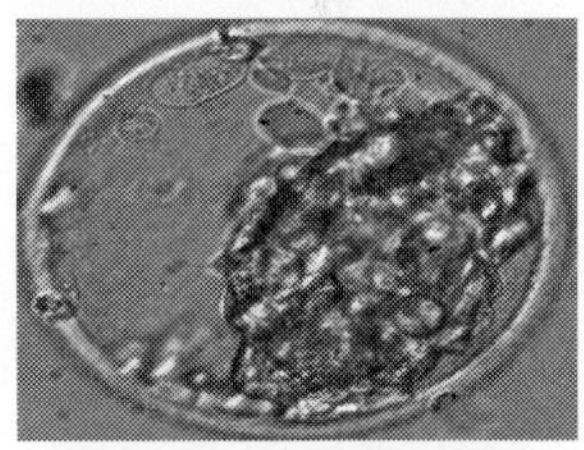</td></tr>
<tr><td>방법2
피펫</td><td>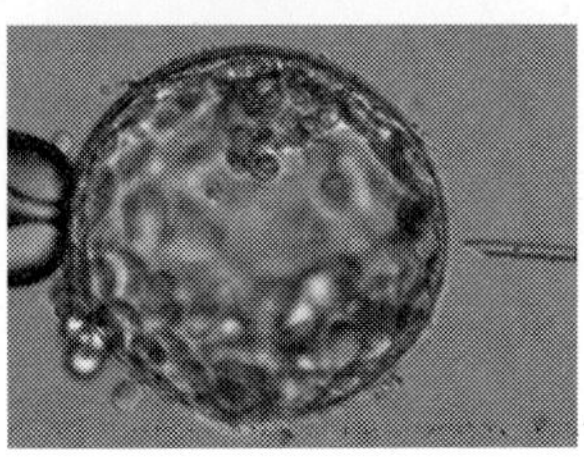</td><td>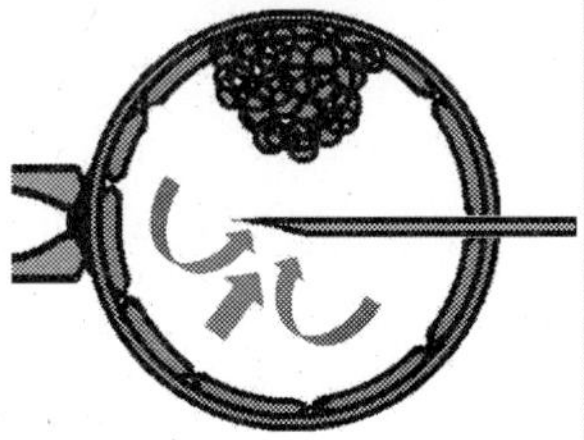</td><td>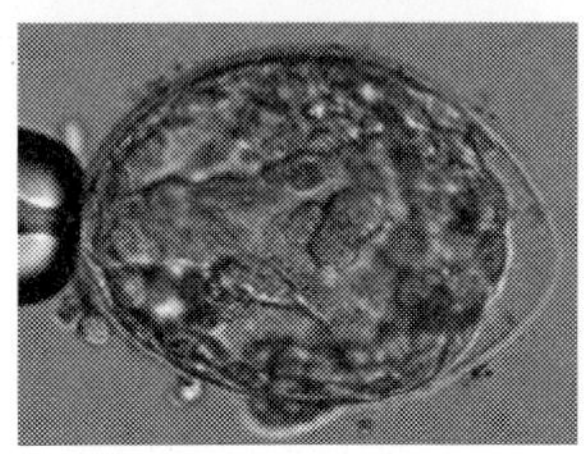</td></tr>
</table>

(2) 포배아와 난자의 유리화 동결

(2)-1. K병원(포배아의 유리화 동결 준비/처리 과정)

<table>
<tr><th rowspan="2">단계</th><th rowspan="2">준비</th><th colspan="2">과정</th></tr>
<tr><th>노출 시간</th><th>비고</th></tr>
<tr><td>i</td><td>스트로 제작
(라벨링)</td><td>스트로 끝에 주사기 장착(포배아 로딩을 위해)</td><td rowspan="3">• 배아 로딩 방법 (스트로/미세 스트로/그리드)에 따른 준비물과 과정은 요약(요약1~3)을 참조.</td></tr>
<tr><td>ii</td><td>케인 제작
(라벨링)</td><td>케인의 상하에 고블렛 장착</td></tr>
<tr><td>iii</td><td>스티로폼 준비</td><td>스티로폼에 LN_2를 가득 부어 케인을 침지</td></tr>
<tr><td>iv</td><td>피펫/주사기 준비</td><td>파스퇴르 피펫 3개와 인슐린 주사기 2개</td><td rowspan="2">• 배아를 동결 배양액에 노출하기 전에 준비해 둘 것</td></tr>
<tr><td>v</td><td>LN_2통 확인</td><td>어떤 LN_2통의 몇 번 캔에 케인을 넣을지 확인</td></tr>
<tr><td>1</td><td>① 20% HSA</td><td rowspan="4">최대한 짧게</td><td rowspan="4">• 동결 배양액에 노출되는 시간이 길어지면 배아에 치명적이므로 노출시간을 최소화할 것.
• 상온(24℃)에서 실시(반드시)</td></tr>
<tr><td>2</td><td>② EG20</td></tr>
<tr><td rowspan="2">3</td><td>③ EFS40</td></tr>
<tr><td>로딩</td></tr>
<tr><td>vi</td><td>기록</td><td>-</td><td>• 동결 세부 사항 기록 (동결기록 노트/동결 대장/EMR 입력)</td></tr>
</table>

※ 스트로에 라벨링을 한 다음 주사기에 스트로 끝을 쉽게 끼우기 위해서는, 주사기 입구에 가위 끝을 살짝 넣은 다음 가볍게 돌려서 입구를 넓혀주면 주사기에 스트로를 쉽게 끼울 수 있다.

(2)-2. C병원(난자의 유리화 동결 준비/처리 과정)

<table>
<tr><th>단계</th><th>준비</th><th>노출 시간</th></tr>
<tr><td>1</td><td>Pre-equilibration Solution
(7.5% EG+7.5% DMSO)</td><td>2분 30초</td></tr>
<tr><td rowspan="2">2</td><td>Equilibration Solution
(15% EG+15% DMSO)</td><td rowspan="2">20초(최대한 짧게)</td></tr>
<tr><td>로딩</td></tr>
</table>

(3) 포배아와 난자의 유리화 동결 요약

(3)-1. 요약1(스토로 사용법)

포배아의 유리화 동결 방법 (K병원)			
번호	구분	그림/사진	비고
1	스트로 준비	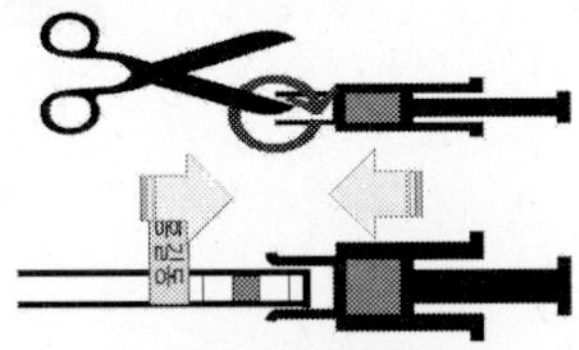	• 가위를 주사기 끝의 홈에 끼워 한 바퀴 돌려서 주사기 입구를 넓혀 준다. • 스트로 끝을 주사기 입구에 삽입한다.
2	배아 수축 / 주사바늘 미세피펫	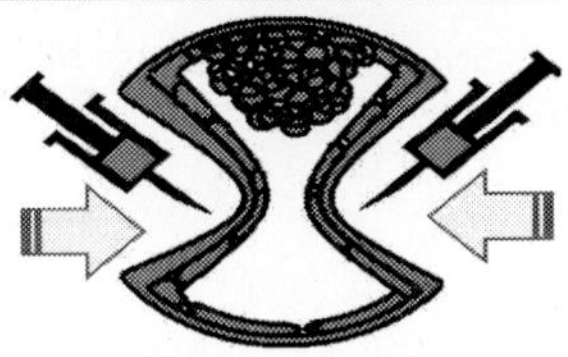	
3	동결 배양액	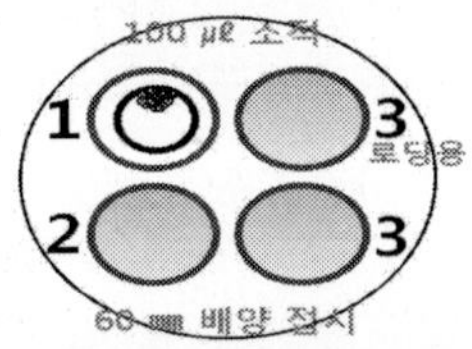	• 수축 배아를 동결 배양액에 노출 (노출 시간 최소화) • 기관이나 사용자 마다 사용하는 배양액의 조성이나 구성이 다를 수 있다.
4	배아 탈수	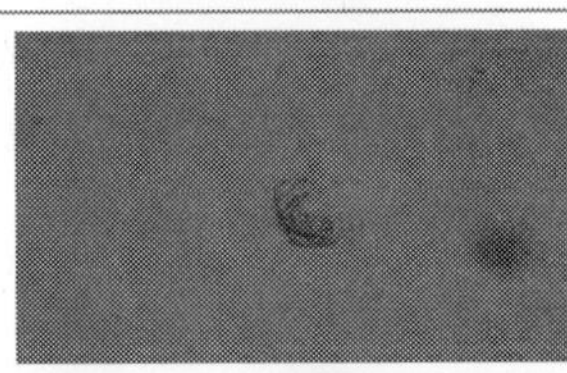	• '③ EFS40'에서 포배아는 완전히 탈수된다.
5	배아 로딩	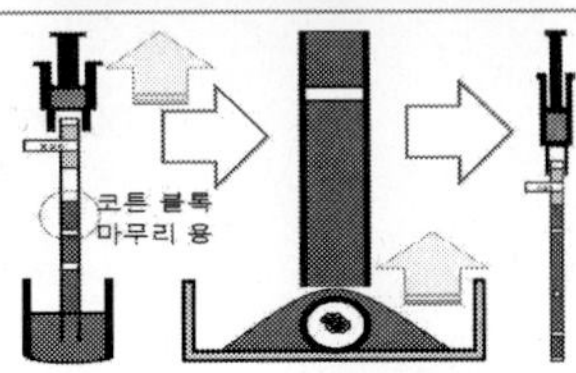	• 스트로에 배양액을 채워둔다 (바로 배아 로딩 할 수 있게). • 코튼 블록에 들어 갈 배양액을 가장 먼저 채운다.
6	LN_2 침지	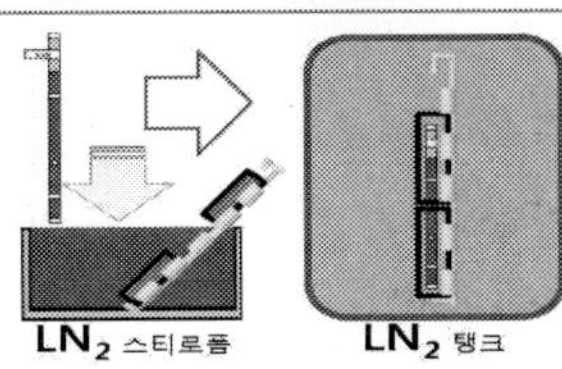	• 배아 로딩 즉시 스트로를 LN_2에 침지. • 케인에 장착된 고블렛에 스트로를 끼운 다음 LN_2 탱크에서 보관.
		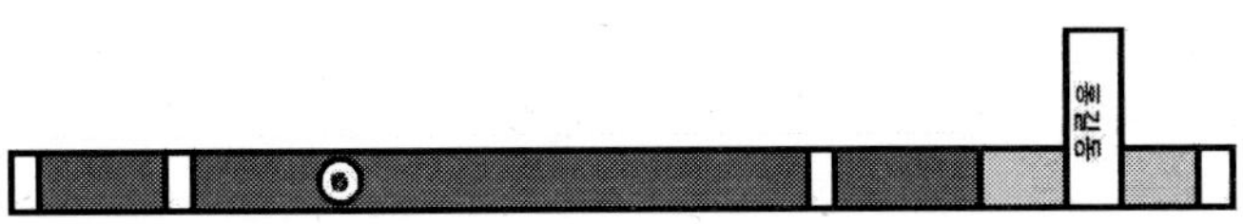	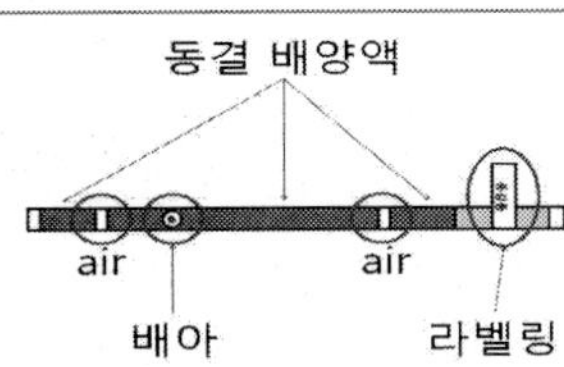

(3)-2. 요약 2(미세 스트로 사용법)

포배아 유리화 동결 방법(B병원)			
1	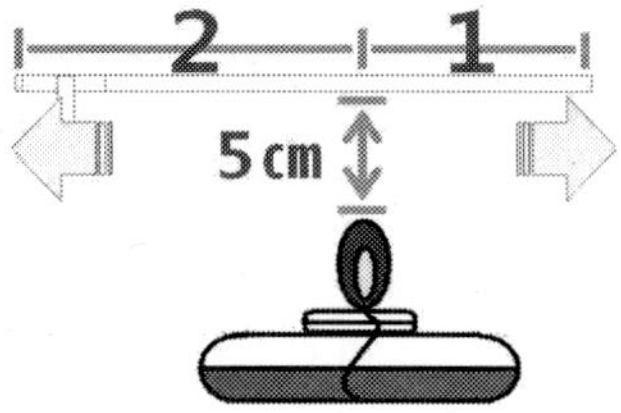 스트로 늘이기	6	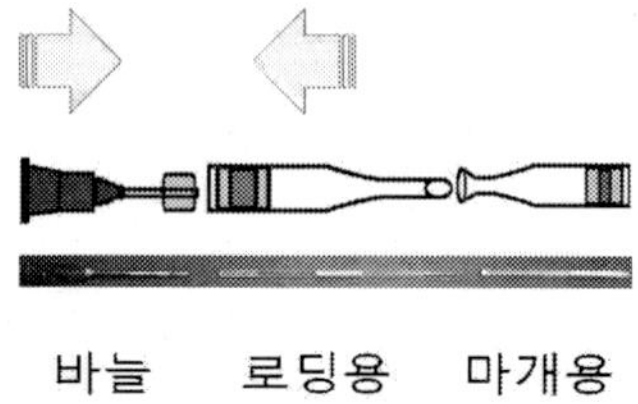 스트로 단계별 완성품
2	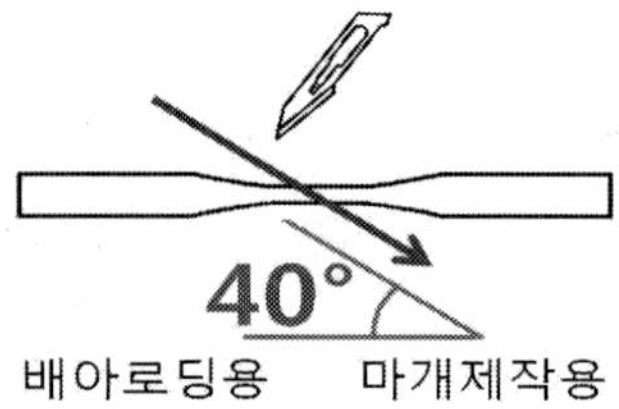 스트로 절단	7	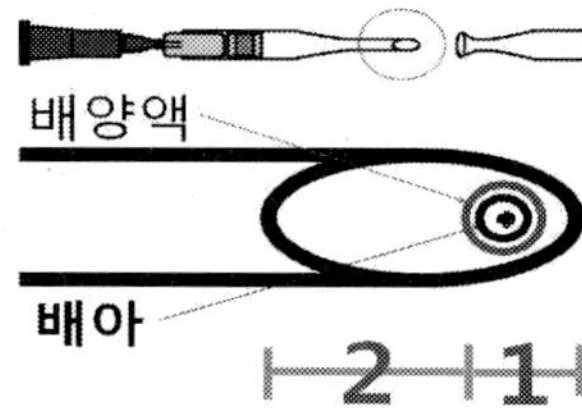 배아 로딩 방법
3	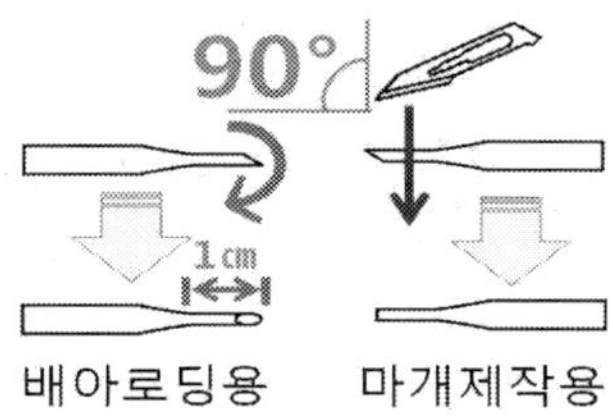 용도별 스트로 제작	8	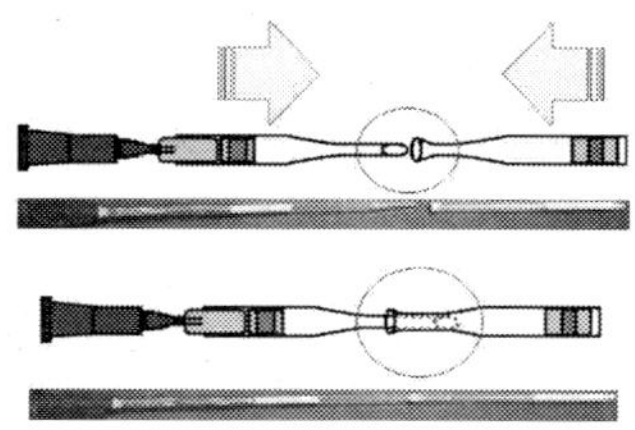 마개 장착 모습
4	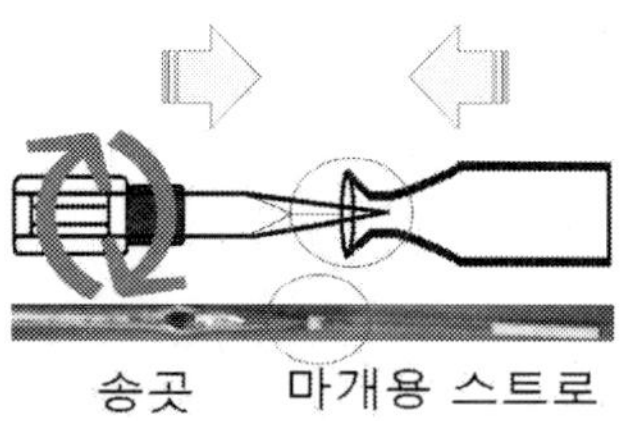 마개용 스트로 제작	9	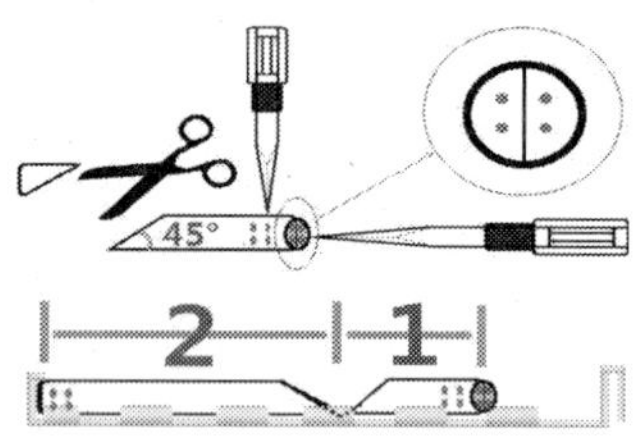 고블렛 펀칭 & 장착
5	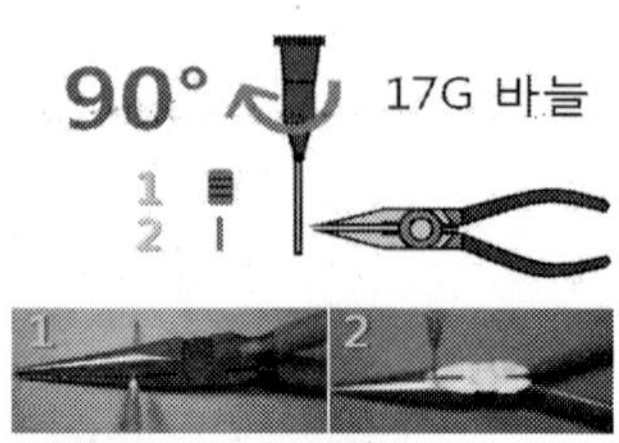 로딩용 스트로 고정대 제작	10	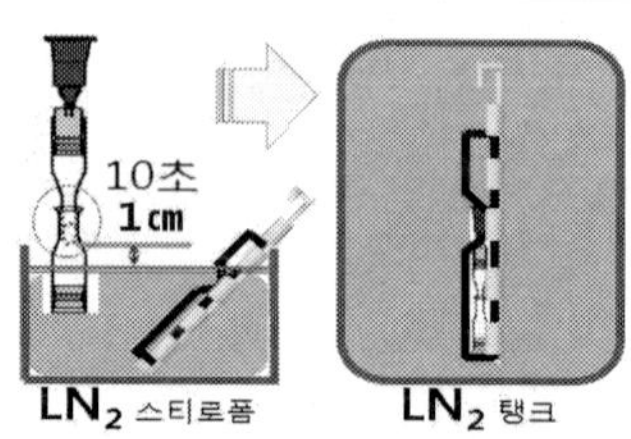 LN2 침지

(3)-3. 요약 3(그리드 사용법)

포배아와 난자의 유리화 동결 방법(C병원)				
번호	구분		그림/사진	비고
1	그리드 준비		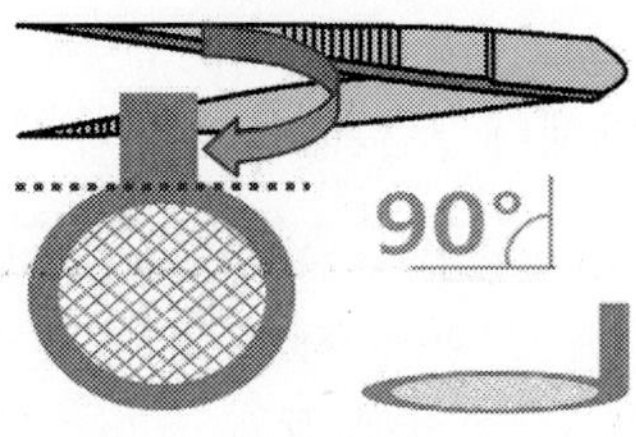	• 동결 전에 핀셋으로 그리드의 고리를 90° 접어놓는다. • 골드 그리드를 사용하면 배아 생존성 향상되어 좋은 반면 경제적 부담 비용이 높아지는 단점이 있음.
2	로딩	로딩방법	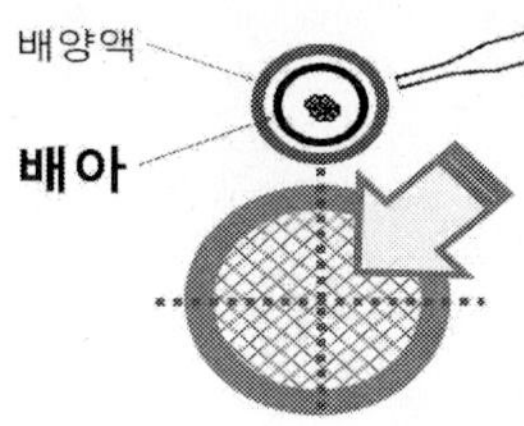	• 현미경으로 보면서 그리드 중앙에 배아 를 소적. • 배양액 소적량은 최소한 으로 한다.
		±배양액	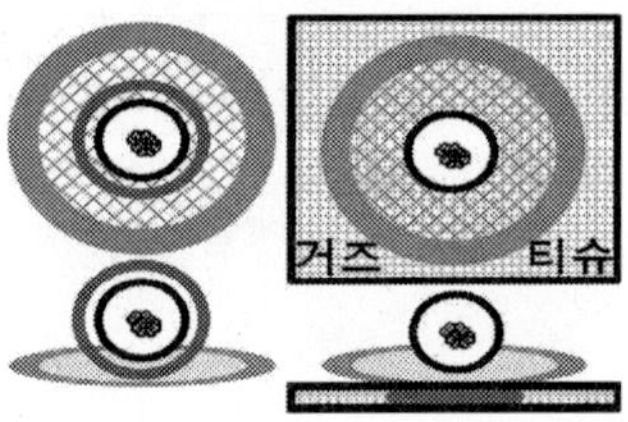	• +배양액: 그리드 위에 배아 소적을 그대로 올려줌. • −배양액: 그리드 밑에 거즈 (또는 티슈)를 깔아서 배양액을 제거. • 두 가지 중 선택.
		배아확인	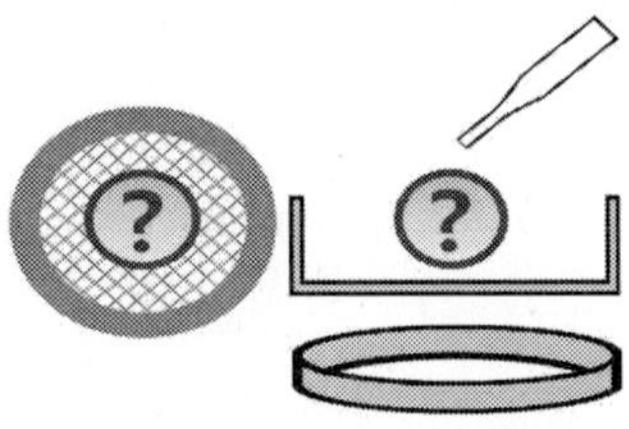	• 그리드에 소적한 배아는 육안으로 관찰이 잘 안 됨. • 피펫에 남은 배양액을 60㎜ 배양접시에 소적해서 관찰하면 그리드에 배아 장착 유·무 확인가능.
3	LN_2 침지		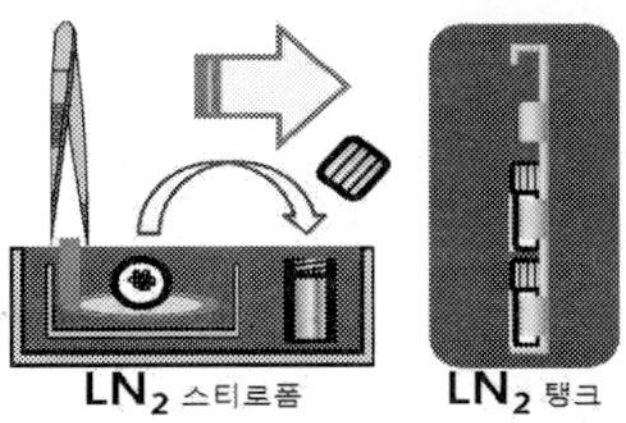	• LN_2 스티로폼 내에 60㎜ 배양접시와 보관병을 넣어둔다. • 60㎜ 배양접시가 있는 LN_2로 그리드를 침지한다. • 스러시 LN_2를 사용하면 거품발생 억제

4. 포배아와 난자의 유리화 동결 후 융해(warming after vitrification)

(1) 포배아와 난자의 유리화 동결 후 융해의 준비/과정(Warming)

(1)-1. K병원(포배아 융해-6 단계나 3단계 중 한 가지 선택)

단계	준비	과정	
		노출 시간	비고
융해 전			
i	동결 배양액 접시 준비	-	• 융해하기 30분 전에 만들어 둘 것
ii	IVF 챔버	융해하기 전에 충분히 예열이 되도록 준비	• 배아를 동결 배양액에 노출하기 전에 준비해 둘 것 • 동결 방법에 따라 준비물 달라질 수 있음.
iii	가위	70% 알코올 거즈로 충분히 소독해둘 것	
iv	피펫	파스퇴르 피펫 6개	
v	온수 켜 놓기	37℃로 맞춰 틀어 놓을 것	• '미세 스트로'나 '그리드' 방법에서는 필요 없음.
6 단계 융해법			
1	배아 회수(스트로 커팅) 0.5M Sucrose	5분	• 37℃에서 실시 • LN_2 탱크에서 꺼낸 스트로를 온수에 노출. • 스트로 소독 및 물기제거 • 스트로의 라벨 근처를 커팅해서 배아 회수 • 단계 별 해동
2	0.4M Sucrose	2분	
3	0.3M Sucrose	2분	
4	0.2M Sucrose	2분	
5	0.1M Sucrose	2분	
6	0M Sucrose	2분	
3 단계 융해법			
1	배아 회수(스트로 커팅) 0.5M Sucrose	5분	• 위와 동일
2	0.25M Sucrose	5분	
3	0M Sucrose	5분	
융해 후			
a	배양 접시	G2+5%HSA 37℃, 6.0% CO_2	• 해동 전날 또는 2시간 이상 전에 준비해 둘 것
b	투명대보조부화술 (AH)		
c	기록(동결기록 노트/동결 대장/EMR 입력)	-	• 동결 세부 사항 기록 및 입력

(1)-2. C병원(난자의 유리화 동결 후 융해 과정)

단계	준비	노출 시간	조건
1	0.5 M Sucrose in HEPES + 20% HA	2분 30초	37 ℃ 2-well 배양접시
2	0.25 M Sucrose in HEPES + 20% HA	2분 30초	
3	0.125 M Sucrose in HEPES + 20% HA	2분 30초	
4	0 M Sucrose in HEPES + 20% HA	2분 30초	

(2) 요약(포배아와 난자의 유리화 동결 후 융해)

번호	구분		그림/사진	비고
1	배아회수	스트로		• LN_2 통에서 꺼낸 스트로를 온수에 노출 • 스트로 끝을 잘라 배아 회수 (스트로가 떨리면서 배아가 밖으로 튀어나갈 수 있으므로 주의)
		미세 스트로	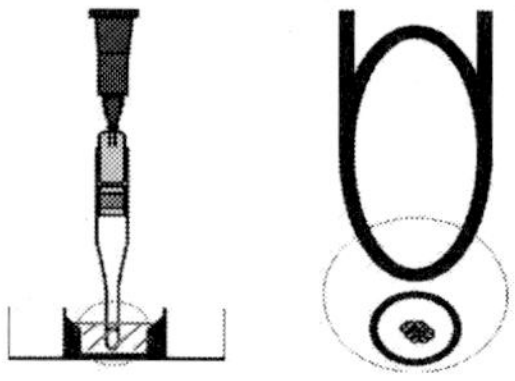	• LN_2 통에서 꺼낸 스트로 끝을 융해 배양액에 즉시 침지. • 현미경을 보면서 파스퇴르 피펫으로 배아 분리 가능.
		그리드	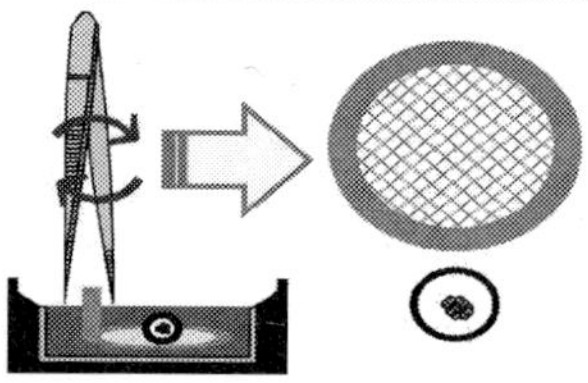	• LN_2 통에서 꺼낸 그리드를 융해 배양액에 바로 침지. • 그리드를 흔들어 준 다음 파스퇴르 피펫으로 배아 분리.
2	융해 배양액		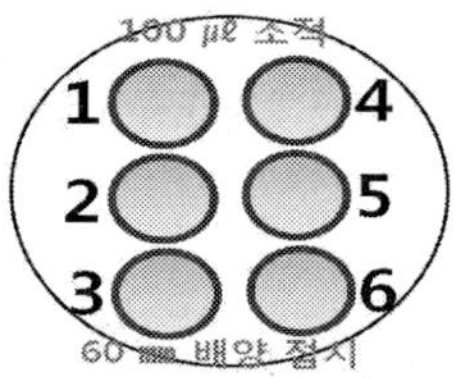	• 기관이나 사용자 마다 사용하는 융해 배양액의 조성이나 구성이 다를 수 있다.
3	융해 직후 포배아 & 보조 부화술		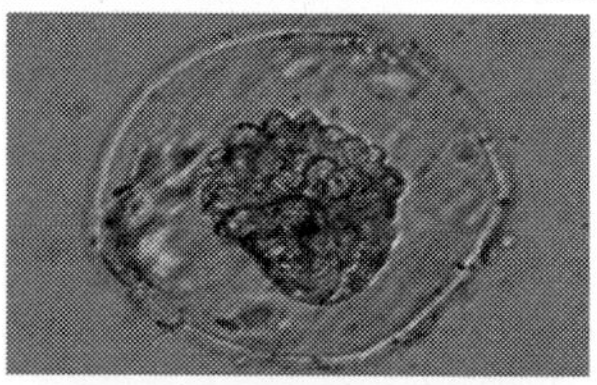	
4	투명대 탈출		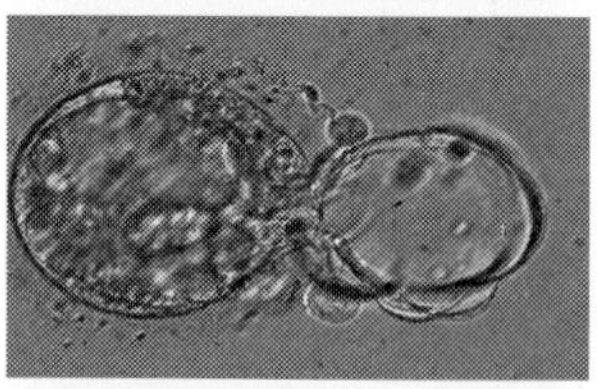	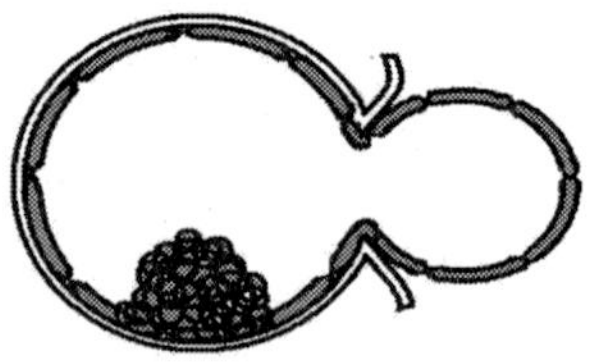
5	이식 직 전		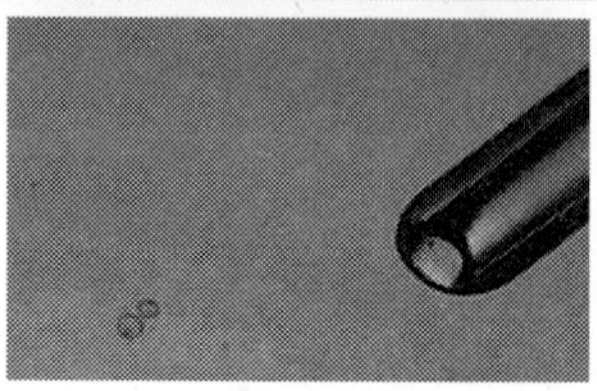	• 융해 포배아가 팽창·투명대 탈출을 하지 않거나 사멸되었다고 판단되면 이식을 포기해야 한다.

Ⅱ. 난소 조직의 유리화 동결 & 융해(Vitrification & warming of ovarian tissue)

1. 난소조직의 유리화 동결 방법(vitrification)

(1) 준비

① 난소 조직 동결에 필요한 모든 물품을 준비해 둔다.

② 수술장에서 30분 이내에 연구실로 운반되도록 한다.

③ 난소 조직에 묻어 있는 혈흔과 이물질을 70% 알코올 거즈로 닦아낸다.

④ 난소채취 날짜, 환자번호, 환자이름, 의사이름을 기록한다.

(2) 난자 채취: 난소조직을 처리하기 전에 난포가 보이면 난자를 채취한다.

① 멸균 거즈로 난소를 감싸 쥐고 주사기 바늘로 난자를 채취한다.

② 주사 바늘을 난포에 바로 찌르면 대부분 난포가 터져 버리므로, 난포 밑으로 바늘을 삽입해서 난자를 채취한다. 이 때 주사기는 미리 음압을 주고 있는 상태로 찔러야 난자의 손실을 줄일 수 있다(주사기 바늘에 찔리기 쉬우므로 매우 조심해서 실시할 것).

③ 주사기에 모인 난포액을 배양접시로 옮겨서 난자의 유무를 확인한다. 미성숙 난자는 성숙배양액에서 1~2일간 배양해서 MⅡ단계 까지 성숙시킨다.

④ 난자가 성숙되면 동결
(배우자가 있는 경우에는 체외수정 후 포배아까지 배양해서 동결)

⑤ 기록(동결기록노트/동결보존대장/EMR)

번호	구분	그림/사진	비고
1	난자채취	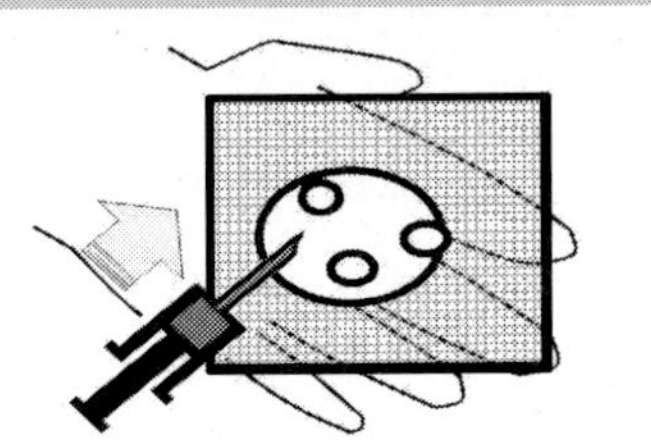	• 난소는 거즈로 감싸 쥐고 주사기 바늘로 난자를 채취. • 바늘을 난포 밑으로 찔러 넣어서 난자를 채취한다. • 난자 채취 시 손에 찔리지 않도록 조심할 것.
2	바늘경로	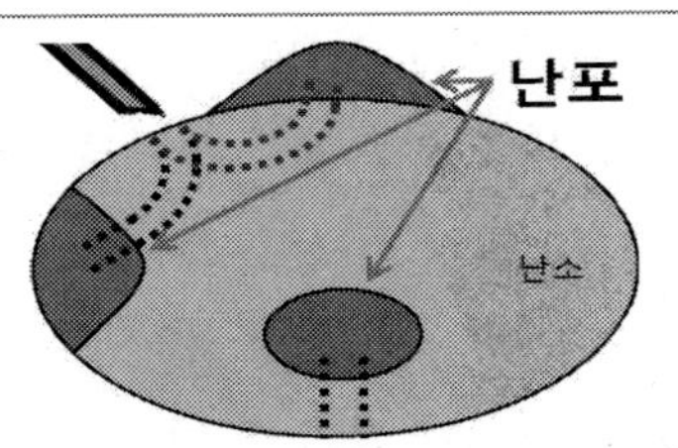	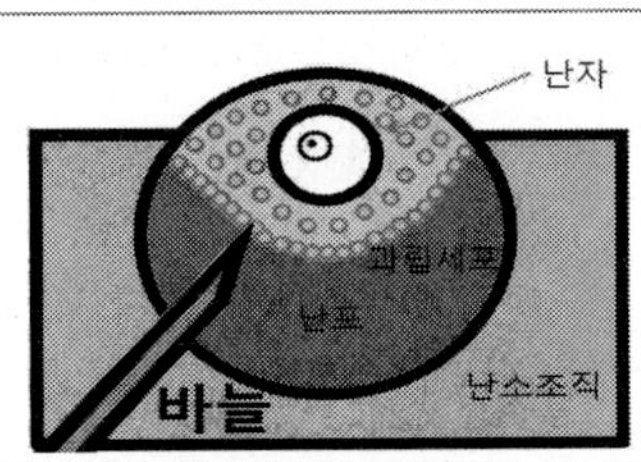

번호	구분	그림/사진	비고
3	채취난자 & 배양 성숙난자	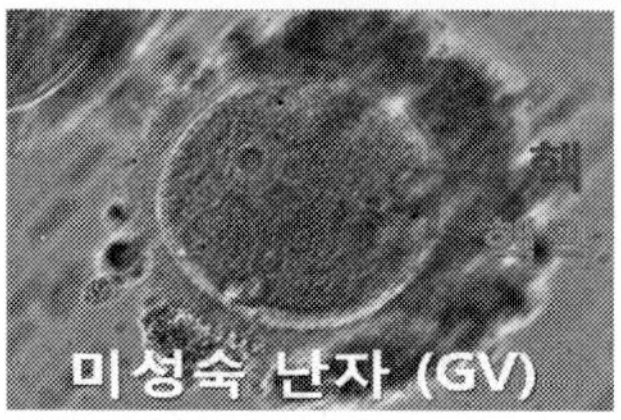	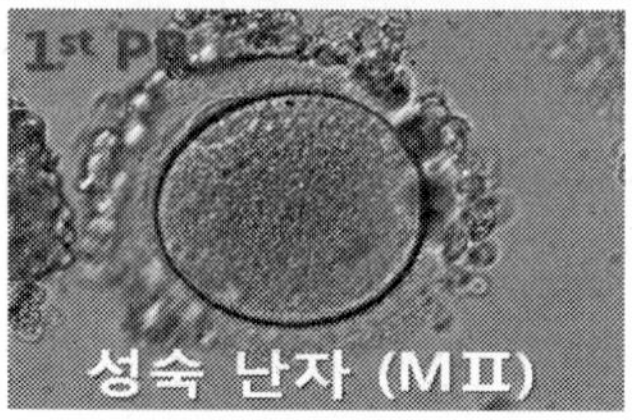

(3) 난소조직 처리

① 조건: 모든 과정은 반드시 37℃에서 실시. 37℃에서 2시간 이상 전 배양된 배양액 사용. 작업 시간은 총 2시간을 넘기지 않도록 한다. 수술용 장갑을 끼고 작업.

② 60mm 배양접시에 멸균거즈를 4~5장 깔로 배양액을 부어 거즈를 적신다. 작업과정 중 조직과 거즈에 자주 배양액을 부어서 난소 건조 방지.

③ 거즈 위에서 난소를 메스나 큰 가위로 이등분한다. (길이로) 한 개는 거즈에 남겨 두고, 나머지 하나는 배양액 접시에 넣어서 배양기에 둔다.

④ 난소표피를 제외한 조직제거. 끝이 휜 핀셋으로 난소조직을 잡고 끝이 휜 예리한 가위로 표피(cortex)부분을 제외한 모든 조직을 세심하게 제거한다. 이 때 너무 세게 표피 부분이 눌리게 되면 cortex가 손상되거나 난포 활성(follicle activation)이 유발될 수 있으므로 주의한다.

※ 난자가 있을 것으로 판단되는 난포가 있으면 주사기로 난자를 채취한다.

⑤ 난소조직에서 황체, 백체, 혈액, 지방 등을 모두 제거하여 표피가 1㎜의 편평한 상태가 되도록 한다. 난소조직의 표피를 수술용 장갑을 낀 검지손가락으로 만져보았을 때 매끄럽게 느껴져야 됨. 만약 오돌토돌하거나 전체적으로 두께가 균일하지 않으면 재작업을 실시할 것.

⑥ 작업 중인 거즈와 배양액이 탁해지거나 혈액에 의해 붉은 색을 띄게 되면 새로운 거즈와 배양액으로 교체해서 계속 진행한다.

⑦ 처리한 난소조직 표피를 선명한 글/그림/형태를 갖춘 물건위에 올려놓고 보았을 때 표피를 통해 글/그림/형태가 선명하게 보이면 처리가 잘 된 것이다.

⑧ 60㎜ 배양접시 밑에 자(ruler)를 넣는다. 핀셋으로 난소조직을 고정하고 메스로 크기에 맞게 자른다. 난소조직의 크기를 가로×세로×두께를 1㎝×1㎝×0.1㎝(1㎜)로 절단한다. 크기가 맞지 않은 부정형 조각들은 따로 모아 둔다. 작은 조각들도 이식용으로 사용 가능하므로 버리지 말고 모아 둘 것.

⑨ 처리가 끝나면 동결 배양액에서 동결을 시작한다.

⑩ 난소조직 절편의 크기와 모양 및 수를 기록한다.

난소조직 처리 방법			
번호	구분	그림/사진	비고
1	난소준비	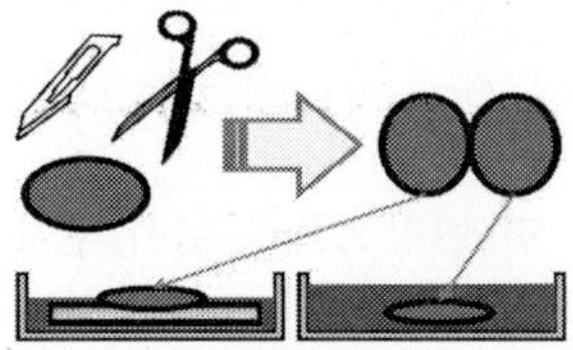	• 모든 과정은 반드시 37℃에서 실시할 것. • 난소를 메스나 큰 가위로 이등분한다. 한 개는 처리를 하고 나머지 한 개는 배양액에 침지해서 37℃, 5% CO_2 배양기에 넣어둔다.
2	처리	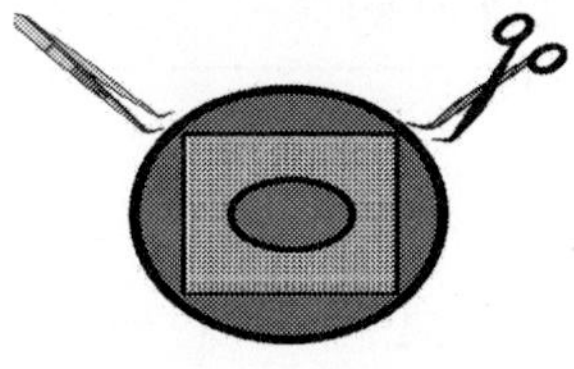	• 난포 표피를 제외한 조직제거. 끝이 휜 핀셋으로 난소조직을 잡고 끝이 휜 예리한 가위로 표피(cortex)부분을 제외한 모든 조직을 세심하게 제거한다.
			• 난소조직에서 황체, 백체, 혈액, 지방 등을 모두 제거하여 표피가 1㎜의 편평한 상태가 되도록 한다. • 난소조직을 처리하는 동안 난소가 마르지 않도록 수시로 배양액을 보충할 것.
3	판단기준		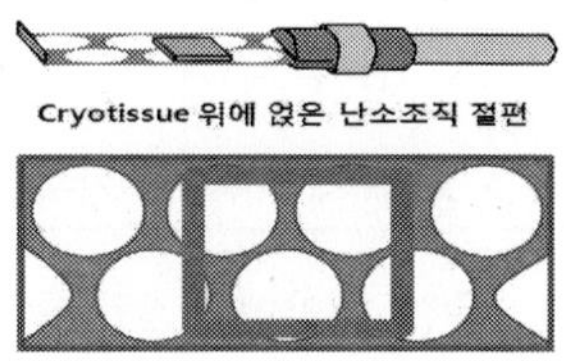
4	조직절단	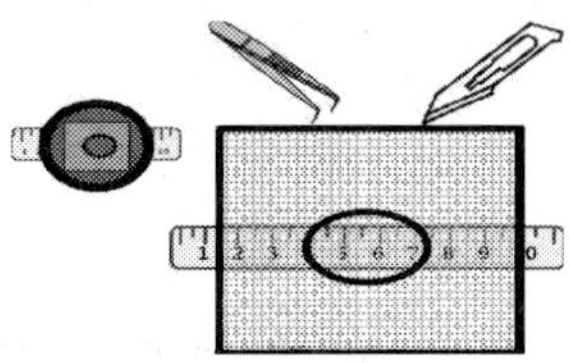	• 60㎜ 배양접시 밑에 자(ruler)를 넣는다. • 핀셋으로 난소조직을 고정하고 메스로 정사각형(1㎝×1㎝) 모양으로 절단한다.
5	조각모음	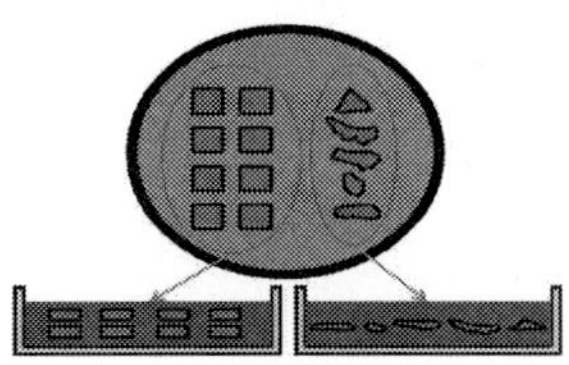	• 난소조직 절편 중에서 정사각형과 부정형 조각들은 각각 따로 모아 둔다. • 작은 조각들도 이식용으로 사용 가능하므로 버리지 말 것.

(4) 난소 조직의 동결

(4)-1. K병원(난소조직의 동결 과정)

단계	준비	과정	
		노출 시간	비고
준비	동결 병(라벨링)	Vial 옆면에 환자 정보를 기록.	• 난자가 나올 것을 대비해서 난자 로딩에 필요한 물품을 준비해 둔다. (스트로/미세 스트로/그리드)에 따른 준비물과 과정은 "배아 동결 요약(요약1~3)"을 참조.
	케인(라벨링)	케인 위에 면 반창고를 붙여서 환자 정보를 기록.	
	LN_2 스티로폼	스티로폼에 LN_2를 가득 부어 둔다. (S병원 방법에 사용)	
	긴 핀셋	LN_2 작업용.	
	LN_2통 확인	어떤 LN_2통의 몇 번 캔에 케인을 넣을지 확인.	• 난자나 난소조직을 동결 배양액에 노출하기 전에 준비해 둘 것.
1	① 20% HSA	세척만 실시	• 37℃에서 실시
2	② EG20	15분	• 난소조직 절편을 15㎖ 튜브(동결 배양액을 10㎖씩 넣은)에 넣는다.
3	③ EFS40	15분	
	로딩	동결병에 조직을 삽입	
3-2	LN_2 침지	동결병을 LN_2 에 침지	• 동결병에 로딩 후 LN_2 침지
기록	• 동결 세부 사항 기록(동결기록 노트/동결 대장/EMR 입력)		

※ 주1. 동결 배양액은 37℃를 유지하도록 15㎖ 튜브(centrifuge tube)에 10㎖씩 넣고 heating block에 꽂아 둔다.

※ 주2. 난소조직을 각 배양액에 넣고 나서 조직이 가라앉을 때까지 기다린다. 조직이 완전히 가라앉으면 튜브를 거꾸로 뒤집어서 조직이 다시 가라앉도록 한다. 이런 과정을 반복한다.

※ 주3. 침강 속도가 처음에는 매우 느리지만, 조직에 동결 배양액이 잘 스며들어 있으면 하강 속도가 빨라진다.

(4)-1. S병원(난소조직의 동결 과정)

단계	준비	노출 시간
준비	1. 난소를 이등분한 다음 조직의 표피를 제외한 모든 부분을 제거한다. 2. 난소조직의 처리가 끝나고 나면 정사각형(1x1x0.1㎝)으로 절단하고 나서 동결 배양액으로 조직을 옮겨 동결을 시작한다. (난소조직 처리에 총 2시간이 초과되지 않도록 한다.) ※ LN_2 스티로폼을 미리 준비해 둔다.	
1	7.5% EG + 7.5% DMSO in basic media	15분
2	20% EG + 20% DMSO + 0.5M Sucrose in basic media	10분
로딩	1. Cryo kit에서 plate와 뚜껑(cap)을 분리한다(난소 조직을 plate에 로딩 할 때 시간이 지연되는 것을 방지하기 위함). 2. 난소 조직 주위에 묻은 배양액 등 물기를 멸균거즈로 제거한 다음 plate에 로딩한다. 3. 난소 조직과 plate 표면이 완전히 밀착되도록 손가락으로 잘 눌러준다.	
LN_2 침지	1. Plate를 LN_2에 침지한다. 2. 침지하는 과정에서 plate를 흔들어 주어 공기방울에 의한 조직 손상을 줄여야 한다 (너무 강하게 흔들면 난소조직이 plate에서 떨어질 수 있으므로 부드럽게 휘저어 주면 된다). 3. LN_2 안에서 plate를 뚜껑 안에 넣고 큰 핀셋으로 뚜껑을 돌려서 닫는다. 4. 라벨링 된 cryo kit를 LN_2 탱크에 넣어 보관한다.	
기록	• 난소조직이 얇고 균일하게 처리되었다면 LN_2 동결 시 투명성이 유지된다. 만약 난소조직의 처리가 잘 못 되었다면 동결과정에서 빙 결정이 형성되어 조직이 불투명하게 보인다.(서리 낌). 이럴 경우에는 기록지에 기록해 둔다. • (동결기록 노트/동결 대장/EMR 입력)	

명칭		조성
*	기본 배양액(basic media)	Ham's F-10+20% FBS
1	Equilibration solution (ES)	7.5% EG+7.5% DMSO
2	Vitrification solution (VS)	20% EG+20% DMSO+0.5 M sucrose

(5) 요약(난소조직 유리화 동결)

(5)-1. 요약 1(K병원-난소조직 유리화 동결)

난소조직 유리화 동결 방법(K병원)			
번호	구분	그림/사진	비고
1	난자채취	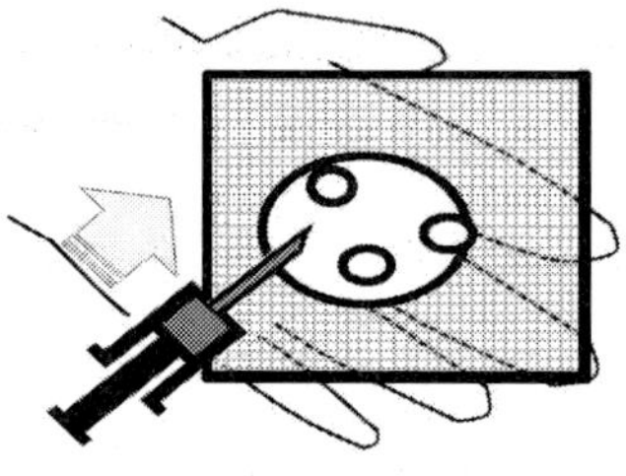	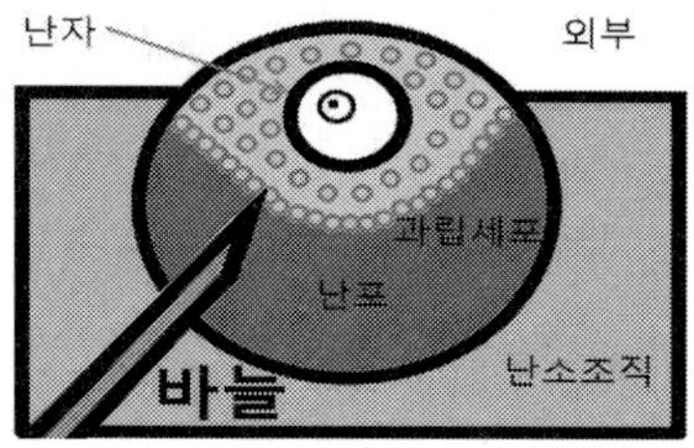
2	난소처리	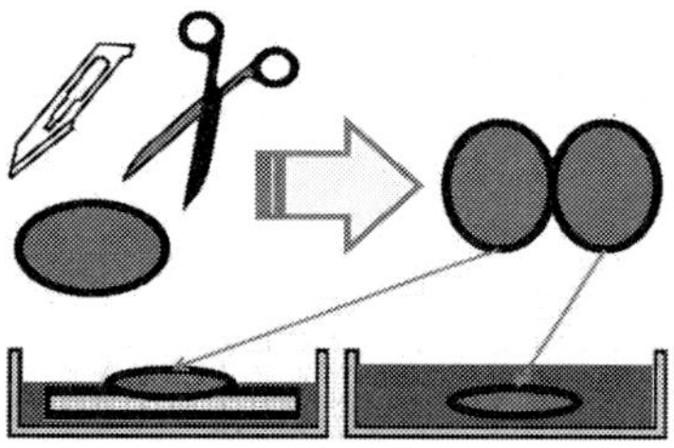	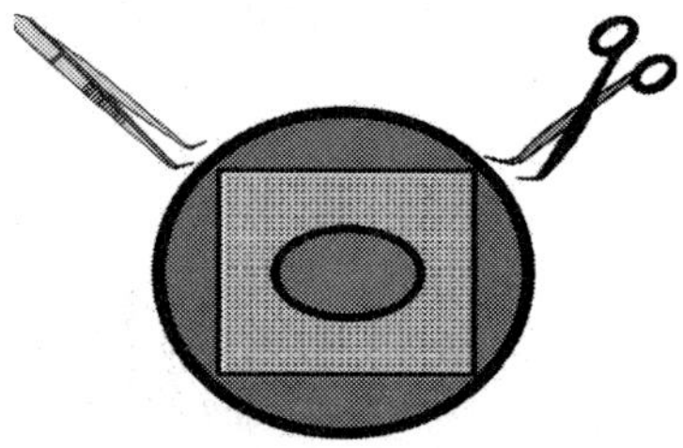
3	판단기준		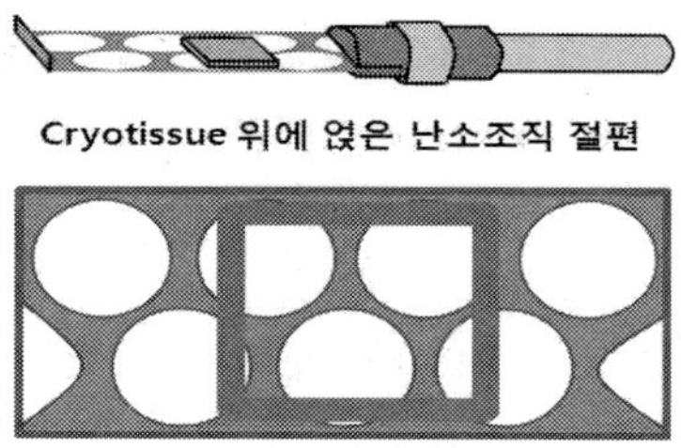
4	조직절단	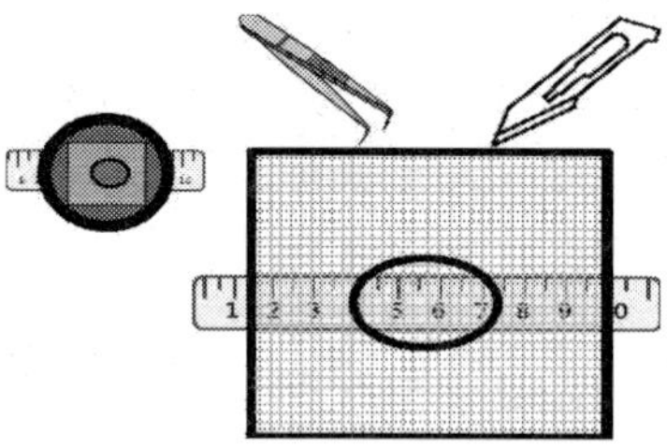	
5	동결보관	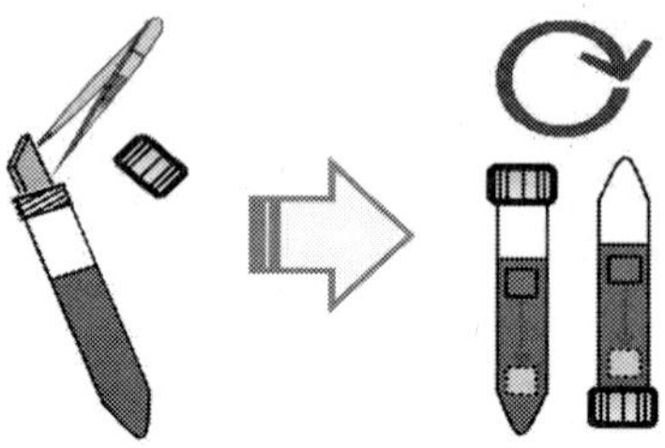	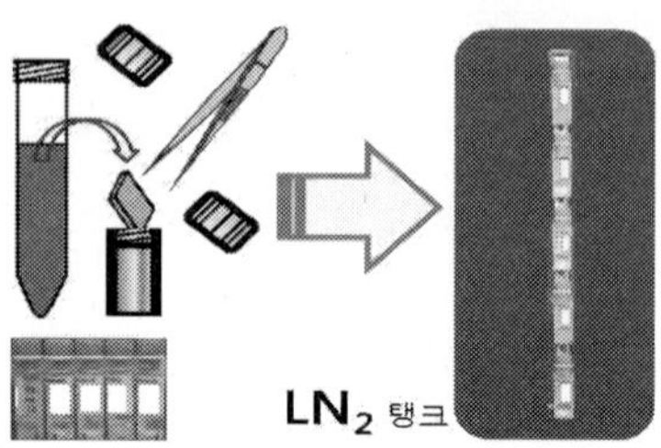

(5)-2. 요약 2(S병원-난소조직 유리화 동결)

난소조직 유리화 동결 방법(S병원)			
번호	구분	그림/사진	비고
1	배양액 제거	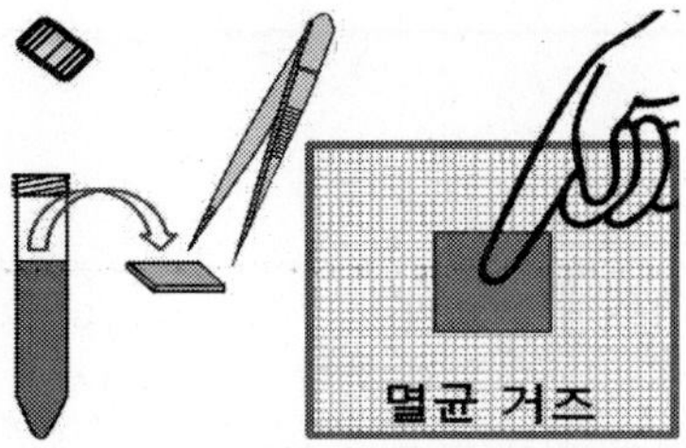	1. 난소조직의 처리가 끝나고 크기에 맞게 정사각형으로 절단되면 멸균 거즈 위에서 난소 조직에 묻은 배양액을 제거. ※ 난소 조직을 아래·위로 눌러 주어 물기를 완전히 제거.
2	로딩	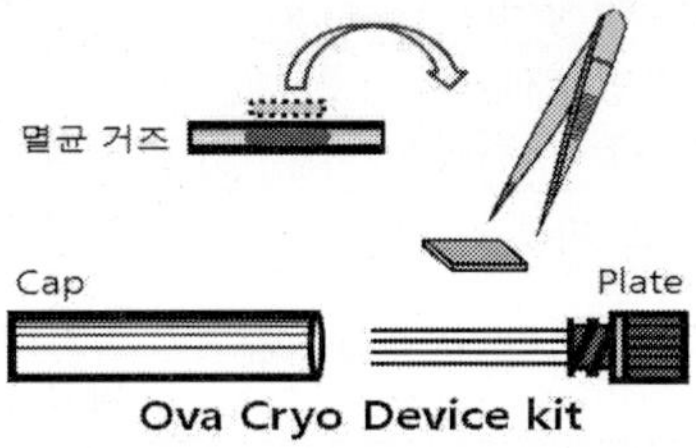	1. Cryo kit에서 plate와 뚜껑(cap)을 분리한다(난소 조직을 로딩 할 때 시간이 지연되는 것을 방지하기 위함). 2. 물기가 제거된 난소 조직은 plate에 로딩. 3. 난소 조직과 plate 표면이 완전히 밀착되도록 손가락으로 눌러준다.
		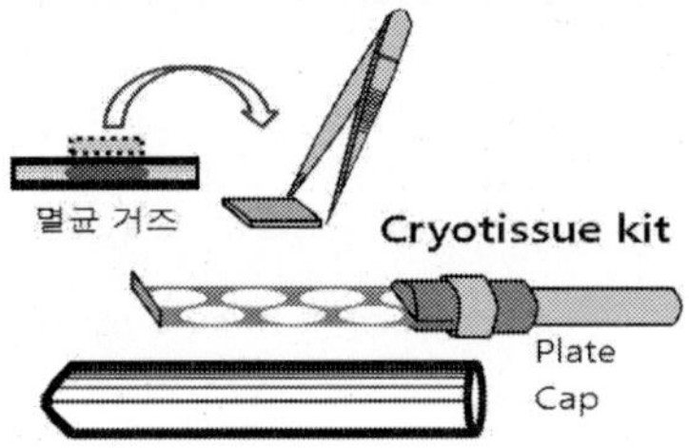	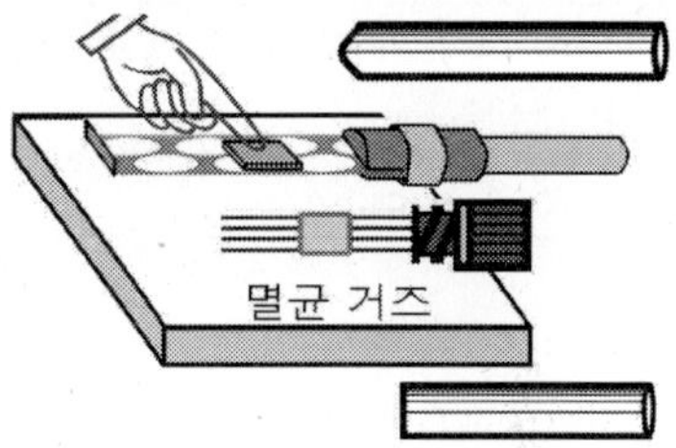
3	LN2침지 보관	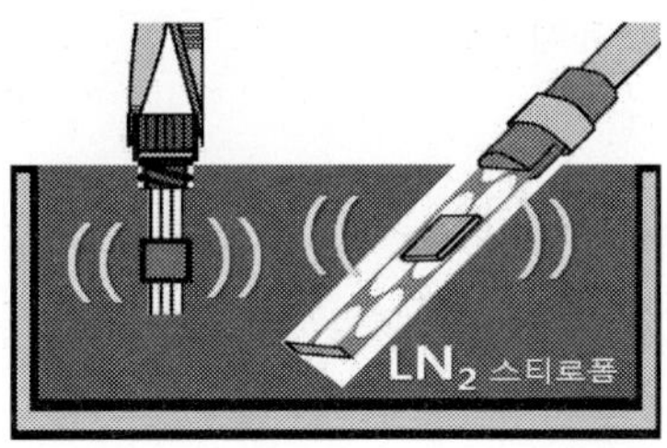 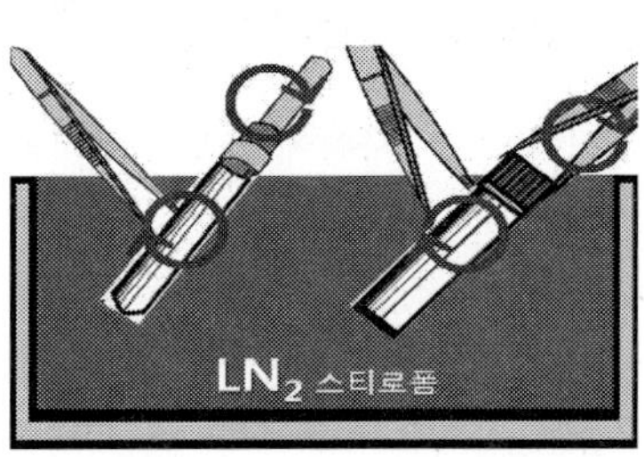	1. Plate를 LN_2에 침지한다. 2. 침지하는 과정에서 plate를 흔들어 주어 공기방울에 의한 조직 손상을 줄여야 한다(너무 강하게 흔들면 난소조직이 plate에서 떨어질 수 있으니 주의). ※ 난소조직이 얇고 균일하게 처리되었다면 LN_2 동결 시 투명성이 유지된다. 만약 난소조직의 처리가 잘 못 되었다면 동결과정에서 빙 결정이 형성되어 조직이 불투명하게 보인다(서리 낌). 이럴 경우에는 기록지에 기록해 둔다. 3. LN_2 안에서 plate를 뚜껑 안에 넣고 큰 핀셋으로 뚜껑을 돌려서 닫는다. 4. 라벨링 된 cryo kit를 LN_2 탱크에 넣어 보관한다.

2. 난소조직의 유리화 동결 후 융해(warming after vitrification)

(1) K병원(난소조직의 유리화 동결 후 융해 과정)

단계	준비	과정	
		노출 시간	비고
융해 전			
i	동결 배양액 접시 준비	배양액을 튜브에 넣어 37℃를 유지하도록 한다.	• 융해 30분 전에 35㎜ 배양 접시에 만들어 둘 것
ii	IVF 챔버	융해하기 전에 충분히 예열이 되도록 준비	• 배아를 동결 배양액에 노출하기 전에 준비해 둘 것 • 동결 방법에 따라 준비물 달라질 수 있음.
iii	핀셋	대-동결병 취급용 소-난소조직 취급용	
iv	피펫	파스퇴르 피펫 여러 개	
v	온수 켜 놓기	37℃로 맞춰 틀어 놓을 것	• 'Cryotissue kit' 방법에서는 필요 없음.
3단계 융해법			
1	난소 조직 회수(스트로 커팅) 0.5M Sucrose	5분	• 37℃에서 실시 • LN_2 탱크에서 꺼낸 동결병을 온수에 노출. • 동결병 소독 및 물기제거 • 동결병을 열어 난소조직 회수 • 단계 별 해동
2	0.25M Sucrose	5분	
3	0M Sucrose	5분	
융해 후			
a	PBS+5%HSA	• 37 ℃ • 해동 전날 또는 2시간 이상 전에 준비 • 14㎖ 원심분리 튜브에 난소조직을 넣어서 이송할 것. (뚜껑에 조직이 끼이지 않음)	
b	기록(동결기록 노트/동결대장/EMR 입력)	• 동결 세부 사항 기록 및 입력	
c	전달	• 수술실에서 온 사람에게 난소조직을 인수인계한다.	

(2) S병원(난소조직의 유리화 동결 후 융해 과정)

단계	준비	노출 시간	조건
a	LN_2 스티로폼	• LN_2 탱크에서 cryotissue kit를 꺼내 신속하게 LN_2 스티로폼에 담근다. • LN_2 스티로폼에서 large forcep으로 cryotissue cap을 돌려서 연다. • 1번 배양액에 cryotissue plate를 침지.	
1	1 M Sucrose in basic media	1분	37 ℃ 50㎖ 튜브
2	0.5 M Sucrose in basic media	5분	상온 35㎜ 배양접시
3	0.25 M Sucrose in basic media	5분	
4	0 M Sucrose in basic media	5분	

명칭		조성
*	기본 배양액	Ham's F-10+20% FBS
1	1번 융해 배양액	1M Sucrose
2	2번 융해 배양액	0.5M Sucrose
3	3번 융해 배양액	0.25M Sucrose
4	4번 융해 배양액	0M Sucrose

3. **요약**(난소조직의 유리화 동결 후 융해)

<table>
<tr><th colspan="5">난소조직의 유리화 동결 후 융해(요약)</th></tr>
<tr><th>번호</th><th colspan="2">구분</th><th>그림/사진</th><th>비고</th></tr>
<tr><td rowspan="3">1</td><td rowspan="3">회수</td><td>동결병
(vial)</td><td>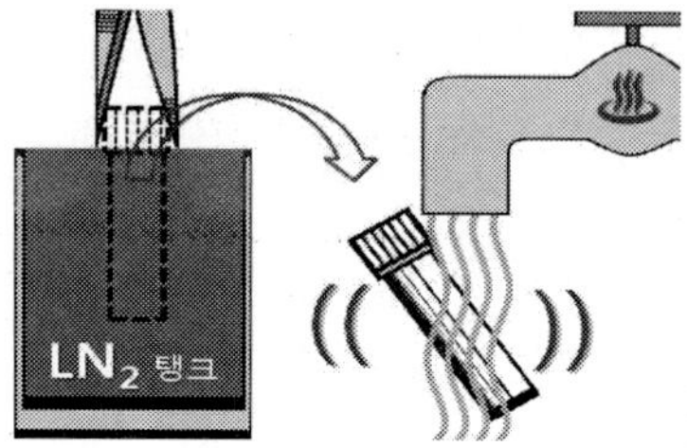</td><td>1. 동결병을 LN_2 탱크에서 회수한 다음 37℃ 온수에 노출해서 배양액의 온도 상승을 유도한다.
2. 핀셋으로 난소 조직을 꺼내어 융해 배양액으로 옮긴다.</td></tr>
<tr><td>Cryotissue kit</td><td>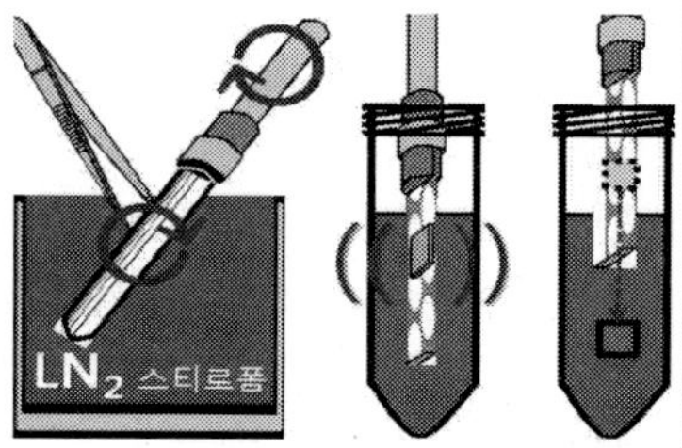</td><td rowspan="2">1. LN_2 탱크에서 cyro kit을 꺼낸 즉시 LN_2스티로폼에서 cyro kit의 뚜껑을 연다(난소 조직이 공기에 노출되면 빙 결정이 형성되므로 이를 방지하기 위함).
2. 워밍 배양액(1M sucrose)를 채운 50㎖ 또는 15㎖ 튜브에 plate를 넣어 조직이 배양액에 잠기도록 한 다음 1분간 정체.
3. Plate에서 난소 조직이 저절로 떨어지기를 기다렸다가 조직이 떨어지면 plate를 튜브에서 꺼낸다.</td></tr>
<tr><td>Ova Cryo Device Type M</td><td>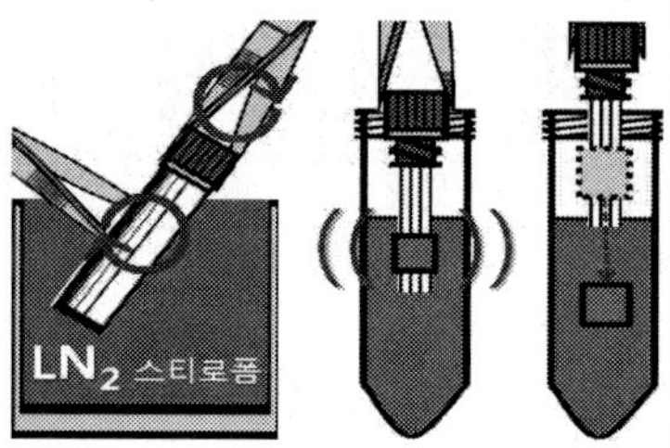</td></tr>
<tr><td>2</td><td colspan="2">배양액</td><td>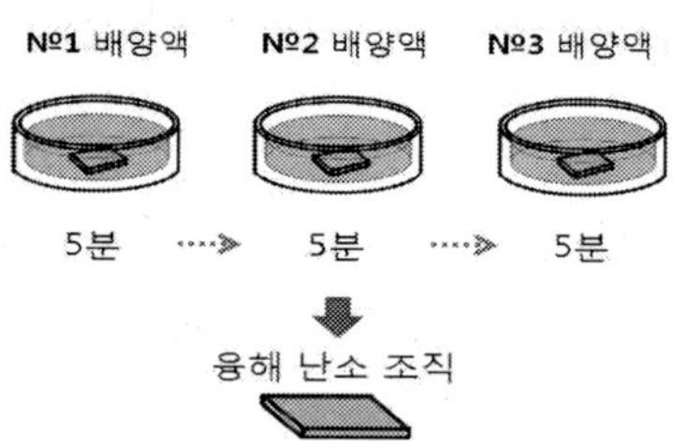</td><td>• 배양액의 종류와 해동 시간의 설정은 난소 조직을 로딩하는 방법이나 연구자에 따라 차이가 날 수 있으므로 주의할 것 (융해 배양액 조성표 참조).</td></tr>
<tr><td>3</td><td colspan="2">이동</td><td>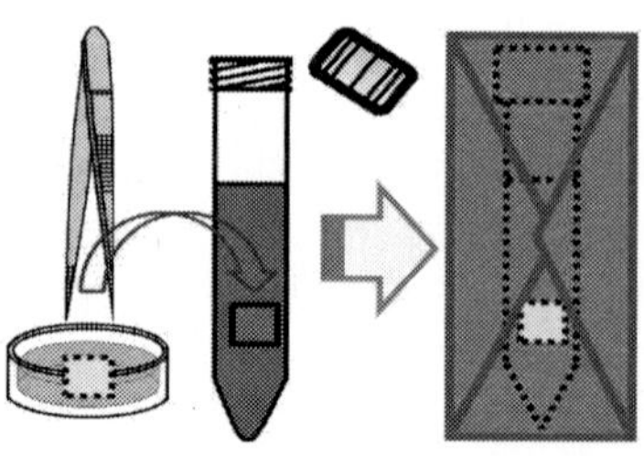</td><td>1. 난소조직의 융해가 완료되면 이동용 배양액(PBS+5% HSA)이 든 14㎖ 원심분리 튜브에 침지 후 뚜껑을 밀봉한다(원심분리관=뚜껑에 조직이 끼지 않음).
2. 튜브는 빛의 차단과 보온이 유지되게 포장해서 수술실로 이동.</td></tr>
</table>

10장

발생학 기본 분자 실험 및 세포 배양

10장. 발생학 기본 분자 실험 및 세포 배양

I. 마우스 수술

1. 마우스 정관절제 수술

(1) 시약류 준비

① 70% 알코올

② 2.5% Aberdin(Sigma)

2. 재료, 기구, 비품

① 수술판

② 수술용 실

③ 수술용 바늘(각침 3/8)

④ 수술용 장갑

⑤ 해부용 가위

⑥ 지혈 겸자

⑦ 조직겸자

⑧ 5cc 주사기

3. 마우스 정관절제 수술 방법

① 장갑을 끼고 마우스를 보정한 뒤 마우스 25g에 2.5% Aberdin을 2.5ml 복강내 주사(IP)한다

② 마취된 마우스를 수술판 위에 다리를 고정시킨다.

③ 배 부위에 70% 알코올을 뿌려 소독 한 후 뒷다리 근육 조금 윗부분의 복부 외피와 내피를 가위로 약 1cm~2cm 자른다.

④ 조심스럽게 한쪽의 정소 주변의 지방 조직을 핀셋으로 잡아당겨 정관을 밖으로 끄집어낸다.

⑤ 소독한 실로 정관을 양쪽으로 묶고 묶은 중앙 부분의 실을 소독된 가위로 자른다.

⑥ 자른 정관과 정소를 다시 복강 안으로 조심스럽게 다시 넣어준다

⑦ 다른 한쪽의 정관도 위와 같이 반복 실시한다.

⑧ 수술용 바늘과 실을 이용하여 내피를 먼저 봉합 후 외피를 봉합한다.

⑨ 수술이 끝난 마우스는 체온저하를 막기 위하여 멸균한 거즈로 수술용 부위를 감싼 후 마우스 케이지에 조심스럽게 넣는다.

⑩ 마우스케이지의 마우스 쪽으로 백열전등을 비쳐주고 마우스가 깨어나는지 확인한다.

Tip

1. 과량 마취 시 마우스가 죽을 수 있으므로 마우스 마취 상태를 잘 관찰하면서 수술을 진행한다.
2. 저체온증을 방지하기 위하여 반드시 수술한 마우스를 거즈로 감싸준다.

Ⅱ. 마우스 혈청

1. 시약류 준비

① 70% 알코올

② 액체질소

2. 재료, 기구, 비품

① 수술판

② 해부용 가위

③ 수술용 장갑

④ 1.5ml 튜브

⑤ 헤파린 처리된 3cc 주사기

⑥ 원심분리기

3. 마우스 혈청 준비

① 장갑을 끼고 마우스를 보정한 뒤 마우스를 경추탈골 한다.

② 마우스 배 부위에 70% 알코올을 뿌려 복부 외피와 내피를 가위로 약 3cm 자른다.

③ 조심스럽게 내장 장기를 옆으로 벌려서 후대정맥을 찾아서 헤파린 처리된 3cc 주사기를 이용하여 조심스럽게 천천히 혈액을 채취한다.

④ 회수한 혈액을 1.5ml 튜브에 넣고 상온에서 30분간 정치 한 후 미리 4℃로 준비된 원심분리기에서 3,000rpm에서 15분간 원심분리를 실시한다.

⑤ 원심분리 된 튜브에서 상층부의 혈청을 피펫을 이용하여 조심스럽게 새로운 1.5ml 튜브로 옮긴다.

⑥ 혈장이 들어있는 1.5ml 튜브를 즉시 액체 질소통에 넣어 급 냉동시킨 후 실험에 사용하기 전 까지 -80℃ 냉동고에 보관한다.

⑦ 희생된 마우스는 비닐 팩에 넣은 후 일시적으로 -80℃ 냉동고에 보관한 후 지정된 장소로 보내어 처리한다.

Tip. 미리 원심분리기를 4℃로 준비해 둔다.

Ⅲ. 마우스 간 미토콘드리아

1. 시약류 준비

① 70% 알코올
② 액체질소
③ 미토콘드리아 추출용액(125mM sucrose, 125mM mannitol, 5mM Hepes, 1mM EGTA, pH7.2)
④ 미토콘드리아 희석 용액(250mM sucrose, 16μ M BSA, 5mM Hepes, pH 7.2)

2. 재료, 기구, 비품

① 수술판
② 해부용 가위
③ 수술용 장갑
④ 1.5ml 튜브
⑤ 15ml 튜브
⑥ 헤파린 처리된 3cc 주사기
⑧ 원심분리기

3. 마우스 간 미토콘드리아 준비

① 장갑을 끼고 마우스를 보정한 뒤 마우스를 경추탈골 한다.
② 마우스 배 부위에 70% 알코올을 뿌려 복부 외피와 내피를 가위로 약 3cm 자른다.
③ 조심스럽게 간 조직을 회수하여 아이스박스에 준비된 15ml 튜브에 넣는다.
④ 15ml 튜브 안에 있는 간 조직을 가위로 잘게 잘라준다.
⑤ 미토콘드리아 추출용액을 간 조직에 넣고 호모제나이져를 이용하여 균질화 시킨다.
⑥ 4℃에서 10분간 2,000rpm에서 원심 분리 한다.
⑦ 상층액을 회수한 후 4℃에서 12,000rpm에서 10분간 원심 분리 한다.
⑧ 생성된 펠렛을 재현탁 한 후, 12,000rpm에서 10분간 다시 원심 분리 한다.

⑨ 펠렛의 상부 층을 부드러운 피펫 팅으로 제거하고, 하부 미토콘드리아 펠렛을 미토콘드리아 희석 용액으로 재현탁 시킨다.

⑩ Bradford 단백질 분석에 의해 이 최종 완충액을 10~20mg 단백질/ml로 재현탁 한 후 1.5ml 튜브에 넣는다.

⑪ 추출한 마우스 간 미토콘드리아가 들어 있는 1.5ml 튜브를 즉시 액체 질소통에 넣어 급 냉동시킨 후 실험에 사용하기 전 까지 -80℃ 냉동고에 보관한다.

Tip. 미토콘드리아의 활성을 방지하기 위하여 모든 용액과 튜브는 미리 아이스 박스에 넣어 차게 준비해 둔다.

Ⅳ. 마우스 꼬리에서 DNA 추출

1. 시약류 준비

① Lysis Buffer(0.5% SDS, 0.1M NaCl, 0.05M Tris, pH 8.0, 2 to 4mM EDTA) 또는 100ml Lysis Buffer(2.5ml 20% SDS, 0.58g NaCl, 1.9ml 1.5M Tris, 0.5ml 5M EDTA, 95.1ml H2O)

② 10mg/ml Proteinase K(-20° C에 보관, Proteinase K 100mg; Sigma; P6556)

③ 1X TE buffer(10mM Tris, pH 8.0 with HCl, 1mM EDTA) 또는(10ml 1M Tris-HCl, pH 8.0, 0.2ml 0.5M EDTA/1L H2O)

④ 8M potassium acetate(78.6g potassium acetate/100ml H2O).

⑤ 클로로포름

⑥ 100% 에탄올

2. 재료, 기구, 비품

① water bath

② 볼텍스기

③ 1.5ml 튜브

④ 마이크로 원심 분리기

⑤ water bath

⑥ 로테이터(rotator)

3. 마우스 꼬리에서 DNA 추출하는 방법

① 해부한 마우스에서 꼬리를 1~2mm 자른 후 1.5ml 튜브에 넣는다.

② Proteinase K를 1.0mg/ml의 농도로 준비된 lysis buffer에 넣고 잘 섞는다.

③ Proteinase K가 들어 있는 lysis buffer를 마우스 꼬리가 있는 튜브에 400μl의 용액을 첨가합니다.

④ 즉시 튜브를 65℃ 로테이터에 놓고 overnight 소화(digest) 시킨다.

⑤ 튜브에 75 μl의 8M potassium acetate를 첨가한다.

⑥ 튜브에 500 μl의 클로로포름을 첨가한다. 5~10분 동안 고속으로 볼텍스한다. 샘플을 사용하지 않을 경우 -20℃ 냉동고에 보관할 수 있다.

⑦ 마이크로 원심 분리기에서 14,000 rpm에서 5~8분 동안 원심분리한 후 약 400 μl의 상층부를 새로운 1.5ml 튜브에 넣는다.

⑧ 상온의 100% 에탄올을 2배 용량 첨가하여 상하로 잘 섞은 후 14,000rpm에서 20분 동안 원심분리 한다.

⑨ 튜브를 열고 튜브를 옆으로 천천히 기울여서 상층액을 제거하고 15분간 공기 건조 시킨다.

⑩ 튜브에 400 μl 1X TE 액을 넣고 DNA를 용해시킨다. 사용하지 않은 경우 -20℃ 냉동고에 보관한다.

Tip.

1. water bath를 65℃ 로 보온해 둔다.
2. lysis buffer를 미리 65℃ water bath에 보온해 둔다.
3. 1.0mg/ml Proteinase K를 사용 전에 실온에서 녹인 후 lysis buffer에 넣는다.

Ⅴ. 아가로스겔 전기영동(Electrophoresis)

1. 시약류 준비

① 아가로스
② EtBr 용액
③ 0.1N HCI 용액
④ 0.2M NaOH+0.6M NaCI
⑤ 0.5M Tris-HCI(pH 7.6)
⑥ 6x Loading buffer(0.25% bromophenol blue, 0.25% xylene cyanol FF, 40%(w/v) sucrose, Add H2O)
⑦ SYBR Green I
⑧ 50x TAE Buffer(242g Tris Base(MW=121.1), 57.1mL Glacial Acetic Acid, 100mL 0.5M EDTA, Add H2O)
⑨ 1x TAE Buffer(40mM Tris-HCl, 20mM Acetic Acid, 1mM EDTA, Add H2O)

2. 재료, 기구, 비품

① 전기영동조
② 아가로스겔 판
③ 전자렌지
④ UV Transilluminator
⑤ 컴퓨터

3. 아가로스 겔 전기영동(Electrophoresis)

① 1x TAE 용액을 이용하여 1.0% 아가로스 겔을 준비한다(0.5g/100ml TAE 용액).
② 아가로스겔이 굳기 전에 0.5μg/ml 농도가 되도록 EtBr(Etidium Bromide) 용액을 넣는다. 최근에는 DNA를 염색하기 위하여 SYBR Green I을 주로 사용 한다.
③ 아가로스겔 트레이에 겔을 붓고 콤을 설치하고 식힌 후 전기영동조에 넣는다.

④ 전기영동조에 아가로스겔이 잠길 정도로 1x TAE 용약을 붓는다.

⑤ 아가로스겔 로딩 용액이 포함된 DNA 샘플을 아가로스겔 라인에 천천히 주입한다.

⑥ 10~20분간 전기영동을 실시한다.

⑦ UV Transilluminator 위에 gel을 올려놓고 UV를 켠 후 아가로스겔 사진을 스캔하고 아가로스겔에 나타난 DNA 밴드들을 해석한다.

Tip

1. 1x TAE Buffer를 만들 때 stock 용액을 만들어서 이용하면 편리하다(1.0M Tris Base: MW: 121.14g/mol, 0.5M Acetic acid: MW: 60.05g/mol, 0.5M EDTA(Ethylene diamine tetraacetic acid): MW: 292.24g/mol)
2. 전자렌지를 이용하여 아가로스액이 잘 녹는지 확인해 가면서 용해시킨다.
3. 용해된 아가로스액이 뜨거우니 화상에 주의한다.
4. 전기영동에서 전기는 -에서 +로 이동하므로 전원을 잘 확인한다.
5. EtBr 용액은 발암물질이므로 실험 시 꼭 장갑을 착용한다.

1. 세포 배양(예: HEK 293 cell)

(1) 시약류 준비

① DMEM(10% FBS, 2mM L-glutamine and 100units/ml penicillin-streptomycin)
② PBS
③ 1x Trypsin/EDTA(PET)
④ 1x Trypan blue
⑤ FBS
⑥ DMSO

2. 재료, 기구, 비품

① 조직 배양 hood
② CO2 incubator(배양기)
③ 37℃ water bath
④ 원심분리기
⑤ 60mm dish 또는 배양 플라스크
⑥ 1회용 멸균 피펫
⑦ cyrovials(동결용 튜브)
⑧ Aspirator
⑨ 현미경

3. 세포 융해(Thaw) 및 세포 배양

① 동결된 세포 (1x 105 cells/ml)를 상온 또는 37℃ water bath에서 완전히 녹인다.
② 동결용 튜브의 세포를 9m의 DMEM 배양액이 든 conical 튜브에 넣는다.
③ 원심 분리 (3,000rpm, 5분간) 후 Aspirator를 이용하여 상층액을 제거

④ 하층의 세포에 5ml DMEM 배양액을 넣어 희석 후 배양 플라스크로 옮긴다.

⑤ 세포 현탁액이 있는 배양 플라스크에 15ml DMEM 배양액을 더 넣는다.

⑥ CO2 incubator에 세포가 든 플라스크를 넣어 세포를 배양한다.

⑦ 세포가 80% 정도 자랄 때 까지 세포를 배양한다.

Tip

1. 동결 세포를 해동 후 conical 튜브에 넣을 때 세포가 든 동결용 튜브를 70% 알코올로 잘 소독한 후 물기를 제거 후에 conical 튜브에 넣는다.
2. DMEM 배양액을 미리 37℃ water bath에 넣어 따뜻하게 보온을 해 둔다.
3. 세포의 증식 속도를 확인해 둔다.

4. 세포 계대 배양(Passage)

▸ Without trypsin/EDTA(일반적으로 플라스크에서 잘 떨어지는 세포의 경우)

① 세포가 80% 정도 있는 플라스크에서 배양액을 제거한다.

② 5ml PBS로 배양 세포를 washing 후 PBS를 제거한다.

③ 플라스크 또는 플레이트 바닥에서 10ml의 DMEM 배지로 세포를 washing 한다.

④ 새로운 플라스크에 세포 1:5(48시간 후 passage) or 1:10(72시간 후 passage) 나누어서 각 플라스크에 총 20ml의 신선한 DMEM 배양액을 추가한다

⑤ CO2 incubator에 세포가 든 플라스크를 넣어 세포를 배양한다.

▸ trypsin/EDTA(일반적으로 플라스크에서 잘 안 떨어지는 세포의 경우, 대부분의 세포)

① 세포가 80% 정도 있는 플라스크에서 배양액을 제거한다.

② 5ml PBS로 배양 세포를 washing 후 PBS를 제거한다.

③ 1X trypsin/EDTA 5ml를 세포가 있는 플라스크에 넣고 CO2 incubator에서 5분간 배양한다.

④ 피펫을 이용하여 플라스크 바닥에 붙어 있는 세포를 피페팅으로 떨구어낸다.

⑤ 플라스크에서 떨어진 세포들을 피펫을 이용하여 15ml conical 튜브에 넣는다.

⑥ 원심 분리(3,000rpm, 5분간) 후 상층용 제거 피펫을 이용하여 상층액을 제거 한다.

⑦ 10ml 신선한 DMEM 배양액에 세포를 재현탁 한다(세포 Count에 사용)

⑧ 새로운 플라스크에 세포 1:5(48시간 후 passage) or 1:10(72시간 후 passage)을 나누어 각 플라스크에서 총 20ml용 신선한 DMEM 배양액을 추가한다.

⑨ CO2 incubator에 세포가 든 플라스크를 넣어 세포를 배양한다.

Tip

1. 배양 실험 전에 1X trypsin/EDTA 5ml를 37℃ water bath에 사전 배양 한다.
2. 1X trypsin/EDTA 처리 후 붙어 있는 세포를 조심스럽게 피페팅하여 떨어지도록 한다.

5. 세포 계산(Count)

① 위의 ⑦에서 재현탁된 튜브에서 조심스럽게 10㎕ 세포를 1.5ml 튜브에 넣는다.

② 10㎕의 1x Trypan blue를 10㎕ 세포가 들어있는 튜브에 넣고 섞는다.

③ 피펫을 이용하여 10㎕씩 혈구계산판(hemocytometer)에 넣어서 세포를 계산한다.

Tip. 세포를 Count 하기 전에 70% 알코올로 hemocytometer를 잘 세척해 둔다.

Ⅶ. 세포 동결(Freeze)

① 세포가 80% 정도 있는 플라스크에서 배양액을 제거한다.

② 5ml PBS로 배양 세포를 washing 후 PBS를 제거한다.

③ 1X trypsin/EDTA 5ml를 세포가 있는 플라스크에 넣고 CO2 incubator에서 5분간 배양한다.

④ 피펫을 이용하여 플라스크 바닥에 붙어 있는 세포를 피페팅으로 떨구어낸다.

⑤ 플라스크에서 떨어진 세포들을 피펫을 이용하여 15ml conical 튜브에 넣는다.

⑥ 원심 분리(3,000rpm, 5분간) 후 상층용 제거 피펫을 이용하여 상층액을 제거한다.

⑦ 5ml 신선한 DMEM+10% DMS0 배양액에 세포를 재현탁 한다.

⑧ 위에서 설명한 것과 같이 세포를 카운팅 한다.

⑨ 세포 계산 후 cryovials(동결용 튜브) 당 세포를 1ml 씩 넣는다.

⑩ 세포 동결용 용기(Corning)에 넣어 -80℃에 보관한다.

⑪ 새로운 플라스크에 세포 1:5(48시간 후 passage) or 1:10(72시간 후 passage)을 나누어 각 플라스크에서 총 20ml용 신선한 DMEM 배양액을 추가한다.

Tip

1. DMEM+10% DMSO 배양액을 미리 37℃ water bath에 넣어 따뜻하게 보온을 해 둔다.
2. 세포를 동결용 튜브에 넣기 전에 튜브에 저장 날짜, 세포명, 세포수를 적어둔다.
3. 세포 동결용 용기(Corning)는 사전에 -80℃에 보관해 둔다.
4. 세포 배양 과정 protocol을 잘 작성해 둔다.

11장

통계처리

11장. 통계처리

Ⅰ. 개요

1. 개요

실험과정에서 성공적인 실험 및 결과도 중요하지만 이 결과를 통계적으로 처리하여 통계적 유의성을 검증하는 방법 또한 중요하다.

SAS는 전 세계적으로 자연과학/공학 및 인문학 등 많은 연구에서 널리 사용되는 통계 프로그램이다.

이번 장에서는 Statistics Analytical System(이하 SAS version 9.4, USA)을 이용한 통계처리 방법에 대하여 정리하고자한다.

SAS 프로그램을 사용하기 위한 실행 명령어 및 프로그램 실행방법은 실험 결과를 바탕으로 자세하게 설명하기 위하여 노력하였다.

SAS프로그램은 사용하는 Version에 따라 조금씩 차이가 있으나 실행 명령어 및 실행 방법은 거의 비슷하므로 이를 응용하여 적용을 하면 될 것이다.

통계 처리를 위한 사용 설명은 1) Excel을 이용한 자료 정리, 2) 실험에 따른 통계 처리 방법의 선택, 3) SAS 프로그램 실행의 순이다.

2. 자료의 정리 방법

엑셀에서 저장한 자료만 SAS 프로그램에 이용할 수 있다. 다른 프로그램으로 자료를 정리하여 엑셀로 변환시킨 다음 적용할 수도 있으나 작업이 번거로울 뿐만 아니라 자료의 유실이나 프로그램 간 호환성 문제 등이 일어날 수 있으므로 자료를 정리할 때는 처음부터 엑셀을 이용하는 것이 SAS 프로그램 적용에 도움이 될 것이다.

SAS 프로그램은 한글 또는 특수문자를 인식할 수 없다. 또한 프로그램의 Version에 따라 인식 가능한 문자 등이 다를 수 있다. 따라서 아래와 같이 자신이 알이 볼 수 있는 일반적인 문자를 사용하여 표기하면 될 것이다.

자료를 정리하는 방법은 〈그림 76 & 77〉과 같다.

자료는 두 가지로 저장할 것을 권고한다. 1) 문서 보관용 파일(모든 자료가 나오는 대로 정리하는 파일) 〈그림 76〉. 2) 통계처리용 파일(수집된 자료를 통계 처리를 위해 취사·선택한 파일) 〈그림 77〉.

1. 파일 입력 방법

① 문서 보관용 파일(모든 자료가 나오는 대로 정리하는 파일)

② 통계처리용 파일(수집된 자료를 통계 처리를 위해 취사·선택한 파일)

(1) 문서 보관용 파일 관리 방법

① 처리군(group)은 A열에 입력한다.(※ 입력 예: 5~6weeks ⇨ 56w)

② B열을 반복수(예: 1회, 2회, 3회, ... ⇨ 123...)로 지정한다.
(반복수는 두 군간 달라도 무관)

③ C, D, E, F, ...열은 실험에서 얻은 결과를 입력하여 준다.

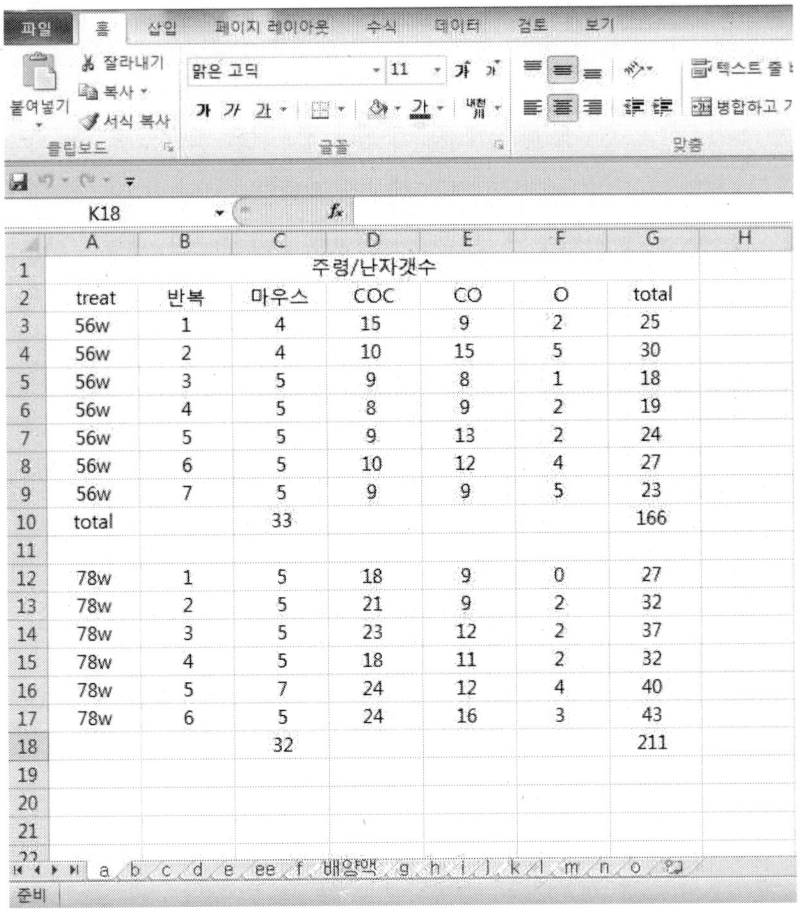

	A	B	C	D	E	F	G	H
1	주령/난자갯수							
2	treat	반복	마우스	COC	CO	O	total	
3	56w	1	4	15	9	2	25	
4	56w	2	4	10	15	5	30	
5	56w	3	5	9	8	1	18	
6	56w	4	5	8	9	2	19	
7	56w	5	5	9	13	2	24	
8	56w	6	5	10	12	4	27	
9	56w	7	5	9	9	5	23	
10	total		33				166	
11								
12	78w	1	5	18	9	0	27	
13	78w	2	5	21	9	2	32	
14	78w	3	5	23	12	2	37	
15	78w	4	5	18	11	2	32	
16	78w	5	7	24	12	4	40	
17	78w	6	5	24	16	3	43	
18			32				211	
19								
20								
21								

그림 76 문서 보관용 파일

(2) 통계 처리용 파일 관리 방법

① 문자 및 특수 문자, 빈 셀(cell)을 전부 제거한다.

② 통계처리를 위해, 엑셀 창에서 실험군과 자료에 대한 설명 문자(※ 예: A: 처리군, B: 반복수, C: COC 수, D: CO 수, E: O 수, F: 합계)는 모두 제거해야 한다. 이들 설명 문자는 "문서 보관용 파일"에 적혀 있어서 차후에 확인이 가능하지만 따로 종이나 "통계처리용 엑셀 창 출력물"에 적어두면 도움이 된다.

③ 오타 및 데이터를 다시 확인한 뒤 저장(저장 방법은 "2. 파일 저장 방법" 참고).

※ 주의: A열(처리군 입력)에서, 처리군의 오·탈자로 인해 SAS 프로그램의 실행 오류 발생 가능성이 높다. 예를 들어, 두 처리군(5~6주, 7~8주)을 56w 또는 78w로 지정해 두었는데 실수로 57w(숫자 불일치)나 56e(문자 불일치)과 같은 오타가 생기게 되면 SAS 프로그램에서 처리군을 3개로 판단하여 통계처리를 하는 문제가 일어날 수 있으므로 주의한다.

	A	B	C	D	E	F
4	56w	1	8	9	2	19
5	56w	2	9	13	2	24
6	56w	3	10	12	4	27
7	56w	4	9	9	5	23
8	78w	1	18	9	0	27
9	78w	2	21	9	2	32
10	78w	3	23	12	2	37
11	78w	4	18	11	2	32
12	78w	5	24	12	4	40
13	78w	6	24	16	3	43

그림 77 통계 처리용 파일

2. 파일 저장 방법

파일을 저장할 때에는 SAS 프로그램이 읽을 수 있도록 아래 그림과 같은 형식으로 저장해야 한다(저장 방식이나, 저장 유형이 잘못될 경우 프로그램에서 인식을 할 수 없기 때문).

일반적으로 엑셀 파일을 저장할 때에는 자동으로 “Excel 통합문서”로 실시하지만, SAS 프로그램에 적용하기 위해서는 “텍스트(공백으로 분리)”를 선택하여 저장해야 된다. 그러면 파일은 최종적으로 “prn”형식으로 저장된다(예: 홍길동.prn).

(1) 저장 순서

① 다른 이름으로 저장하기 선택.

※ 참고: 파일 저장 공간을 기억해 둘 것. 파일 저장 공간은 간단한 곳으로 해둘 것 (예: 바탕화면이나 USB에 파일을 저장한다.)

② 파일형식을 “텍스트(공백으로 분리)”로 지정.

③ 파일명을 입력한다(SAS 프로그램에서 불러오기 쉽게 알파벳으로 저장한다).

※ 참고: 파일을 SAS 프로그램에서 불러오기 위해서는 간단하게 저장하는 것이 좋은데 알파벳 한 글자(예: a , b)로 저장을 하는 것이 가장 쉽다.

④ 저장

그림 78 SAS 프로그램 실행을 위한 파일 저장 1/4

⑥ 저장을 클릭하게 되면 〈그림 79〉와 같은 메시지가 나옴. ➩ "확인" 클릭

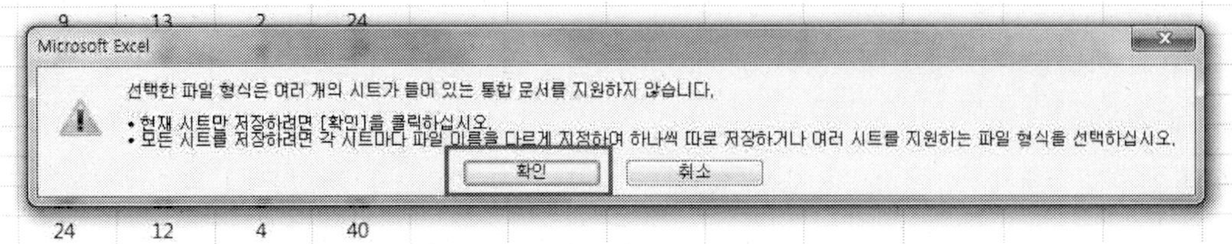

그림 79 SAS 프로그램 실행을 위한 파일 저장 2/4

⑦ 이후 〈그림 80〉과 같은 메시지가 나옴 "아니오"클릭 후 닫기

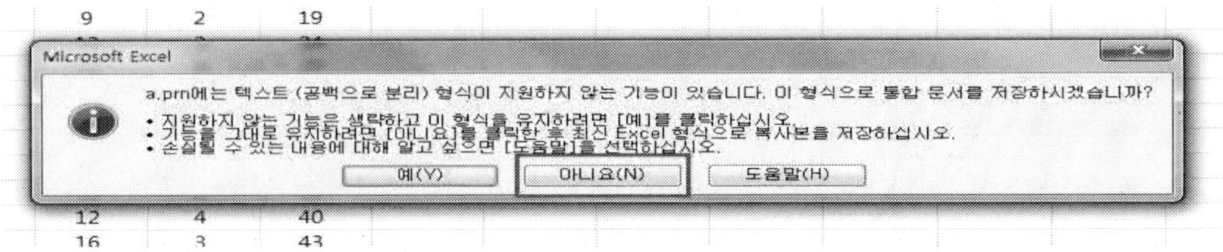

그림 80 SAS 프로그램 실행을 위한 파일 저장 3/4

⑧ 데이터가 〈그림 81〉과 같이 "prn" 형식으로 저장되어있는지 확인한다.

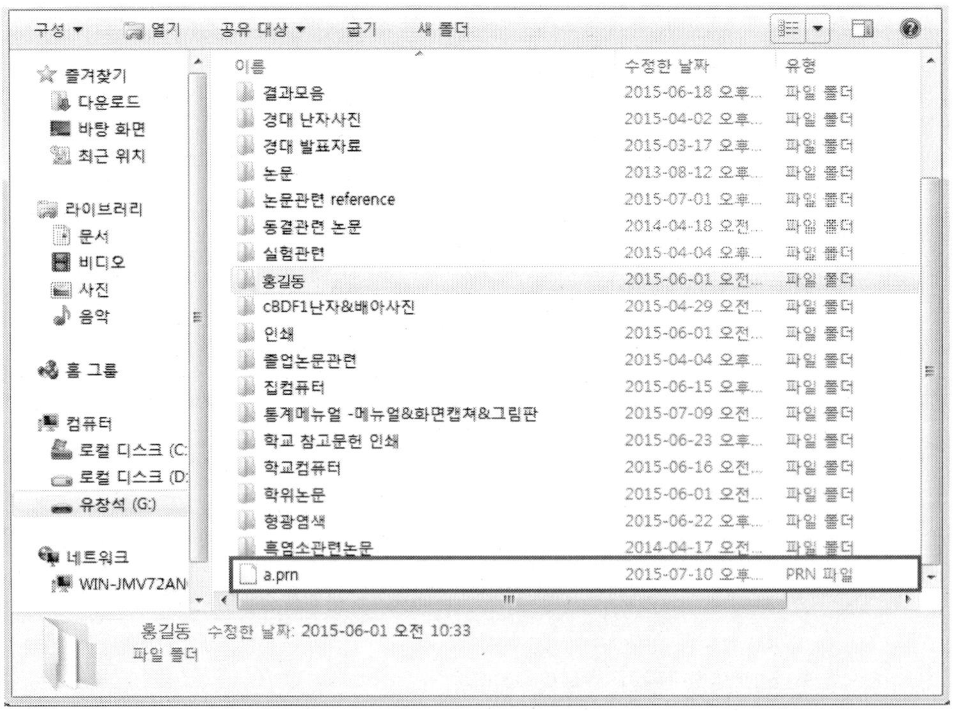

그림 81 SAS 프로그램 실행을 위한 파일 저장 4/4

Ⅲ. SAS 프로그램의 실행

SAS 프로그램을 실행하기에 앞서 자신이 어떤 통계 처리 방법을 적용할지 염두에 두어야 한다. 통계 처리 방법의 선택은 연구자의 몫이지만 아래에 제시한 두 가지 내용을 참고하면 도움이 될 것이다.

1. 처리군 수에 따른 통계 처리법의 선택

① 두 군간 단순 비교(예: 5~6주령 vs 7~8주령): t-test 나 LSD(최소 유의차 검정)

※ 참고: 여기에서 사용한 SAS 프로그램은 LSD로 유의성 검정을 실시할 경우, 앞부분에는 LSD 결과가 나타나고 뒷부분에는 t-test 결과가 나타난다.

② 3군 이상 비교: Duncan's multiple range test(던칸의 다중검정)

2. 실행

〈그림 82〉는 SAS 프로그램을 실행하게 되면 가장 먼저 나오게 되는 창이다.

SAS 프로그램에서는 〈그림 82〉에 제시한 4가지(①,②,③,④)로 자료의 통계 처리를 할 수 있다.

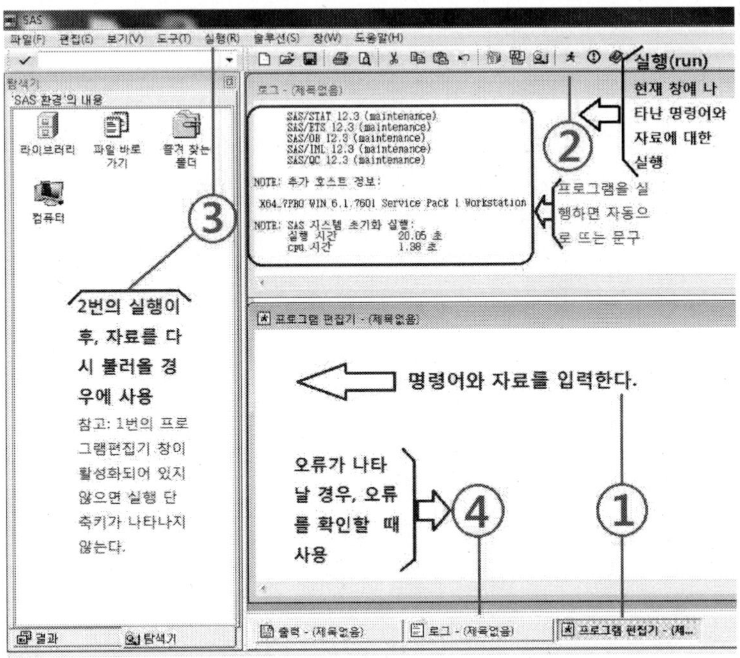

그림 82 SAS 프로그램의 실행

(1) 〈그림 82〉의 설명

① 프로그램 편집기: 클릭할 필요가 없다. "프로그램 편집기" 창은 프로그램 실행을 위해 모든 자료와 명령어를 입력하는 기능을 가진 창이다.

② 실행("사람이 뛰는 모습"의 단추): "프로그램 편집기"에 명령어와 자료를 입력한 다음 유의성 검정을 실시할 때 사용하는 단추(기능 버튼)다.

③ 실행(R): "② 실행("사람이 뛰는 모습"의 단추)"과정을 통해 통계 검정을 실시했음에도 불구하고 결과가 나타나지 않으면 오류(에러)가 있다는 것이다. 이것을 바로 잡기 위해서는 ①번의 "프로그램 편집기"를 클릭한 다음("프로그램 편집기"을 선택하지 않으면 실행이 활성화 되지 않음) "실행(R)" 단추를 클릭한다. 그러면 여러 가지의 기능 단추가 나타나는데, 그 중에서 "이전 실행" 단추를 클릭한다. 그러면 이전에 입력한 명령어와 데이터가 "프로그램 편집기" 창에 나타난다.

※ 참고: ①번의 "프로그램 편집기" 옆에 있는 "로그"나 "출력"을 클릭한 상태에서 "실행(R)" 단추를 찾으면 "실행(R)" 단추가 보이지 않아 당황하게 된다. 이때는 ①번의 "프로그램 편집기" 창에 들어와 있는지 확인한 다음 "실행(R)" 단추를 클릭한다. "실행(R)" 단추를 클릭하면 여러 가지 기능 단추가 보이는 데, 그 중에서 '이전실행' 단추를 클릭하면 이전 명령어 자료를 다시 불러올 수 있다.

④ 로그: SAS 프로그램에서 통계 검정가가 나타나지 않는 경우는 명령어나 자료의 입력 오류 등에 문제가 있는 것이다. 이를 알아보기 위해서는 "로그"창에서 확인하면 된다. 오류 메시지는 붉은 색(붉은 문자)으로 표시된다. ②번의 실행(사람이 뛰는 모양) 단추 밑에 보이는 문자(프로그램이 실행하면 자동으로 뜨는 문구라고 표기해 놓은 것)

3. 유의성 검정

(1) 파일 불러오기(자료 가져오기): 〈그림 83〉에서 보는 바와 같이 ①"파일" 클릭 ⇨ ②"열기" 클릭 ⇨ ③"lsd"(이전에 명령어를 입력해 놓은 파일 임) 열기.

※ 참고: 〈그림 83〉에서 불러오는 파일에 들어 있는 내용은 이전에 저장해 둔 명령어이다. 이들 명령어만 불러오면 명령어를 다시 입력하지 않고 실행을 할 수 있어서 시간을 단축할 수 있다.

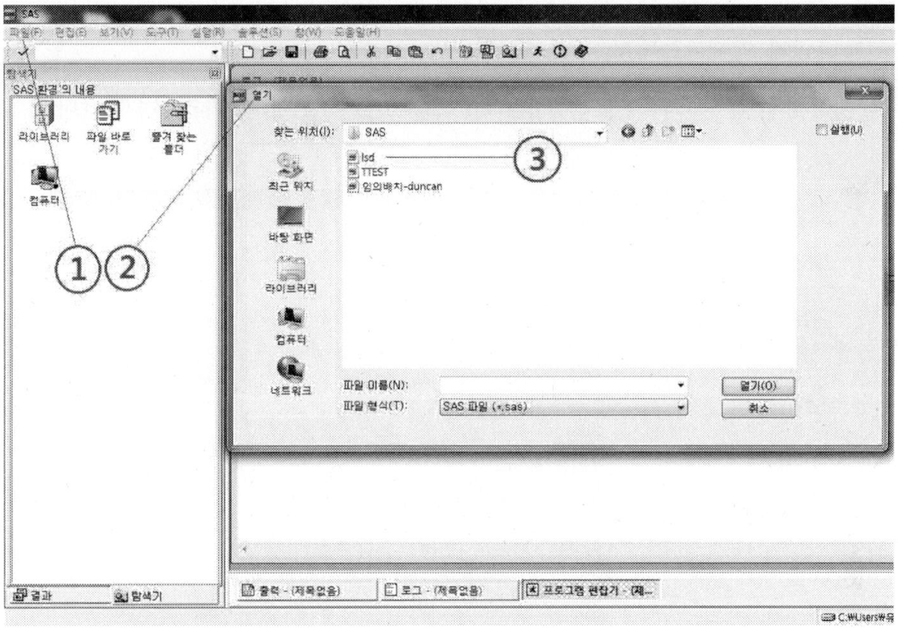

그림 83 유의성 검정 시작(입력해둔 명령어 파일 불러오기)

(2) 명령어의 수정 방법〈그림 84〉

① 명령어 파일을 불러오면 "프로그램 편집기" 창에 명령어들이 나타난다. 만일 불러올 명령어가 없다면 "프로그램 편집기" 창에 아래 그림과 똑 같이 입력하면 된다. 연구마다 비교 자료가 다를 수 있으므로 이를 정리할 필요가 있다(예: 자료가 두 가지 일 때는 a␣b; 세 가지 일 때는 a␣b␣c;...).

② SAS 프로그램에서 자료에 대한 통계 처리를 하기 위해서는 두 가지 형태로 저장한 파일(문서 보관용 파일 & 통계 처리용 파일) 중에서 통계 처리용 파일을 불러와야 한다. 그러기위해서는 파일이 저장된 위치를 지정해 주어야 한다. 만약 "e"드라이브에 있는 USB 내의 자료(컴퓨터 마다 위치가 다를 수 있음)를 불러오고자 한다면 "d:"(명령어가 입력된 곳에서는 "d:"드라이브로 지정되

어 있으므로)를 “e:”로 바꾸어 주어야한다(드라이브 위치는 사용자 마다 다를 수 있다).

③ 엑셀저장파일 이름을 “a”로 하였기 때문에 ₩a.prn';로 변경해 준다.

※ 참고: infile 'd:₩1₩wheat.prn'; ⇨ infile 'e:₩a.prn'; 로 바꾸어 준다.

④ 통계에 적용할 자료의 수를 지정한다. 본 통계에서 적용할 자료는 4가지(“COC, CO, O, Total”)이므로 “a, b, c, d”로 설정했다.

※ 참고: 개인적으로 종이나 메모지에 “a=COC, b=CO, c=O, d=Total”이라는 글을 적어 두면 나중에 이해하는데 도움이 될 것이다.

⑤ “실행”(사람이 달리는 모습) 단추를 클릭하면 통계 결과가 나타난다.

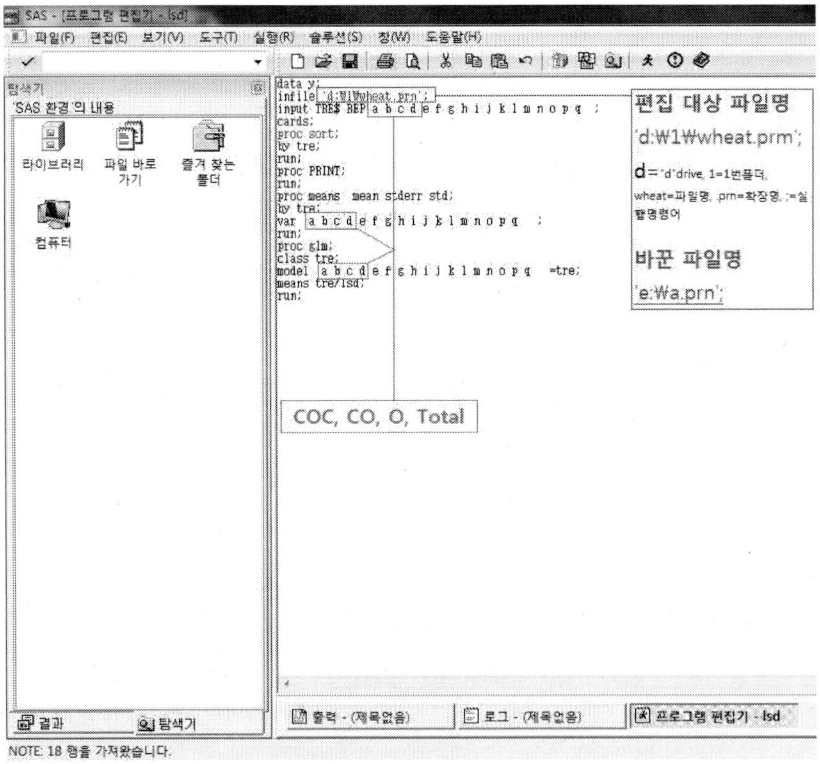

그림 84 명령어의 수정 방법

4. 통계 결과 표

SAS 프로그램의 실행으로 나타난 통계 결과표는 〈그림 85~88〉과 같다.

통계 결과표가 나타나지 않으면 자료나 명령어 등의 입력 오류에 의한 것이다. 오류 내용의 확인은 "로그" 창으로 들어가면 할 수 있다. 오류의 수정은 "프로그램 편집기" 창에 들어가서 할 수 있는데, "실행(R)"의 이전 실행 내역을 불러와서 수정할 수 있다(앞에서 자세히 설명했으므로 참고할 것).

Results Viewer - SAS Output

SAS 시스템

OBS	TRE	REP	a	b	c	d
1	56w	1	8	9	2	19
2	56w	2	9	13	2	24
3	56w	3	10	12	4	27
4	56w	4	9	9	5	23
5	78w	1	18	9	0	27
6	78w	2	21	9	2	32
7	78w	3	23	12	2	37
8	78w	4	18	11	2	32
9	78w	5	24	12	4	40
10	78w	6	24	16	3	43

TRE: 처리
REP: 반복
a: COC
b: CO
c: O
d: Total

그림 85 통계 결과표 1/4

결과 창에서 가장 먼저 나오는 페이지이다. 입력한 자료를 보여준다. 이때 입력한 자료가 맞는지 검토해야 한다.

Results Viewer - SAS Output

SAS 시스템

MEANS 프로시저

TRE=56w

변수	평균	표준오차	표준편차
a	9.0000000	0.4082483	0.8164966
b	10.7500000	1.0307764	2.0615528
c	3.2500000	0.7500000	1.5000000
d	23.2500000	1.6520190	3.3040379

TRE=78w

변수	평균	표준오차	표준편차
a	21.3333333	1.1450376	2.8047579
b	11.5000000	1.0567245	2.5884358
c	2.1666667	0.5426274	1.3291601
d	35.1666667	2.4140791	5.9132619

그림 86 통계 결과표 2/4

SAS 프로그램이 자료를 종합하여 나타낸 결과임. 평균, 표준오차, 표준편차가 나타난다. 여기에서는 SAS 9.4 version 한글판을 사용했는데, 영문판을 사용하게 되면 평균과 표준오차 및 표준편차는 영어로 표기되어 나타난다.

Results Viewer - SAS Output

SAS 시스템

The GLM Procedure

Dependent Variable: a   **a: COC**

Source	DF	Sum of Squares	Mean Square	F Value	Pr > F
Model	1	365.0666667	365.0666667	70.66	<.0001
Error	8	41.3333333	5.1666667		
Corrected Total	9	406.4000000			

P-value

R-Square	Coeff Var	Root MSE	a Mean
0.898294	13.85994	2.273030	16.40000

Source	DF	Type I SS	Mean Square	F Value	Pr > F
TRE	1	365.0666667	365.0666667	70.66	<.0001

Source	DF	Type III SS	Mean Square	F Value	Pr > F
TRE	1	365.0666667	365.0666667	70.66	<.0001

그림 87 통계 결과표 3/4

"a"는 "COC"를 나타내는 것임. P 값이 "0.0001"로 두 군(5~6주 vs 7~8주)간에 유의적인 차이가 있다는 것을 나타낸다.

Results Viewer - SAS Output

Note: This test controls the Type I comparisonwise error rate, not the experimentwise error rate.

Alpha	0.05
Error Degrees of Freedom	8
Error Mean Square	5.166667
Critical Value of t	2.30600
Least Significant Difference	3.3834
Harmonic Mean of Cell Sizes	4.8

Note: Cell sizes are not equal.

Means with the same letter are not significantly different.

t Grouping	Mean	N	TRE
A	21.333	6	78w
B	9.000	4	56w

그림 88 통계 결과표 4/4

위 결과 창과 같이 나타나는 결과표임. 그 중에서 중요한 부분만 잘라서 붙여 놓았으므로 참고할 것.
붉은 색으로 테두리를 친 곳에서 표기한 것처럼 두 군(5~6주 vs 7~8주)간에 통계적인 유의차가 있으면 "A, B"로 나타나고 유의차가 없으면 "A, A"로 나타난다. p 값을 이해하기 힘들거나 쉽고 간단하게 유의성을 확인하고 싶을 때 이것을 보면 된다.

12장

요약

12장. 요약

Ⅰ. 호르몬 주사 시간표

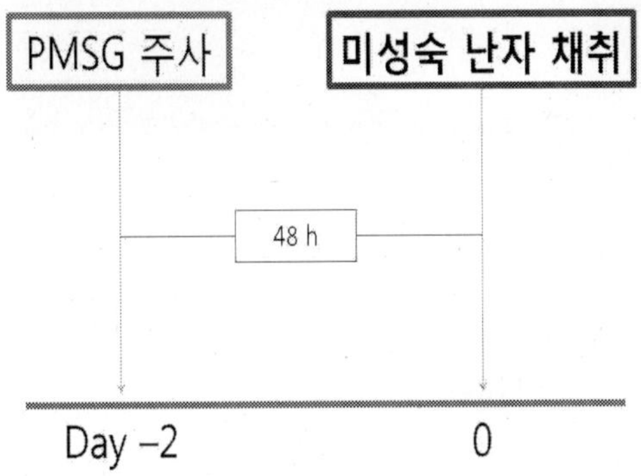

미성숙 난자(GV) 채취

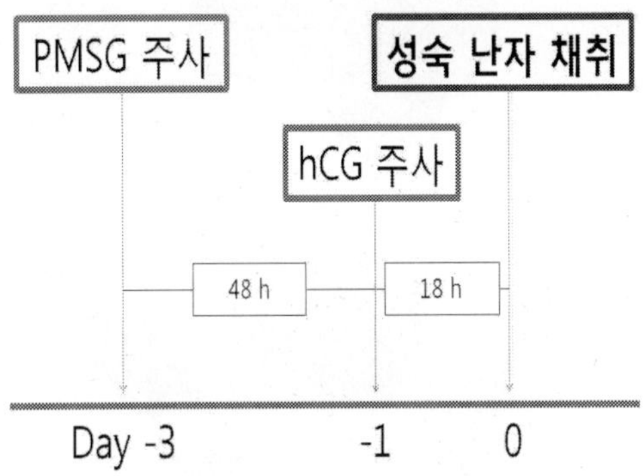

성숙 난자(MⅡ) 채취

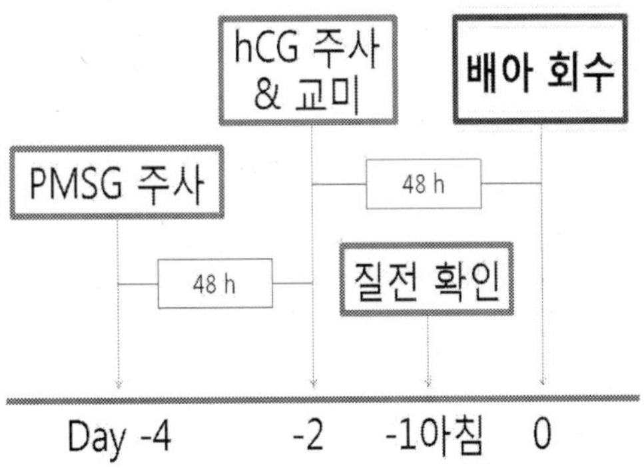

2-세포기 배아 회수

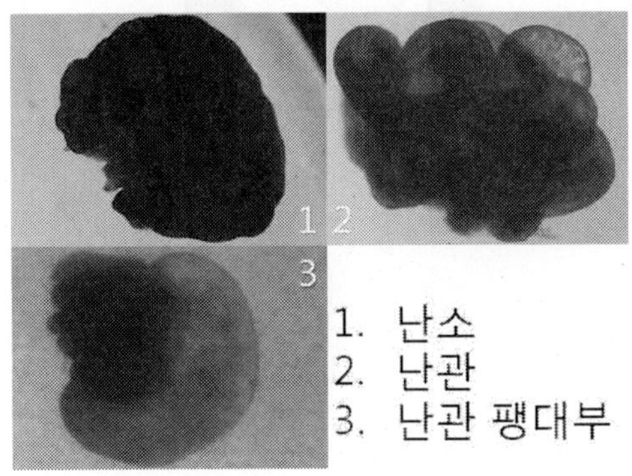

난소와 난관 팽대부의 모습

그림 89 호르몬 주사 시간표

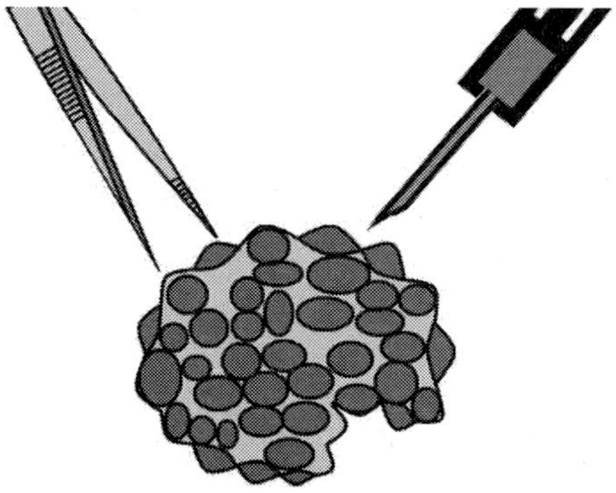

미성숙 난자 채취

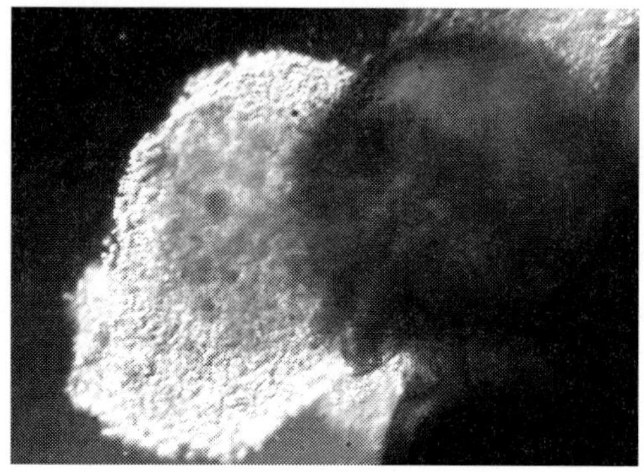

성숙 난자 회수

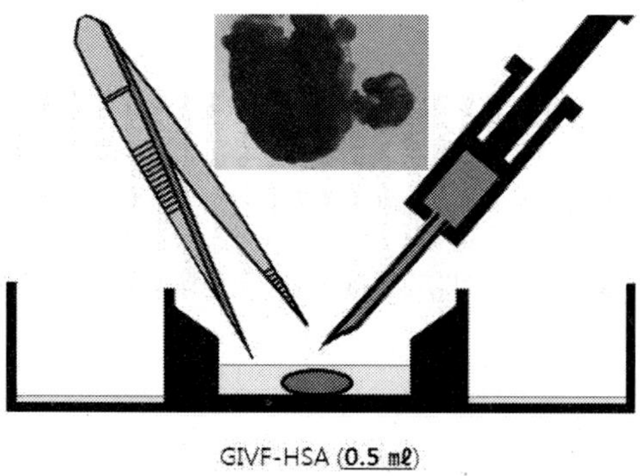

정자 채취

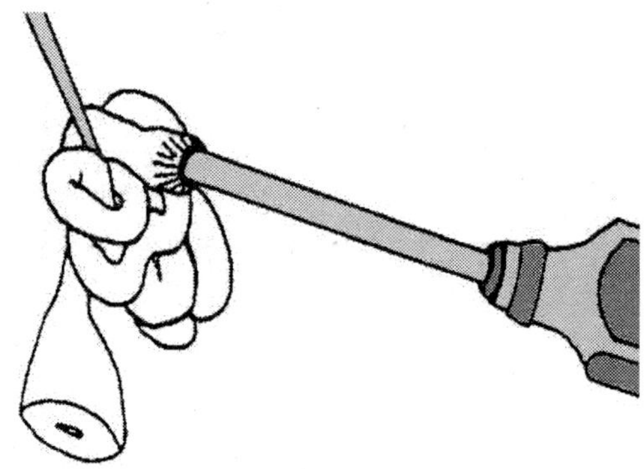

2-세포 배아 관류

그림 90 정자와 난자의 회수 장면(요약)

Ⅲ. 체외수정

1

정자 회수/부유(15분간)

2

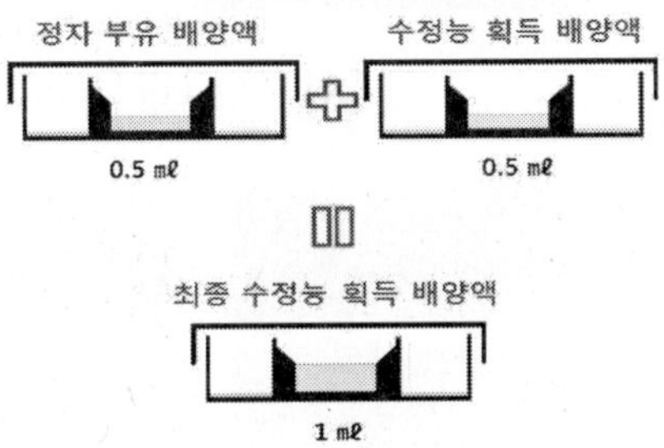

수정능 획득(1.5시간)

3

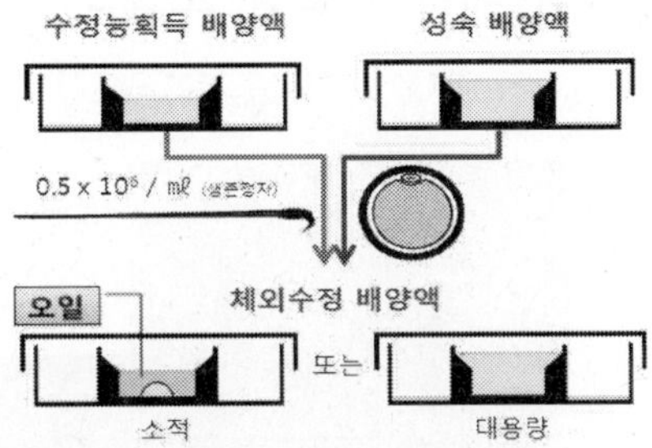

체외 수정(6시간)

4

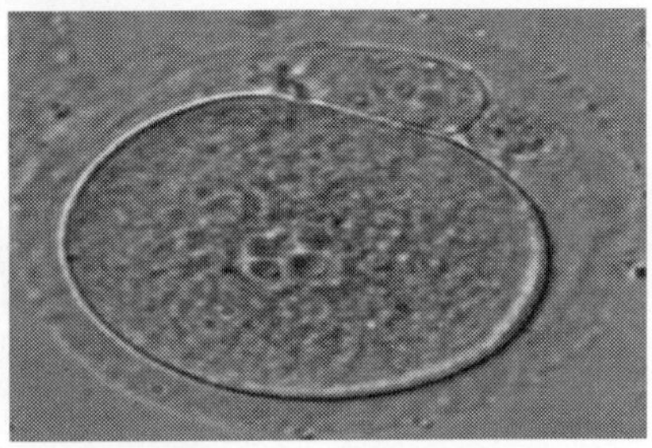

제2극체 & 전핵 형성

그림 91 체외수정(요약)

Ⅳ. 난자의 발달

1. 난자와 배아의 발달 모습

일	상태	일	상태
0	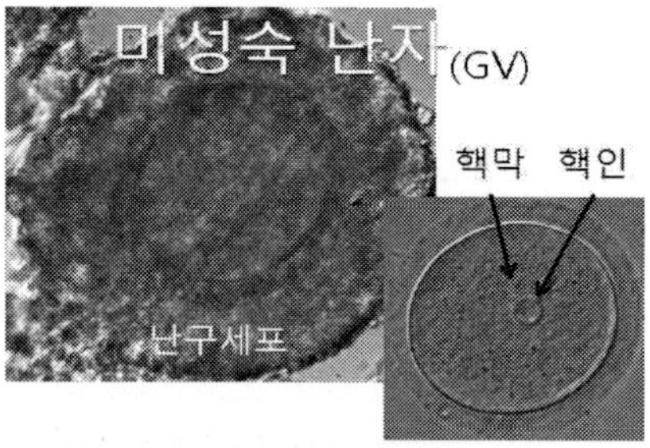	3 (PI 2)	4-세포 배아 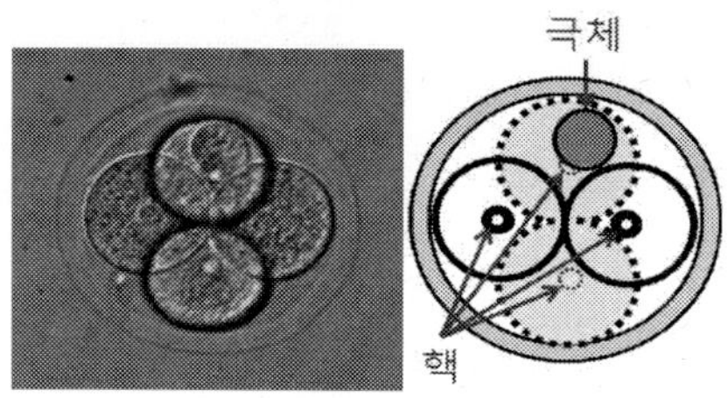
1	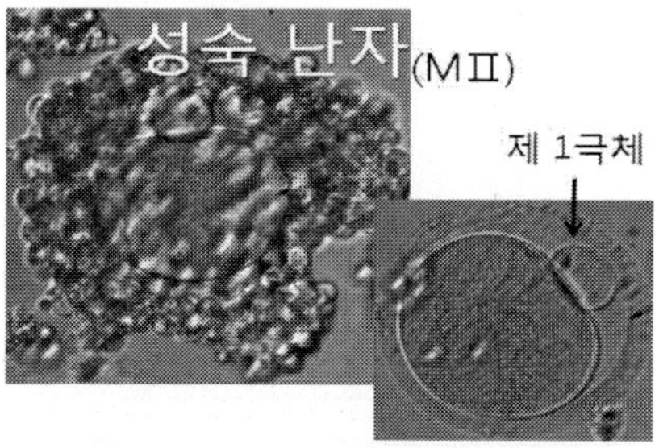		8-세포 배아 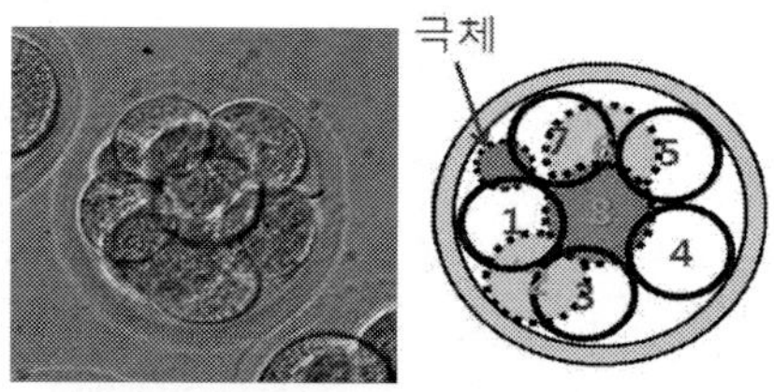
	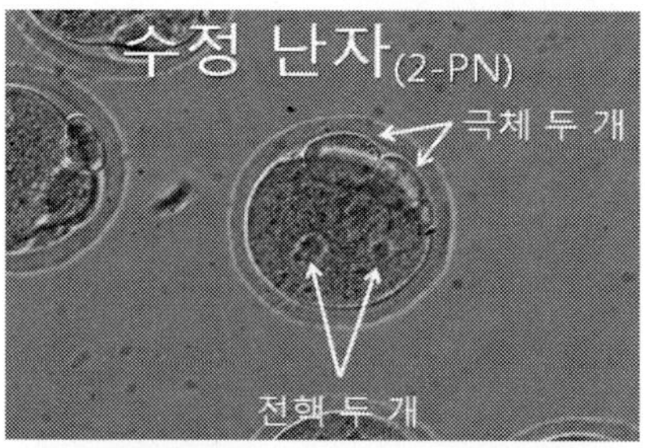	7 (PI 6)	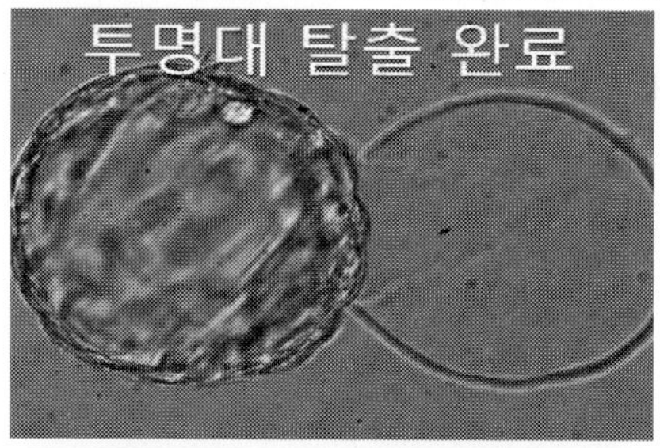
2 (PI 1)	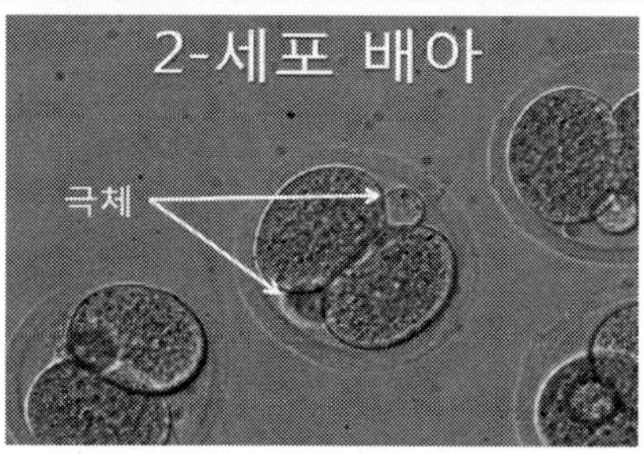	8 (PI 7)	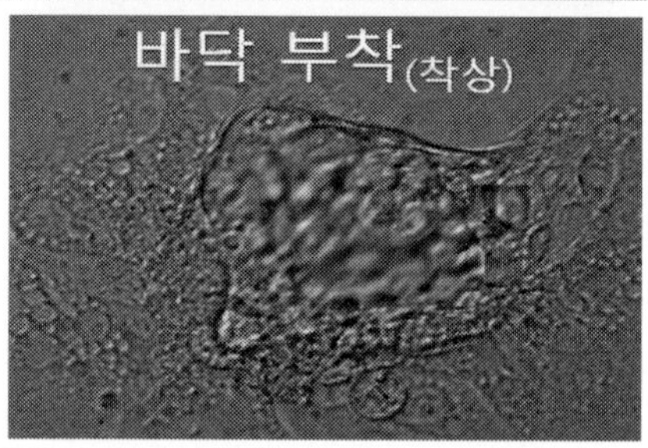

※ PI: Post insemination(수정 후 경과 일)

그림 92 마우스 난자의 발달 과정(요약)

2. 난자와 배아의 발달 소요 시간

표 6 마우스에서 난자와 배아의 발달 소요 시간(Hogan 등, 34~35쪽)

	발달 단계	hCG 주사 후 시간
1	난핵포기(GV, germinal vesicle)	0
2	난핵포붕괴(GVBD, germinal vesicle breakdown)	2.5-4.5
3	제 1극체 방출(extrusion of 1st polar body)	~ 10
4	배란 ovulation/수정	~ 11-13.5
5	제 2극체 방출(extrusion of 2nd polar body)	17-23
6	웅성 & 자성(제 2극체 근처) 전핵 형성(배아 75% 완성)	~ 26
7	전핵 융합, 전핵 내 핵인 보임, DNA 복제(배아 완성)	~ 28
8	전핵 막 붕괴, 핵인 사라짐. 배아 표면이 갈라지기 시작 (ruffling of embryos surface indicating reorganization of the cytoskeleton preparatory to cleavage)	~ 27
9	배아(세포질이) 길어짐(elongation of embryo)	~ 32
10	잘록해짐("waist")	
11	초기 2 세포기 배아 발생(핵인이 보임)	
12	3-4 세포기 배아	~ 60
13	5-8 세포기 배아	~ 72
14	상실기 배아	~ 84
15	포배아	~ 96
16	투명대 탈출	96-108
17	착상	108-120

V. 실험 준비 사항

1. 실험 시간표

표 7 미성숙 난자의 성숙배양에서 포배아 염색까지의 실험 시간표

날짜(시간)	내용	준비 사항
-2일 (호르몬 주사)	• PMSG 주사	• 당일 할 것: PMSG 녹이기 • 다음날 할 것: -
-1일	-	• 당일 할 것: - • 다음날 할 것: 준비 ① 난소 회수 배양액 튜브 ② 난자 채취 & 세척 배양액 접시 ③ 성숙 배양액 접시
0일 (미성숙난자 채취)	• 암컷 생쥐 희생 & 난소 회수 • 난자 채취 • 난자 선별 • 성숙 배양	• 당일 할 것: ① 수술 기구(가위 & 핀셋 등) ② 미세 파스퇴르 피펫 제작 ③ 난자 채취용 주사기 & 핀셋 • 다음날 할 것: 준비 ① 정소상체미부 회수 배양액 튜브 ② 정자 채취·부유 배양액 접시 ③ 수정능획득 배양액 접시 ④ 난자 세척용 체외수정 배양액 접시 ⑤ 체외수정 배양액 접시 ⑥ 배양접시(IVC①) 준비
1일 (체외 수정)	• 수컷 생쥐 희생 & 정소상체 미부 회수 • 정자 부유 & 수정능 획득 • 난자 성숙 확인 (생략 가능) • 체외 수정 • 수정 확인 & 수정란의 체외 배양	• 당일 할 것 ① 수술 기구(가위 & 핀셋 등) ② 미세피펫 제작 ③ 난자 채취용 주사기 & 핀셋 ④ 배양접시 교체(IVF ⇨ IVC①) • 다음날 할 것: -
2일 (수정 후 1일)	• 배아 발달 확인(2c)	• 당일 할 것: - • 다음날 할 것: 배양접시(IVC②) 준비

날짜(시간)	내용	준비 사항
3일 (수정 후 2일)	• 배아 발달 확인 (4c-상실배) • 배양액(접시) 교체	• 당일 할 것: 미세피펫 제작 • 다음날 할 것: 배양접시 교체(IVC① ⇨ ②)
4일 (수정 후 3일)	• 배아 발달 확인 (상실배)	• 당일 할 것: - • 다음날 할 것: 배양접시(IVC③) 준비
5일 (수정 후 4일)	• 배아 발달 확인 (포배아) • 배양액(접시) 교체	• 당일 할 것: 배양접시 교체(IVC② ⇨ ③) • 다음날 할 것: -
6일 (수정 후 5일)	• 배아 발달 양상 확인 (투명대 탈출중 & 탈출완료) • 포배아 염색 (염색하지 않을 경우 에는 계속 배양)	• 당일 할 것 ① 미세피펫 제작 ② 염색 배양액 준비 • 다음날 할 것: 배양접시(IVC④) 준비
7일 (수정 후 6일)	• 배아 발달 양상 확인 (투명대 탈출중 & 탈출완료)	• 당일 할 것: 배양접시 교체(IVC③ ⇨ ④) • 다음날 할 것: -
8일 (수정 후 7일)	• 배아 발달 양상 확인 (바닥부착)	• 당일 할 것: 실험 끝 ⇨ 배양접시 폐기 • 다음날 할 것: -

2. 요일별 배양접시 준비 사항

표 8 요일별 배양접시 준비 사항

일	월	화	수	목	금	토
- - - -	IVM 접시 - - IVCⓒ접시	- IVF 접시 IVC①접시 -	IVM 접시 - - IVCⓓ접시	- IVF 접시 IVC②접시 IVCⓐ접시	- - - -	- - IVC③접시 IVCⓑ접시
- 관찰 교체②→③ 교체ⓐ→ⓑ - - -	- 관찰 - - 염색 - -	- 관찰 - 교체ⓑ→ⓒ - 난자채취 -	정자채취 관찰 교체○→① - - - -	- 관찰 - 교체ⓒ→ⓓ - 난자채취 -	정자채취 관찰 교체①→② 교체○→ⓐ - - 배아 폐기	- 관찰 - - - - -

3. 배양접시 준비 모식도

표 9 배양접시 준비 모식도

<table>
<tr><td rowspan="1" colspan="2">성숙</td>
<td>
</td>
<td>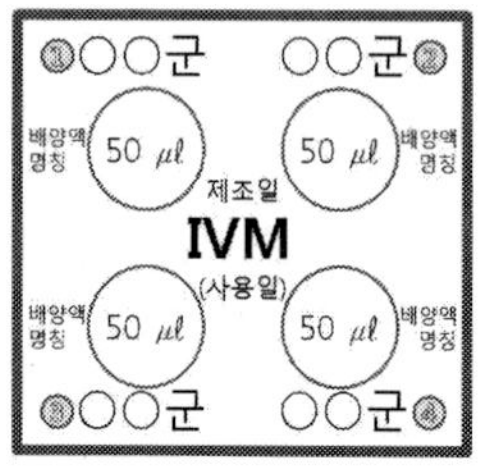
</td>
<td>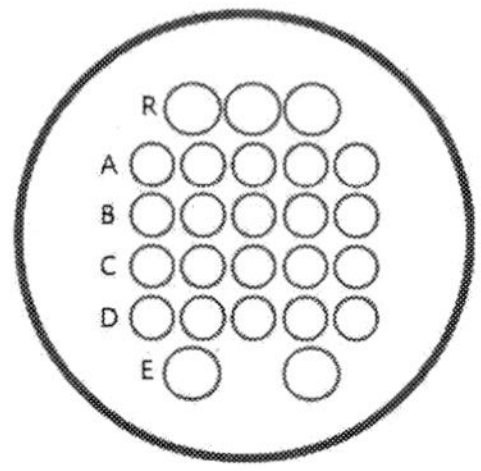
</td></tr>
<tr><td rowspan="2">수정</td><td>정자처리</td>
<td>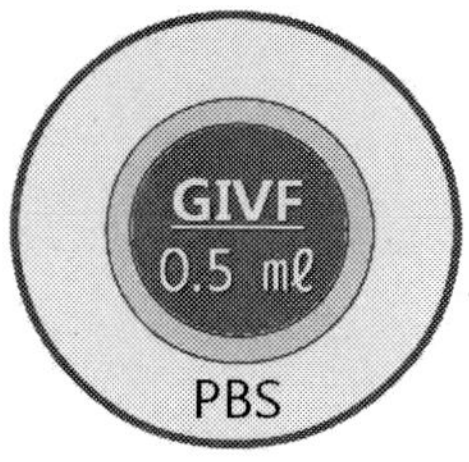

정자채취 & 부유</td>
<td>

수정능획득 배양액</td>
<td>

뚜껑 표기법</td></tr>
<tr><td>수정</td>
<td>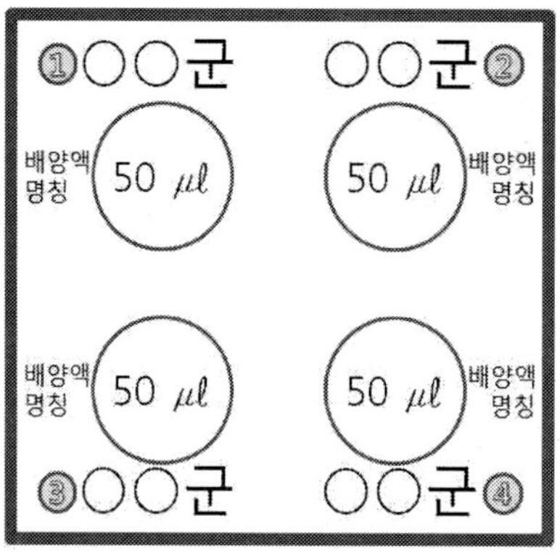

IVF 배양액</td>
<td colspan="2">

뚜껑 표기법</td></tr>
<tr><td colspan="2">발달</td>
<td>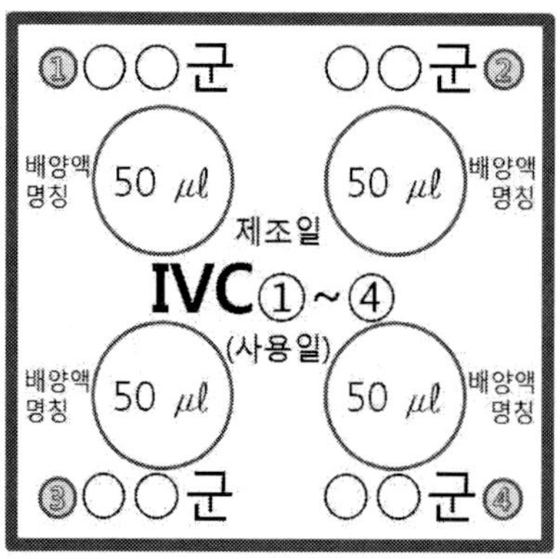
</td>
<td colspan="2">IVC①: 수정 6hr~2일
IVC②: 수정 2일~4일
IVC③: 수정 4일~6일
IVC④: 수정 6일~7일
※ 수정 5일: 염색
※ 수정 7일: 관찰 후 폐기</td></tr>
</table>

Ⅵ. 결과

<table>
<tr><td colspan="2">실험 기간</td><td colspan="5">2015년 5월 7일~6월 3일</td></tr>
<tr><td rowspan="2">생쥐</td><td>품종</td><td colspan="5">B6D2F1/CrljOri(모계: C57BL/6NCrlBR, 부계: DBA/2CrlBR)</td></tr>
<tr><td>나이</td><td colspan="5">♀: 5~8주령, ♂: 9~12주령</td></tr>
<tr><td rowspan="4">배양액</td><td rowspan="2">IVM</td><td>BM</td><td>G2 plus</td><td>Onestep M</td><td>TCM</td><td>MEM</td></tr>
<tr><td colspan="5">공통: + 20% FBS + 10 IU/mℓ PMSG & hCG</td></tr>
<tr><td>IVF</td><td colspan="2">FM</td><td colspan="2">GIVF plus</td><td>Onestep M</td></tr>
<tr><td>IVC</td><td>CM-BM</td><td>G1-G2 plus</td><td>Onestep M</td><td>TCM
+20%FBS</td><td>MEM
+20%FBS</td></tr>
<tr><td colspan="2">배양 시간</td><td colspan="5">IVM=18시간, IVF=6시간, IVC(염색)=수정 후 5일, IVC(부착)=수정 후 7일</td></tr>
<tr><td colspan="2">주입 정자농도</td><td colspan="5">$2x10^6$/mℓ (mℓ 당 200만 마리, 생존 정자 기준)</td></tr>
<tr><td colspan="2" rowspan="2">배양액 용량</td><td>성숙배양</td><td>정자부유</td><td>수정능획득</td><td>체외수정</td><td>배아발달</td></tr>
<tr><td>50μℓ</td><td>0.5mℓ</td><td>1mℓ</td><td colspan="2">50μℓ</td></tr>
</table>

<table>
<tr><th colspan="5">결과</th></tr>
<tr><td>실험 횟수</td><td colspan="4">6회</td></tr>
<tr><td>생쥐 수(♀)</td><td colspan="4">33마리</td></tr>
<tr><td rowspan="2">채취 미성숙 난자(GV) 수(/마리)</td><td>합계</td><td>COC</td><td>CO</td><td>O</td></tr>
<tr><td>31(1,021/33)</td><td>16(520/33)</td><td>12(387/33)</td><td>3(114/33)</td></tr>
<tr><td colspan="2">체외성숙 이용 난자 수(COC)</td><td colspan="3">240개(40개×6회)</td></tr>
<tr><td colspan="2">성숙률(MⅡ)</td><td colspan="3">85%(205/240)</td></tr>
<tr><td colspan="2">체외수정 이용 성숙 난자 수</td><td colspan="3">205</td></tr>
<tr><td colspan="2">수정율(2PN)</td><td colspan="3">97%(198/205)</td></tr>
<tr><td colspan="2">발달 이용 수정란 수</td><td colspan="3">198</td></tr>
<tr><td colspan="2">발달율(≥2C)</td><td colspan="3">94%(187/198)</td></tr>
<tr><td colspan="2">발달 이용 2-세포 배아 수</td><td colspan="3">187</td></tr>
<tr><td colspan="2">포배아 형성율(수정 후 5일)</td><td colspan="3">71%(132/187)</td></tr>
<tr><td colspan="2">발달 이용 포배아 수</td><td colspan="3">74</td></tr>
<tr><td colspan="2">바닥 부착율(수정 후 7일)</td><td colspan="3">68%(50/74)</td></tr>
<tr><th colspan="5">세포 수(수정 후 5일)</th></tr>
<tr><td colspan="2">염색 포배아 수</td><td colspan="3">32</td></tr>
<tr><td colspan="2">총 세포 수(Total cell No.)</td><td colspan="3">85(2,719/32)</td></tr>
<tr><td colspan="2">내세포괴 세포 수(ICM cell No.)</td><td colspan="3">22(691/32)</td></tr>
<tr><td colspan="2">영양배엽 세포 수(TE cell No.)</td><td colspan="3">63(2,028/32)</td></tr>
<tr><td colspan="2">ICM:TE ratio</td><td colspan="3">1:2.9(2,028/691)</td></tr>
<tr><td colspan="2">% ICM(/total cell No.)</td><td colspan="3">25%(691/2,719)</td></tr>
</table>

VII. 사진(요약)

1	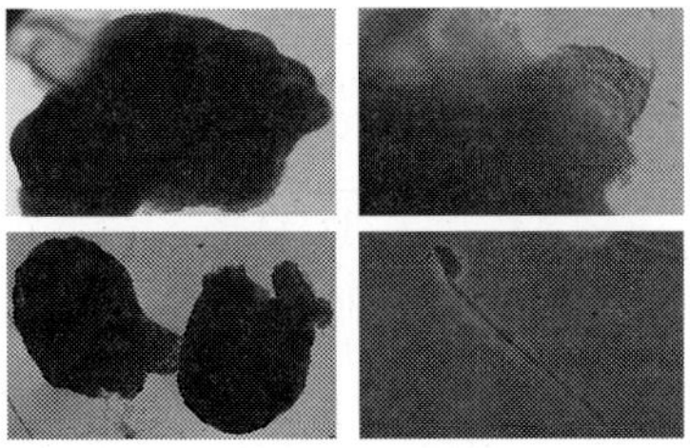 난자·정자 채취	5	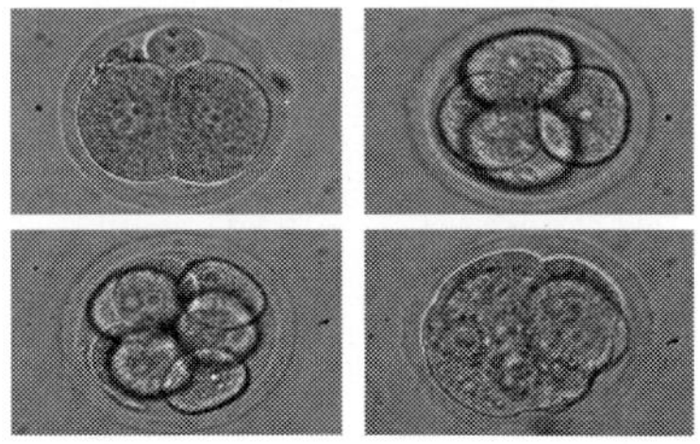 배아 발달 단계(2세포~상실배)
2	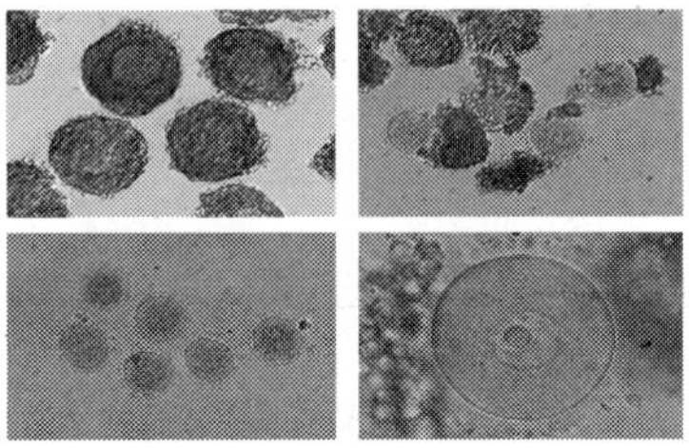 미성숙 난자 (난자난구세포복합체~나화난자)	6	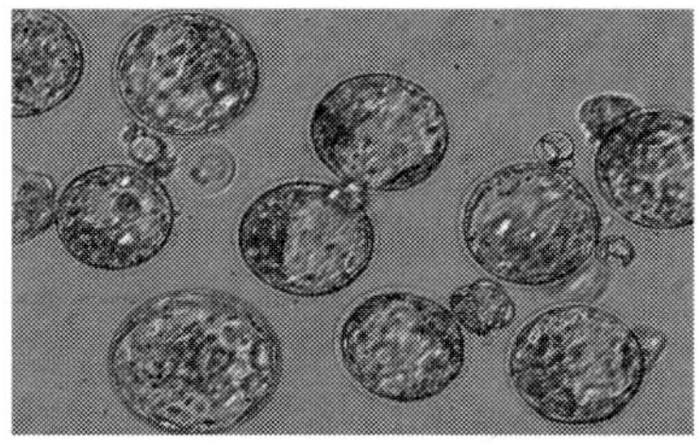 포배아 모음
3	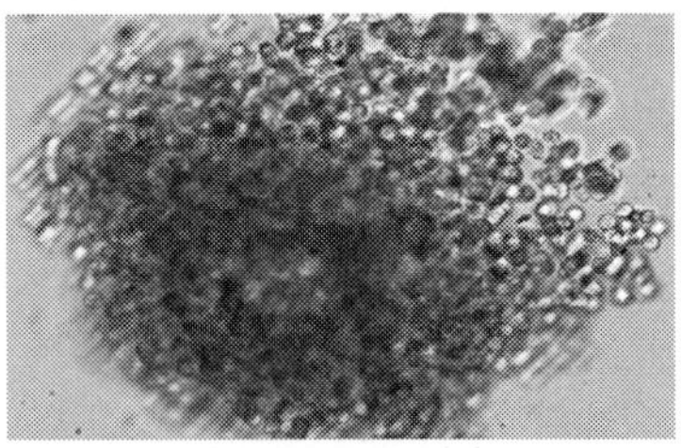 성숙 난자 MⅡ(난구세포 확장)	7	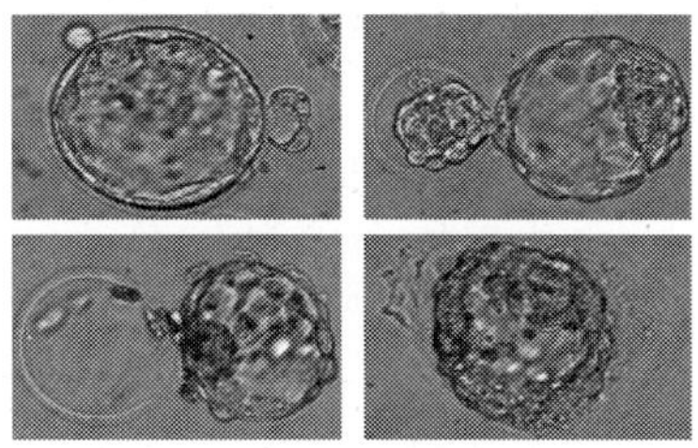 포배아 발달 과정 (초기투명대탈출~부착)
4	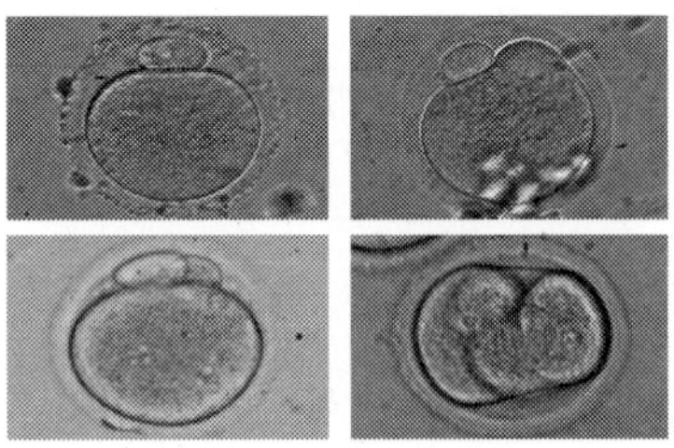 수정 과정(MⅡ~분할직전)	8	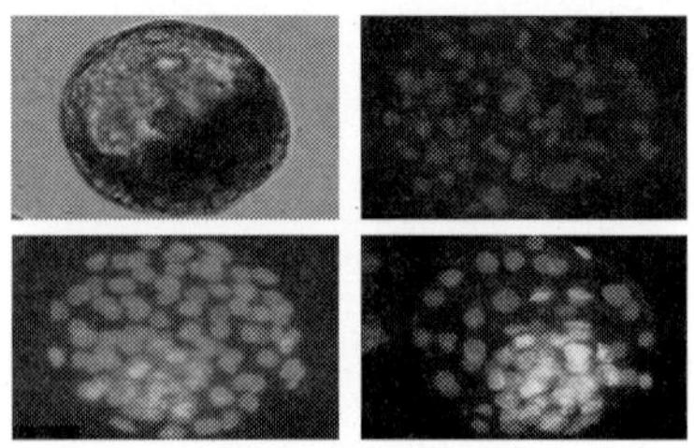 포배아 염색 (염색액노출~이중형광염색)

그림 93 사진(요약)

13장

참고문헌

13장. 참고문헌

Ⅰ. 논문

Kim SY, Park KS. Effects of media volume on blastocyst formation, cell numbers and ICM proportion in mouse two-cell embryos. Korean Journal of Fertility and Sterility 2004, 31(1) 1-7.

Park KS, Song HB. Culture conditions of gametes and evaluating systems in mouse. Life Science Research, Daegu University 2003, 2(2), 23-43.

Park SB, Park KS, Lee TH, Chum SS, Kin KS, Song HB. Effects of various addition and exclusion time of glucose on development of mouse two-cell embryos. Reprod. Dev. Biol. 2004, 28(4) 227-233.

김주환, 박기상, 이택후, 전상식, 송해범. Glutamine 함유 배양액에 첨가한 에너지원이 마우스의 배 발달에 미치는 영향. 대한불임학회지 2000, 27(1), 1-7.

박기상, 김광식, 서병부, 송해범. Hormone의 처리방법이 mouse의 배란, 핵 성숙도 및 체외수정에 미치는 영향. 한국수정란이식학회지 1992. 7(2) 89-96.

박기상, 김광식, 송해범. Mouse의 체외수정에 있어서 수정능획득시간 및 수정시각의 비교. 대구대학교 농업과학연구논문집 1992, 6, 21-26.

박기상, 박성백, 이택후, 전상식, 송해범. 마우스 배반포 배의 differential staining에서 propisium iodide와 bisbenzimide의 노출이 미치는 영향. 대한불임학회지 2002, 29(4), 317-322.

박기상, 서병부, 송해범. Mouse의 연령과 체중이 배란율, 핵성숙도 및 체외수정에 미치는 영향. 대구대학교 농업과학연구논문집 1992, 6, 27-32.

박기상, 손원영, 김진희, 이경아, 한세열, 고정재, 차광열. 성숙배양액에 첨가하는 인간 체액(human body fluids) 및 성선자극호르몬이 생쥐 미성숙난자의 핵성숙과 수정 능력에 미치는 영향. 대한불임학회지 1994, 21(2), 183-190.

박기상, 이상호, 송해범. 체외배양 조건이 생쥐난포란의 핵성숙 및 난구세포층에 미치는 영향. 한국축산학회지 1994, 36(6), 613-622.

박기상, 이상호, 송해범. 체외성숙배양 조건이 마우스 난자의 체외수정 및 다정자침입에 미치는 영향. 대한불임학회지 1994, 21(2), 177-182.

박기상, 이택후, 송해범, 전상식. 인간양수에 의한 생쥐 난자 투명대의 정자수용능력 억제의 관찰. 대한불임학회지 2000, 27(1), 23-29.

박기상, 이택후, 전상식, 송해범. 마우스에서 배반포 형성, 세포 수 및 ICM의 비율에 미치는 배양액의 효과. 대한불임학회지 2002, 29(4) 237-243.

박기상, 이현정, 박성백, 김지철, 이택후, 전상식. 배양액에 첨가하는 에너지원이 생쥐 배 발생 능력에 미치는 영향. Reprod. Dev. Biol. 2007, 31(1), 35-41.

박성백, 김지철, 박기상, 이택후, 전상식, 송해범. 생쥐 배의 배반포 형성과 세포수에 미치는 glucose의 영향. 대한산부인과학회지 2004, 47(4), 663-669.

전상식, 박기상, 이택후, 김주환, 송해범. 배양액에 첨가되는 glucose가 시간의 경과에 따라 생쥐 2-세포기 배아의 발달 양상에 미치는 효과. 대한산부인과학회지 2000, 43(3), 395-399.

Ⅱ. 도서 & 전자정보

Austin CR, Short RV. Reproduction in mammals (second edition). Book 1. Germ cells and fertilization. Cambridge University Press, 1982.

Cohen J, Malter HE, Talansky BE, Grifo J. Micromanipulation of human gametes and embryos. Raven Press, New York, 1992.

Hogan 등. Manipulating the mouse embryo. A laboratory manual. Cold Spring Harbor Laboratory, 1986.

Veek LL. Atlas of the human oocyte and early conceptus. Willams & Wilkins, Baltimore, 1991.

박기상, 김지철, 박성백. Mouse lab. manual. 2003.

이규승 등. 번식학 사전. 신광출판사, 서울, 1996

이상호. 마우스 발생학 실험 protocols. 1992.

이성호, 전용필. 발생학 실험서, (주)바이오사이언스

http://www.brl.uic.edu/?q=node/18

http://oslovet.norecopa.no/teaching/mouse/techniques/rederive/default.html

http://www.reproduction-online.org/content/133/3/575/F1.expansion.html

14장

부록

14장. 부록

Ⅰ. 관련 품목 취급업체

1. 시약, 소모품 및 장비 관련

(1) ㈜씨엔씨바이오텍
031-235-4310

(2) 브니엘 바이오
053-371-3611

(3) 제니스 메디랩
053-382-6007

2. 마우스 관련

(1) 효창 사이언스
053-592-0455

(2) 중앙실험동물원
02-3461-5256

(3) ㈜오리엔트 바이오
031-730-6000

1. ICR 마우스의 혈통서겸 건강 보고서

표 10 ICR 마우스의 혈통서겸 건강 보고서

Results of Microbiological Monitoring

M14637-1

Contributor : 대한바이오링크 Room No.: 203 Strain: icrTac:ICR

● Results

검사방법	Date (마릿수) / Microbes	2013. 7. 16 (8)	2013. 10. 30 (8)	2014. 2. 12. (6)	2014. 5. 20. (6)	2014. 8. 25. (6)	2014. 11. 25. (6)
혈청검사	Reovirus 3	0/8	0/8	0/6	0/6	0/6	0/6
	Rotavirus(Epizootic diarrhea of infant mice)	0/8	0/8	0/6	0/6	0/6	0/6
	Sendai virus (HVJ)	0/8	0/8	0/6	0/6	0/6	0/6
	Mouse hepatitis virus (MHV)	0/8	0/8	0/6	0/6	0/6	0/6
	Ectromelia virus (Mouse pox)	0/8	0/8	0/6	0/6	0/6	0/6
	Mycoplasma spp.	0/8	0/8	0/6	0/6	0/6	0/6
	Clostridium piliforme (Tyzzer's organism)	0/8	0/8	0/6	0/6	0/6	0/6
	Mouse adenovirus (MAV)	0/8	0/8	0/6	0/6	0/6	0/6
	Hanta virus	0/8	0/8	0/6	0/6	0/6	0/6
	Pneumonia virus of mice (PVM)	0/8	0/8	0/6	0/6	0/6	0/6
	Mouse encephalomyelitis virus (GD Ⅶ)	0/8	0/8	0/6	0/6	0/6	0/6
	Minute virus of mice (MVM)	0/8	0/8	0/6	0/6	0/6	0/6
	Lymphocytic choriomeningitis (LCM) virus	0/8	0/8	0/6	0/6	0/6	0/6
	Murine norovirus	0/8	0/8	0/6	0/6	0/6	0/6
	Mouse cytomegalovirus (MCMV)	0/8	0/8	0/6	0/6	0/6	0/6
	Cilia associated respiratory(CAR) bacillus	0/8	0/8	0/6	0/6	0/6	0/6
배양검사	*Pasteurella pneumotropica*	0/8	0/8	0/6	0/6	0/6	0/6
	Salmonella spp.	0/8	0/8	0/6	0/6	0/6	0/6
	Citrobacter rodentium(E.coli O115a,c:K(B))	0/8	0/8	0/6	0/6	0/6	0/6
	Corynebacterium kutscheri	0/8	0/8	0/6	0/6	0/6	0/6
	Pseudomonas aeruginosa	0/8	0/8	0/6	0/6	0/6	0/6
	Dermatophytes	0/8	0/8	0/6	0/6	0/6	0/6
검경	*Giardia muris*	0/8	0/8	0/6	0/6	0/6	0/6
	Spironucleus muris	0/8	0/8	0/6	0/6	0/6	0/6
	Trichomonas spp	0/8	0/8	0/6	0/6	0/6	0/6
	Pinworm	0/8	0/8	0/6	0/6	0/6	0/6
	Entamoeba spp.	0/8	0/8	0/6	0/6	0/6	0/6
	Other intestinal protozoa	0/8	0/8	0/6	0/6	0/6	0/6
	Ectoparasite	0/8	0/8	0/6	0/6	0/6	0/6
PCR	*Helicobacter hepaticus*	0/8	0/8	0/6	0/6	0/6	0/6
	Helicobacter bilis	0/8	0/8	0/6	0/6	0/6	0/6

● **Remark** : 검사를 의뢰한 마우스의 미생물 모니터링 결과 상기 항목에 대해 모든 동물이 음성을 나타냄.

Hyoung-Chin Kim, DVM.

Microbiology Division
Laboratory Animal Resource Center
Korea Research Institute of Bioscience and Biotechnology
30 Yeongudanji, Ochang-eup, Cheongwon-Gun Chungcheongbuk-Do 363-883, Korea
☎ 82-43-240-6560, Fax 82-43-240-6569 E-mail hckim@kribb.re.kr

※ 본 결과는 대한바이오링크가 한국생명공학연구원에 의뢰하여 검사한 결과입니다.

2. C57BL/6 마우스의 혈통서겸 건강 보고서

표 11 C57BL/6 마우스의 혈통서겸 건강 보고서

Results of Microbiological Monitoring

M14637-2

Contributor : 대한바이오링크 Room No.: 102 Strain: C57BL/6JBomTac

● Results

검사방법	Microbes \ Date (마릿수)	2013. 7. 16. (4)	2013. 10. 30. (8)	2014. 2. 12. (8)	2014. 5. 20. (8)	2014. 8. 26. (8)	2014. 11. 25. (8)
혈청검사	Reovirus 3	0/4	0/8	0/8	0/8	0/8	0/8
	Rotavirus(Epizootic diarrhea of infant mice)	0/4	0/8	0/8	0/8	0/8	0/8
	Sendai virus (HVJ)	0/4	0/8	0/8	0/8	0/8	0/8
	Mouse hepatitis virus (MHV)	0/4	0/8	0/8	0/8	0/8	0/8
	Ectromelia virus (Mouse pox)	0/4	0/8	0/8	0/8	0/8	0/8
	Mycoplasma spp	0/4	0/8	0/8	0/8	0/8	0/8
	Clostridium piliforme (Tyzzer's organism)	0/4	0/8	0/8	0/8	0/8	0/8
	Mouse adenovirus (MAV)	0/4	0/8	0/8	0/8	0/8	0/8
	Hanta virus	0/4	0/8	0/8	0/8	0/8	0/8
	Pneumonia virus of mice (PVM)	0/4	0/8	0/8	0/8	0/8	0/8
	Mouse encephalomyelitis virus (GD Ⅶ)	0/4	0/8	0/8	0/8	0/8	0/8
	Minute virus of mice (MVM)	0/4	0/8	0/8	0/8	0/8	0/8
	Lymphocytic choriomeningitis (LCM) virus	0/4	0/8	0/8	0/8	0/8	0/8
	Murine norovirus	0/4	0/8	0/8	0/8	0/8	0/8
	Mouse cytomegalovirus (MCMV)	0/4	0/8	0/8	0/8	0/8	0/8
	Cilia associated respiratory(CAR) bacillus	0/4	0/8	0/8	0/8	0/8	0/8
배양검사	*Pasteurella pneumotropica*	0/4	0/8	0/8	0/8	0/8	0/8
	Salmonella spp	0/4	0/8	0/8	0/8	0/8	0/8
	Citrobacter rodentium(E.coli O115a,c:K(B))	0/4	0/8	0/8	0/8	0/8	0/8
	Corynebacterium kutscheri	0/4	0/8	0/8	0/8	0/8	0/8
	Pseudomonas aeruginosa	0/4	0/8	0/8	0/8	0/8	0/8
	Dermatophytes	0/4	0/8	0/8	0/8	0/8	0/8
검경	*Giardia muris*	0/4	0/8	0/8	0/8	0/8	0/8
	Spironucleus muris	0/4	0/8	0/8	0/8	0/8	0/8
	Trichomonas spp	0/4	0/8	0/8	0/8	0/8	0/8
	Pinworm	0/4	0/8	0/8	0/8	0/8	0/8
	Entamoeba spp.	0/4	0/8	0/8	0/8	0/8	0/8
	Other intestinal protozoa	0/4	0/8	0/8	0/8	0/8	0/8
	Ectoparasite	0/4	0/8	0/8	0/8	0/8	0/8
PCR	*Helicobacter hepaticus*	0/4	0/8	0/8	0/8	0/8	0/8
	Helicobacter bilis	0/4	0/8	0/8	0/8	0/8	0/8

● **Remark** : 검사를 의뢰한 마우스의 미생물 모니터링 결과 상기 항목에 대해 모든 동물이 음성을 나타냄.

Microbiology Division
Hyoung-Chin Kim, DVM.

Laboratory Animal Resource Center

Korea Research Institute of Bioscience and Biotechnology

30 Yeongudanji, Ochang-eup, Cheongwon-Gun Chungcheongbuk-Do 363-883, Korea
☎ 82-43-240-6560, Fax 82-43-240-6569 E-mail hckim@kribb.re.kr

※ 본 결과는 대한바이오링크가 한국생명공학연구원에 의뢰하여 검사한 결과입니다.

원본대조필

3. F1 hybrid 마우스의 혈통서와 건강 보고서

(1) B6D2F1/Slc 마우스의 혈통서(중앙실험동물원)

표 12 B6D2F1/Slc 마우스의 혈통서(중앙실험동물원)

CERTIFICATE OF STRAIN

We hereby certify the strain of the animals and their background as follows

Place of birth :	Japan SLC, Inc. Haruno Production Facility
Purchaser :	
Shipping date and flight number :	November 19 ,2014
Monitoring result :	As attached sheet

Details:

	B6D2F1/Slc		NZBWF1/Slc	
	C57BL/6NCrSlc (female)	DBA/2CrSlc (male)	NZB/NSlc (female)	NZW/NSlc (male)
Origin & History	Jackson Laboratory ⇒1951, NIH National Cancer Institute ⇒1972, Jms (F?) ⇒1975, SLC (F?) 2013, (F?+125)	National Cancer Institute ⇒1972, Jms (F?) ⇒1975, SLC (F?) 2013, (F?+120)	NIH (Japan) ⇒ 1948, SLC (F117) 2013, (F117+87)	NIH (Japan) ⇒ 1948, SLC (F84) 2013, (F84+82)

Japan SLC, Inc.

S. Takagi

Shouhei Takagi, D.V. M.
Director, Department of
Laboratory Animal Medicine

(2) B6D2F1/Slc 마우스의 건강 보고서(중앙실험동물원)

표 13 B6D2F1/Slc 마우스의 건강 보고서(중앙실험동물원)

HEALTH MONITORING REPORT

January 13, 2015

Production facility	Haruno (SPF mice)																					Inasa (SPF mice)					
Strain	BALB/cCrSlc			C57BL/6NCrSlc			C57BL/6JJmsSlc			DBA/1JJmsSlc			DBA/2CrSlc			CBA/NSlc			B6D2F1/Slc			Slc:ddY			Slc:ICR		
Sacrificed day	12 / 24			12 / 18			12 / 24			12 / 4			12 / 11			12 / 11			12 / 4			12 / 22			12 / 26		
Test	a	b	c, d	a	b	c, d	a	b	c, d	a	b	c, d	a	b	c, d	a	b	c, d	a	b	c, d	a	b	c, d	a	b	c, d
Age and number of tested animals / Items	Re 6W 10	Re 10	Re 10	Re 6W 10	Re 10	Re 10	Re 6W 10	Re 10	Re 10	Re 6W 5	Re 5	Re 5	Re 6W 5	Re 5	Re 5	Re 6W 5	Re 5	Re 5	Re 6W 5	Re 6W 5	Re 6W 5	Re 40 6W 10	Re 40	Re 10	Re 20 6W 10	Re 20	Re 10
Pseudomonas aeruginosa	0			0			0			0			0			0			0			0			0		
Citrobacter rodentium	0			0			0			0			0			0			0			0			0		
Salmonella spp.	0			0			0			0			0			0			0			0			0		
Salmonella typhimurium		0			0			0			0			0			0			0			0			0	
Pasteurella pneumotropica	0			0			0			0			0			0			0			0			0		
Corynebacterium kutscheri	0	0		0	0		0	0		0	0		0	0		0	0		0	0		0	0		0	0	
Clostridium piliforme		0			0			0			0			0			0			0			0			0	
CAR bacillus																											
Helicobacter hepaticus																											
Helicobacter billis																											
Mycoplasma pulmonis	0			0			0			0			0			0			0			0			0		
Mouse hepatitis virus		0			0			0			0			0			0			0			0			0	
Sendai virus		0			0			0			0			0			0			0			0			0	
Pneumonia virus of mice																											
Lymphocytic choriomeningitis																											
Mouse adenovirus1(FL)																											
Ectromelia virus																											
Murine norovirus			0			0			0			0			0			0			0						
Minute virus of mice																											
Epizootic diarrhea of infant mice virus																											
Theiler's murine encepharomyelitis virus																											
Reovirus type 3																											
Pinworm	0			0			0			0			0			0			0			0			0		
Intestinal protozoa	0			0			0			0			0			0			0			0			0		
Ectoparasits	0			0			0			0			0			0			0			0			0		
Dermatophytes																											

Remarks : a = Bacteriology and Parasitology
b = Serology (CF or Aggl.)
c = Serology (EIA or IFA)
d = RT-nested PCR method
Re = Retired breeders

(Number of Positive)

Japan SLC, Inc

S. Takagi

Shouhei Takagi, D.V. M.
Director, Department of
Laboratory Animal Medicine

(3) B6D2F1/CrljOri 마우스의 혈통서(오리엔트 바이오)

표 14 B6D2F1/CrljOri 마우스의 혈통서(오리엔트 바이오)

ORIENT

주식회사 오리엔트바이오

CERTIFICATE OF STRAIN

출 생 지	주식회사 오리엔트 바이오 가평 사육센타
구 매 처	한국화학융합시험연구원
납 품 일 자	2015년 3 월 10일
검 사 결 과	모니터링 검사 성적서 참조

– 세 부 정 보 사 항 –

BREEDING SYSTEM	HYBRED	온 습 도	19~23℃/40~60%
BEDDING	ASPEN SHAVING	NUTRIENT	5L79
STRAIN	BDF1		
NOMENCLATURE	B6D2F1/CrljOri		
PRODUCTION METHOD	SPF Barrier system		
성별	Female		
주령/중량	4wks		
수량	17 Heads		
ORIGIN	TA cross between females C57BL/6NCrIBR x male DBA/2NCrIBR		
CHARACTER	C57BL/6 또는 DBA/2로부터의 피부 및 암세포 등이 이식 가능함 제암제 스크리닝에 매우 적합 / 건강한 사육이 용이함		
COLOR	Black		

위와 같이 동물의 계통과 기원을 증명합니다.

발행일 2015년 3 월 10일
사육 센타장 김 종 현 인

주식회사 오리엔트 바이오 (직인생략)

(4) B6D2F1/CrljOri 마우스의 건강 보고서(오리엔트 바이오)

표 15 B6D2F1/CrljOri 마우스의 건강 보고서(오리엔트 바이오)

Mouse VAF Report

Orient Bio Inc.

Location	*Colony Number*	*Product*
Orient Bio Inc. KP1C0	112517 (C57BL/6NCrljOri)	VAF Mice

Summary Item	*Primary Assay*	*Most Recent* Test Date	*Most Recent* Positive / Tested	*Past 18 Months* Positive / Tested
Virology				
SEND ae	MFIA	27-Nov-2014	0 / 8	0 / 8
PVM ae	MFIA	27-Nov-2014	0 / 8	0 / 8
MHV ad	MFIA	27-Nov-2014	0 / 8	0 / 8
MVM ae	MFIA	27-Nov-2014	0 / 8	0 / 8
MPV ad	MFIA	27-Nov-2014	0 / 8	0 / 8
MNV ad	MFIA	27-Nov-2014	0 / 8	0 / 8
TMEV (GDVII) ad	MFIA	27-Nov-2014	0 / 8	0 / 8
REO ae	MFIA	27-Nov-2014	0 / 8	0 / 8
EDIM ad	MFIA	27-Nov-2014	0 / 8	0 / 8
LCMV ae	MFIA	27-Nov-2014	0 / 8	0 / 8
ECTRO ae	MFIA	27-Nov-2014	0 / 8	0 / 8
MAV ae	MFIA	27-Nov-2014	0 / 8	0 / 8
MCMV ae	MFIA	27-Nov-2014	0 / 8	0 / 8
K ae	MFIA	27-Nov-2014	0 / 8	0 / 8
POLY ae	MFIA	27-Nov-2014	0 / 8	0 / 8
HANT ae	MFIA	27-Nov-2014	0 / 8	0 / 8
MTLV ae	MFIA	27-Nov-2014	0 / 8	0 / 8
LDV af	MFIA	27-Nov-2014	0 / 8	0 / 8
Microbiology				
B. bronchiseptica be	Culture	27-Nov-2014	0 / 8	0 / 8
CAR Bacillus ae	MFIA/PCR	27-Nov-2014	0 / 8	0 / 8
C. rodentium ae	Culture	27-Nov-2014	0 / 8	0 / 8
C. kutscheri ae	Culture	27-Nov-2014	0 / 8	0 / 8
H. bilis be	PCR	27-Nov-2014	0 / 8	0 / 8
H. hepaticus ae	PCR	27-Nov-2014	0 / 8	0 / 8
Helicobacter sp. be	PCR	27-Nov-2014	0 / 8	0 / 8
K. oxytoca ae	Culture	27-Nov-2014	0 / 8	0 / 8
K. pneumoniae be	Culture	27-Nov-2014	0 / 8	0 / 8
M. pulmonis ae	MFIA	27-Nov-2014	0 / 8	0 / 8
P. multocida ce	Culture	27-Nov-2014	0 / 8	0 / 8
P. pneumotropica be	Culture	27-Nov-2014	0 / 8	0 / 8
P. aeruginosa ce	Culture	27-Nov-2014	0 / 8	0 / 8
Salmonella spp. ae	Culture	27-Nov-2014	0 / 8	0 / 8
Staph. aureus ce	Culture	27-Nov-2014	0 / 8	0 / 8
S. moniliformis af	PCR	27-Nov-2014	0 / 8	0 / 8
Strep. pneumoniae be	Culture	27-Nov-2014	0 / 8	0 / 8
Tyzzer's Disease ag	Exam	27-Nov-2014	0 / 8	0 / 8
Pathology				
Gross Exam ah	Exam, Histopathology	27-Nov-2014	0 / 8	0 / 8
Parasitology				
Ectoparasites ae	Exam	27-Nov-2014	0 / 8	0 / 8
Helminths ae	Exam	27-Nov-2014	0 / 8	0 / 8
Giardia sp. be	Exam	27-Nov-2014	0 / 8	0 / 8
Spironucleus sp. be	Exam	27-Nov-2014	0 / 8	0 / 8
Other Protozoa ce	Exam	27-Nov-2014	0 / 8	0 / 8
E. cuniculi ae	MFIA	27-Nov-2014	0 / 8	0 / 8

COLONY POLICY FOR POSITIVE RESULT: a = immediate termination; b = planned future recycle of the colony; c = no action
TESTING SCHEDULE:
d = screened every four weeks; e = screened quarterly; f = screened annually; g = screened quarterly by necropsy examination
h = results do not include incidental or strain related findings; significant findings would result in immediate termination of the colony

LTM Printed on Wednesday, December [illegible], 2014 at [illegible]
Page 1 of 1 charles river

1. Fertilization medium 시험 성적서

표 16 Fertilization medium 시험 성적서

COOK® MEDICAL

WILLIAM A. COOK AUSTRALIA PTY. LTD.
95 BRANDL STREET
BRISBANE TECHNOLOGY PARK, EIGHT MILE PLAINS
BRISBANE, QLD 4113, AUSTRALIA
PHONE: 1800.777.222 FAX: +61.7.3841.1288
WWW.COOKMEDICAL.COM
ABN 79 005 526 723

Certificate of Analysis

SYDNEY IVF FERTILIZATION MEDIUM

Product: K-SIFM-50

Lot Number: K20545

Batch Numbers: M0115019C

Expiry Date: 29 APR 2015

Quality Control Results

Test Sample	Specifications	Test Results
pH	7.50 - 7.80 (in air)	7.56 (in air)
Osmolality	285 - 295 mOsm/kg	290 mOsm/kg
2-Cell MEA (72hrs)	≥ 80 % of control	≥ 80 % of control
Endotoxin (USP/EP/JP)	< 0.40 EU/mL	< 0.40 EU/mL
Sterility (USP/EP/JP)	No Growth	No Growth
HSA Assay	2.50 - 10.00 mg/mL	4.37 mg/mL

The HSA Supplier's Lot number(s) used to produce this IVF Media product: C346B6671

QA/QC

Date of Issue: 04 MAR 2015

2. Cleavage medium 시험 성적서

표 17 Cleavage medium 시험 성적서

COOK® MEDICAL

WILLIAM A. COOK AUSTRALIA PTY. LTD.
95 BRANDL STREET
BRISBANE TECHNOLOGY PARK, EIGHT MILE PLAINS
BRISBANE, QLD 4113, AUSTRALIA
PHONE: 1800.777.222 FAX: +61.7.3841.1288
WWW.COOKMEDICAL.COM
ABN 79 005 526 723

Certificate of Analysis

SYDNEY IVF CLEAVAGE MEDIUM

Product: K-SICM-50

Lot Number: K20536

Batch Numbers: M0115034C

Expiry Date: 29 APR 2015

Quality Control Results

Test Sample	Specifications	Test Results
pH	7.50 - 7.80 (in air)	7.52 (in air)
Osmolality	285 - 295 mOsm/kg	289 mOsm/kg
2-Cell MEA (72hrs)	≥ 80 % of control	≥ 80 % of control
Endotoxin (USP/EP/JP)	< 0.40 EU/mL	< 0.40 EU/mL
Sterility (USP/EP/JP)	No Growth	No Growth
HSA Assay	2.50 - 10.00 mg/mL	4.47 mg/mL
The HSA Supplier's Lot number(s) used to produce this IVF Media product:		C346B6671

QA/QC

Date of Issue: 04 MAR 2015

3. Blastocyst medium 시험 성적서

표 18 Blastocyst medium 시험 성적서

COOK® MEDICAL

WILLIAM A. COOK AUSTRALIA PTY. LTD.
95 BRANDL STREET
BRISBANE TECHNOLOGY PARK, EIGHT MILE PLAINS
BRISBANE, QLD 4113, AUSTRALIA
PHONE: 1800.777.222 FAX: +61.7.3841.1288
WWW.COOKMEDICAL.COM
ABN 79 005 526 723

Certificate of Analysis

SYDNEY IVF BLASTOCYST MEDIUM

Product: K-SIBM-50

Lot Number: K20543

Batch Numbers: M0115027C

Expiry Date: 29 APR 2015

Quality Control Results

Test Sample	Specifications	Test Results
pH	7.50 - 7.80 (in air)	7.54 (in air)
Osmolality	280 - 290 mOsm/kg	284 mOsm/kg
2-Cell MEA (72hrs)	≥ 80 % of control	≥ 80 % of control
Endotoxin (USP/EP/JP)	< 0.40 EU/mL	< 0.40 EU/mL
Sterility (USP/EP/JP)	No Growth	No Growth
HSA Assay	2.50 - 10.00 mg/mL	4.48 mg/mL
The HSA Supplier's Lot number(s) used to produce this IVF Media product:		C346B6671

QA/QC

Date of Issue: 04 MAR 2015

4. Onestep medium 시험 성적서

표 19 Onestep medium 시험 성적서

CERTIFICATE OF ANALYSIS

Product : ONESTEP MEDIUM
Catalog No. : OS020
Lot No. : 0313150S
Exp. Date : 2015-06-11

Examinations	Test Method	Specifications	Result
Color	Visual inspection	Colorless	Conforms
Clarity	Visual inspection	Clear	Pass
pH	pH measurement on equilibration under 37℃,5%CO2,5%O2,90%N2	7.20 – 7.40	7.28
Osmolality	Measured by freezing point depression	265±10mOsm/kg	269 mOsm/kg
Endotoxin	Kinetic Chromogenic LAL Assay	＜0.25 EU/mL	＜0.001 EU/mL
Bacteria	Sterility Test	Negative	Pass
Fungi			
Mouse Embryo test	% expanded to blastocyst	≥80%	88 %
Albumin	※1)	Negative for HIV-1, HIV-2、HBsAg & HCV RNA	Negative

※1) This plasma pool has been examined using documented procedures which form part of a quality system which is in accordance with the ISO/IEC 17025 standard. The samples of this plasma pool have been tested and found negative for the following virological markers: anti-HIV (1 and 2), HBsAg and HCV RNA as determined by NAT

March 30, 2015
Naka Medical, Inc

5. G-IVF plus 시험 성적서

표 20 G-IVF plus 시험 성적서

Vitrolife

CERTIFICATE OF ANALYSIS

G-IVF™ PLUS

REF	CONTENT	LOT	EXPIRY DATE
10134	1x30 mL	505091	2015-08-18

INDICATION FOR USE / INTENDED PURPOSE
Medium for preparation and handling of gametes and for in vitro fertilisation.

DESCRIPTION
Bicarbonate buffered medium containing human serum albumin.

APPLICATION
For use after equilibration at +37°C and 6 % CO2.

RAW MATERIALS
All raw materials are tested and evaluated by stringent quality control procedures.

COMPOSITION

Alanine	Alanyl-glutamine	Asparagine	Aspartate
Calcium chloride	EDTA	Fructose	Gentamicin
Glucose	Glutamate	Glycine	Human serum albumin*
Magnesium sulphate	Potassium chloride	Proline	Serine
Sodium bicarbonate	Sodium chloride	Sodium dihydrogen phosphate	Sodium lactate
Sodium pyruvate	Taurine	Water for injection (WFI)	

*Pharmaceutical infusion-grade for medical use, free from HBV, HCV and HIV.

PRODUCT PROPERTIES	SPECIFICATION	RESULT
pH (at +37°C and 6 % CO2 atmosphere)	7.30±0.10	7.35
Osmolality [mOsm/kg]	280±5	281
Sterility Assurance Level (sterile filtration)	1E-3	1E-3
Bacterial endotoxins (LAL assay) [IU or EU/mL]	<0.25	<0.25
Mouse embryo assay (1-cell)[% expanded blastocyst on day 5]	>=80	>=80
Mouse embryo assay (1-cell) [blastocyst cell number on day 5]	PASS	PASS

2015-03-20
Hans Lehmann
Quality Control Manager

6. G-1 plus 시험 성적서

표 21 G-1 plus 시험 성적서

Vitrolife

CERTIFICATE OF ANALYSIS

G-1™ PLUS

REF	CONTENT	LOT	EXPIRY DATE
10128	1x30 mL	505009	2015-06-09

INDICATIONS FOR USE / INTENDED PURPOSE
Medium for culture of embryos from the pronucleate stage to day 2 or day 3.

DESCRIPTION
Bicarbonate buffered medium containing hyaluronan and human serum albumin.

APPLICATION
For use after equilibration at +37°C and 6 % CO2.

RAW MATERIALS
All raw materials are tested and evaluated by stringent quality control procedures.

COMPOSITION

Alanine	Alanyl-glutamine	Asparagine	Aspartate
Calcium chloride	EDTA	Gentamicin	Glucose
Glutamate	Glycine	Human serum albumin*	Hyaluronan
Lipoic acid	Magnesium sulphate	Methionine	Potassium chloride
Proline	Serine	Sodium bicarbonate	Sodium chloride
Sodium citrate	Sodium dihydrogen phosphate	Sodium lactate	Sodium pyruvate
Taurine	Water for injection (WFI)		

*Pharmaceutical infusion-grade for medical use, free from HBV, HCV and HIV.

PRODUCT PROPERTIES	SPECIFICATION	RESULT
pH (at +37°C and 6 % CO2 atmosphere)	7.27±0.07	7.29
Osmolality [mOsm/kg]	280±5	283
Sterility Assurance Level (sterile filtration)	1E-3	1E-3
Bacterial endotoxins (LAL assay) [IU or EU/mL]	<0.25	<0.25
Mouse embryo assay (1-cell) [% expanded blastocyst on day 5]	>=80	>=80
Mouse embryo assay (1-cell) [blastocyst cell number on day 5]	PASS	PASS

2015-02-16
Hans Lehmann
Quality Control Manager

7. G-2 plus 시험 성적서

표 22 G-2 plus 시험 성적서

Vitrolife

CERTIFICATE OF ANALYSIS

G-2™ PLUS

REF	CONTENT	LOT	EXPIRY DATE
10132	1x30 mL	505022	2015-06-10

INDICATIONS FOR USE / INTENDED PURPOSE
Medium for culture of embryos from day 3 to the blastocyst stage.

DESCRIPTION
Bicarbonate buffered medium containing hyaluronan and human serum albumin.

APPLICATION
For use after equilibration at +37°C and 6 % CO2.

RAW MATERIALS
All raw materials are tested and evaluated by stringent quality control procedures.

COMPOSITION

Alanine	Alanyl-glutamine	Arginine	Asparagine
Aspartate	Calcium chloride	Calcium pantothenate	Cystine
Gentamicin	Glucose	Glutamate	Glycine
Histidine	Human serum albumin*	Hyaluronan	Isoleucine
Leucine	Lysine	Magnesium sulphate	Methionine
Phenylalanine	Potassium chloride	Proline	Pyridoxine
Riboflavin	Serine	Sodium bicarbonate	Sodium chloride
Sodium citrate	Sodium dihydrogen phosphate	Sodium lactate	Sodium pyruvate
Thiamine	Threonine	Tryptophan	Tyrosine
Valine	Water for injection (WFI)		

*Pharmaceutical infusion-grade for medical use, free from HBV, HCV and HIV.

PRODUCT PROPERTIES	SPECIFICATION	RESULT
pH (at +37°C and 6 % CO2 atmosphere)	7.27±0.07	7.28
Osmolality [mOsm/kg]	280±5	281
Sterility Assurance Level (sterile filtration)	1E-3	1E-3
Bacterial endotoxins (LAL assay) [IU or EU/mL]	<0.25	<0.25
Mouse embryo assay (1-cell)[% expanded blastocyst on day 5]	>=80	>=80
Mouse embryo assay (1-cell) [blastocyst cell number on day 5]	PASS	PASS

2015-02-16
Hans Lehmann
Quality Control Manager

8. HSA 시험 성적서

표 23 HSA 시험 성적서

Vitrolife

CERTIFICATE OF ANALYSIS

HSA-Solution™

REF	CONTENT	LOT	EXPIRY DATE
10064	1x10 mL	019621	2015-10-29

INTENDED PURPOSE
HSA-solution contains Human Serum Albumin solution (100 mg/mL)and is intended for use in assisted reproductive procedures which include gamete and embryo manipulation. These procedures include the use of HSA-solution as a supplement for culture medium. Not for use as an injectable product.

DESCRIPTION
Human Serum Albumin solution, 100 mg/mL.

APPLICATION
For supplementation of gamete and embryo media.

RAW MATERIALS
All raw materials are tested and evaluated by stringent quality control procedures.

COMPOSITION
Human serum albumin*   Water for injection (WFI)

*Pharmaceutical infusion-grade for medical use, free from HBV, HCV and HIV.

PRODUCT PROPERTIES	SPECIFICATION	RESULT
pH (at +20 ± 5°C and ambient atmosphere)	7.10±0.30	7.15
Osmolality [mOsm/kg]	90±17	88
Sterility Assurance Level (sterile filtration)	1E-3	1E-3
Bacterial endotoxins (LAL assay) [IU or EU/mL]	<0.50	<0.50
Mouse embryo assay (1-cell) [% expanded blastocyst on day 5]	>=80	>=80
Mouse embryo assay (1-cell) [blastocyst cell number on day 5]	PASS	PASS

2014-11-26
Hans Lehmann
Quality Control Manager

9. OVOIL 시험 성적서

표 24 OVOIL 시험 성적서

Vitrolife

CERTIFICATE OF ANALYSIS

OVOIL™

REF	CONTENT	LOT	EXPIRY DATE
10029	1x100 mL	504901	2015-11-02

INTENDED PURPOSE
For covering of medium during in vitro fertilisation and micro-manipulation procedures.

DESCRIPTION
Light paraffin oil, sterile filtered.

APPLICATION
For use after pre-equilibration at +37°C and 5 % CO_2, 6 % CO_2 or ambient atmosphere, depending on the intended use.

RAW MATERIALS
The raw materials were tested and evaluated by stringent quality control procedures.

COMPOSITION
Light paraffin oil

PRODUCT PROPERTIES	SPECIFICATION	RESULT
Sterility Assurance Level (sterile filtration)	1E-3	1E-3
Bacterial endotoxins (LAL assay[1]) [IU or EU/mL]	<0.25	<0.25
Mouse embryo assay (one-cell, expanded blastocyst on day 5)[2] [%]	>=80	>=80
Mouse embryo assay (one-cell, cell number on day 5)[2]	PASS	PASS
Micro droplet mouse embryo assay (one-cell,expanded blastocyst on day5)[2]	PASS	PASS
Micro droplet mouse embryo assay (one-cell, cell number on day 5)[2]	PASS	PASS
Human sperm oil assay	PASS	PASS

[1] The test is performed on LAL reagent water after vortex mixing with the oil.
[2] Embryos cultured in test medium droplets under OVOIL™.

2014-12-19
Hans Lehmann
Quality Control Manager

표 25 공동 연구 협약서 양식

공동연구 협약서

○○대학교 ○○학과 ○○연구실(이하 "연구실" 라 함)과 ○○대학교병원 ○○과 ○○클리닉(이하 "연구소" 라 함)은 상호 이익과 신뢰에 기초하여 다음과 같이 공동연구협약(이하 "이 협약"이라 함)을 체결한다.

제1조(목적)

이 협약은 "연구실"과 "연구소"가 연구를 통해 공동으로 연구를 수행함에 있어 당사자간의 권리와 의무를 명확히 규정하는 데 그 목적이 있다.

제2조(용어의 정의) 이 협약에서 사용하는 용어의 정의는 다음과 같다.

1. "연구결과"라 함은 이 협약에 따른 연구수행 중 또는 연구수행 결과로 발생한 연구기자재·연구시설·부속품, 시작품, 샘플 등의 유형적 결과물 및 기술, 정보, 발견, 발명, 아이디어, 노하우, 디자인, 자료, 복사물, 기록 등 연구와 관련되어 직접 또는 간접적으로 발생된 모든 결과물을 의미한다.
2. "지식재산권" 이라 함은 아이디어, 발명, 특허, 실용신안, 디자인, 저작권, 상표 및 노하우에 대한 권리를 포함하여 법적 보호를 받을 수 있는 일체의 지적 창작물에 대한 권리를 의미한다.
3. "비밀정보" 라 함은「부정경쟁방지 및 영업비밀 보호에 관한 법률」에서 규정하고 있는 영업비밀은 물론 이 협약을 통해 당사자간 합의한 사항으로 기타 일반에 공개되는 경우 보유자에게 손해를 발생시키거나 제3자에게 이익을 제공할 우려가 있는 일체의 정보를 포함한다.

제3조(연구의 내용 및 범위)

이 협약에 따라 "연구실"과 "연구소"이 수행하는 연구(이하 "연구"라 함)의 내용은 연구계획서(이하 "연구계획서"라 함)에 의한다. 연구계획서는 "연구실"과 "연구소"의 합의에 의해 변경될 수 있으며, 당사자 일방이 부득이한 사유로 인하여 연구계획의 변경을 요청하는 경우 상대방은 합리적인 이유 없이 이를 거부할 수 없다.

제4조 (연구기간)

이 협약상 연구기간은 ○○○○년 ○○월 ○○일부터 ○○○○년 ○○월 ○○일까지로 한다. 다만, 연구기간은 "연구실"과 "연구소"의 합의에 의해 연장될 수 있다.

제5조(연구 책임자)

① "연구실"과 "연구소"의 연구책임자는 아래와 같다. "연구실 또는 연구소)"는 상대방의 사전 동의 없이 연구책임자를 변경할 수 없다.

"연구실"의 연구책임자: [○○○]
전자 주소:
전화 번호:
전송 번호:

"연구소"의 연구책임자: [○○○]
전자 주소:
전화 번호:
전송 번호:

② "연구실"과 "연구소"의 연구책임자는 연구수행 인력에 변동이 있는 경우, 상대방 연구책임자에게 미리 통지하여야 한다.

제6조(연구의 수행)

① "연구실"과 "연구소"는 이 협약에 규정된 바에 따라 양질의 연구결과가 도출될 수 있도록 성실히 연구를 수행하여야 한다. "연구실"과 "연구소"는 상대방의 사전 서면동의 없이는 연구의 전부 또는 일부를 제3자로 하여금 수행하게 할 수 없다.
② "연구실"과 "연구소"는 [분기 1회 이상] 협약기간 중 연구의 수행 경과, 방향 등에 대해 협의하기 위해 "연구실"과 "연구소"는 연구책임자가 참석하는 연구회의를 진행하기로 한다. "연구실 또는 연구소"은 연구회의 개최일로부터 [10]일 전에 회의 일시, 장소 등을 "회사"에게 통지하여야 한다.
③ "연구실"과 "연구소"는 연구의 수행과 관련하여 상대방에게 수시로 의견을 제시할 수 있으며, 상대방은 불합리한 의견이 아닌 한 최대한 이를 수용하도록 노력하여야 한다.

제7조(연구결과의 상호확인)

"연구실"과 "연구소"는 "연구소"의 요청이 있는 경우 연구계획서에 따라 중간 및 최종 보고서에 관한 발표회를 개최하여야 하며, 세부 내용은 상호협의에 의한다.

제8조(확약 및 보증)

① "연구실"과 "연구소"는 이 협약에 따라 연구를 수행함에 있어 제3자의 지식재산권 기타 권리를 침해하지 않도록 노력하여야 한다. 만약 "연구실"과 "연구소"는 제3자의 권리를 사용하여야 할 경우에는 사전에 상대방에게 통지하여야 하고, 위 제3자가 향후 연구결과와 관련하여 아무런 문제를 제기하지 않는다는 점에 관한 서면확약을 받아 제출하여야 한다.
② "연구실"과 "연구소"는 소속 연구원 등으로 하여금 이 협약을 준수하도록 할 의무를 부담하며, "연구실"과 "연구소"는 연구결과를 소유함에 있어 필요한 소속 연구원 등의 동의, 양도 기타 필요한 절차를 모두 이행하였음을 보증한다.

제9조(비밀유지)

① "연구실"과 "연구소"는 이 협약의 이행을 위하여 필요한 범위 내에서 비밀정보를 각 상대방에게 상호 제공할 수 있다.
② "연구실"과 "연구소"는 이 협약과 관련한 비밀정보 보호의 중요성을 동등하게 인식하고 상대방의 "비밀정보"를 상대방의 사전 서면 동의 없이는 이를 제3자에게 누설하거나 이 협약의 이행 이외의 목적으로 사용하여서는 아니된다.
③ 이 협약이 연구기간의 만료 또는 해지로 종료되거나 협약기간 중에 당사자 간의 합의에 따라 상대방의 비밀정보의 반환 또는 파기를 요청하는 경우, 즉시 반환하거나 파기하여야 하며, 파기한 경우에는 그 증명을 서면으로 제출하여야 한다.

제10조(명칭사용)

"연구실"과 "연구소"는 연구로 발생한 연구결과를 이 협약에 정한 바에 따라 사용함에 있어 반드시 출처를 표시하여야 하며, 어떠한 경우에도 허용된 범위를 넘어 상대방의 동의 없이 상대방의 명칭을 사용하여서는 아니 된다.

제16조(권리·의무의 양도금지 및 연구의 제한)

① "연구실"과 "연구소"는 상대방의 서면에 의한 사전 동의 없이 이 협약상의 어떠한 권리나 의무도 제3자에게 양도하거나 처분할 수 없다.
② "연구실"과 "연구소"는 제3자를 위하여 이 협약과 동일한 내용의 연구 활동을 수행하기 위해서는 사전에 상대방의 동의를 얻어야 한다.

제11조(협약의 효력발생)

이 협약은 협약체결일로부터 그 효력을 발생하며, 연구기간이 종료하는 때에 이 협약도 종료하는 것으로 한다. 다만, 기타 그 규정의 성격상 협약 종료 후에도 적용될 것을 의도하는 규정은 협약 종료 후에도 그 효력을 가진다.

제12조(협약의 해지 등)

① "연구실"과 "연구소"는 상대방의 의무위반이 있는 경우 7일의 기간을 두고 그 위반행위의 시정을 요구하여야 하며, 만약 그 기간 내에 이를 시정하지 않는 경우 이 협약을 해지할 수 있다.
② "연구실"과 "연구소"는 불가항력적인 사유로 인하여 상당한 기간을 기다려도 연구를 더 이상 수행할 수 없게 된 경우 이 협약을 즉시 해지할 수 있다.

제13조(신의성실의 원칙)

① "연구실"과 "연구소"는 신의를 가지고 이 협약의 각 조항을 성실히 이행하여야 한다.
② "연구실"과 "연구소"는 연구기간 내 이 협약과 관련한 상대방의 협의 요청이 있는 경우 상호 적극 협력하여야 한다.
③ "연구실"과 "연구소"는 연구수행에 필요한 인력 등을 파견하는 경우 연구수행에 차질이 없도록 조치하여야 하며, 연구에 참여하는 "연구실"과 "연구소"의 인력은 상대방의 제반규정을 준수하여야 한다.

제14조(협약의 변경)

① “연구실”과 “연구소”는 서면합의에 의하지 아니하고는 이 협약의 내용을 변경할 수 없다.
② “연구실”과 “연구소”는 이 협약 체결 후 주소, 명칭(상호), 기타 중요사항을 변경하였을 경우에는 이를 지체 없이 상대방에게 통보하여야 한다.

제15조(협약의 해석)

연구수행 및 이 협약의 이행 및 해석에 필요한 사항으로서 이 협약에 명기되지 아니한 사항은 “연구실”과 “연구소”는 이 상호 협의하여 결정한다.

제16조(분쟁의 해결)

① 이 협약의 해석상 이의가 있거나 이견이 발생하는 경우에는 협약의 일반원칙에 따라 이 협약의 당사자 간의 상호 합의 하에 이를 원만히 해결하도록 최대한 노력한다.
② 이 협약의 내용과 관련한 일체의 분쟁이 발생되는 경우에는 중재기관의 중재절차에 의하여 우선적으로 해결한다.

위와 같이 협약을 체결하고 협약서 2부를 작성 기명날인(또는 서명) 후 “연구실”과 “연구소”는 각각 1부씩 보관한다.

○○○○년 ○○월 ○○일

○○대학교 ○○학과 ○○연구실	○○○	서명 또는 인
○○대학교병원 ○○과 ○○클리닉	○○○	서명 또는 인

1. 가축인공수정사 면허증

표 26 가축인공수정사 면허증

가축인공수정사면허증

성 명 :　　　　　　주민등록번호

주 소 :

축산법 제16조의 규정에 의하여 가축인공수정사를 면허합니다.

1998년 12 월 29 **일**

경 산 시 장

2. 임상배아연구원 인증서

표 27 임상배아연구원 인증서

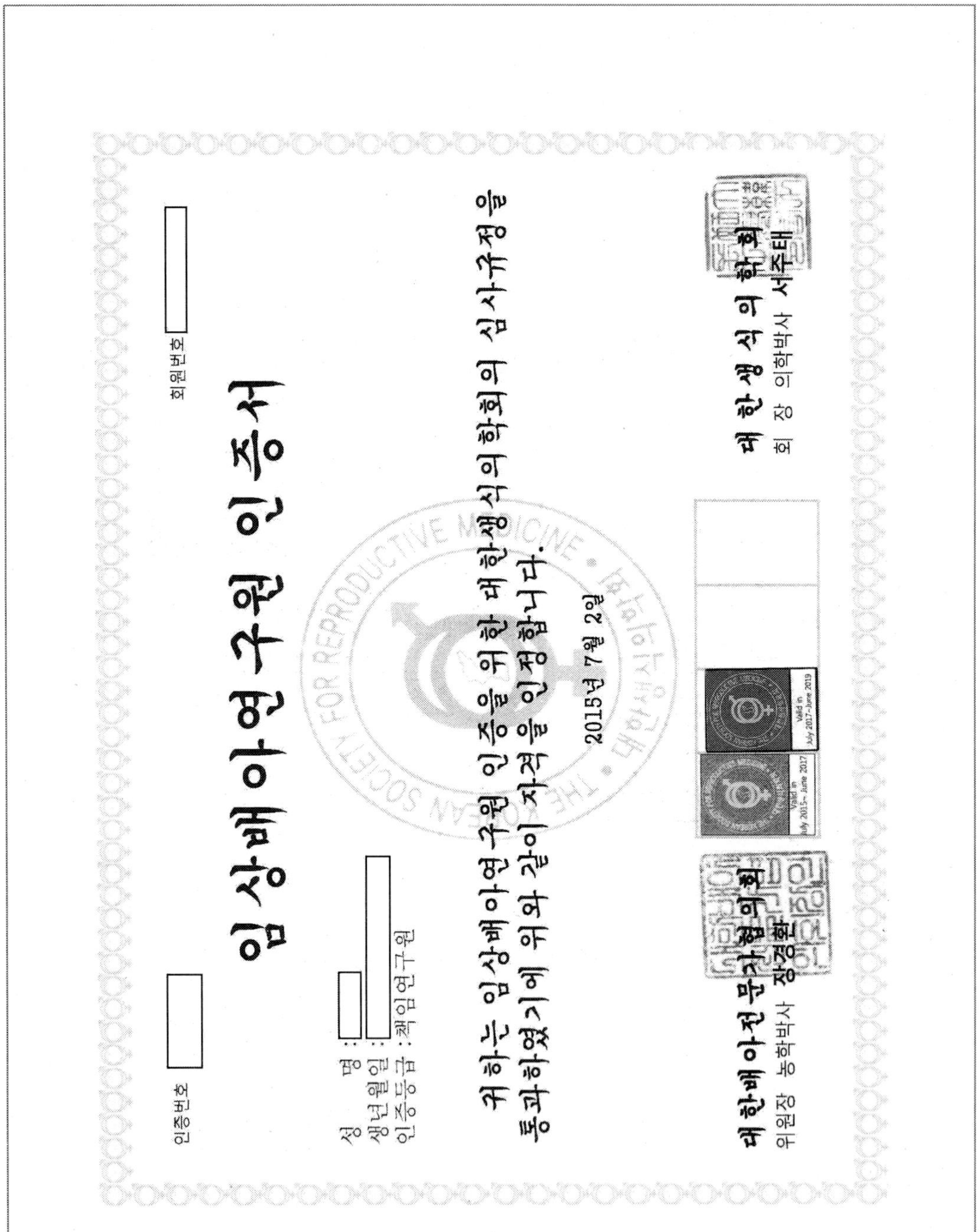

3. 실험동물기술원 인증서

표 28 실험동물기술원 인증서

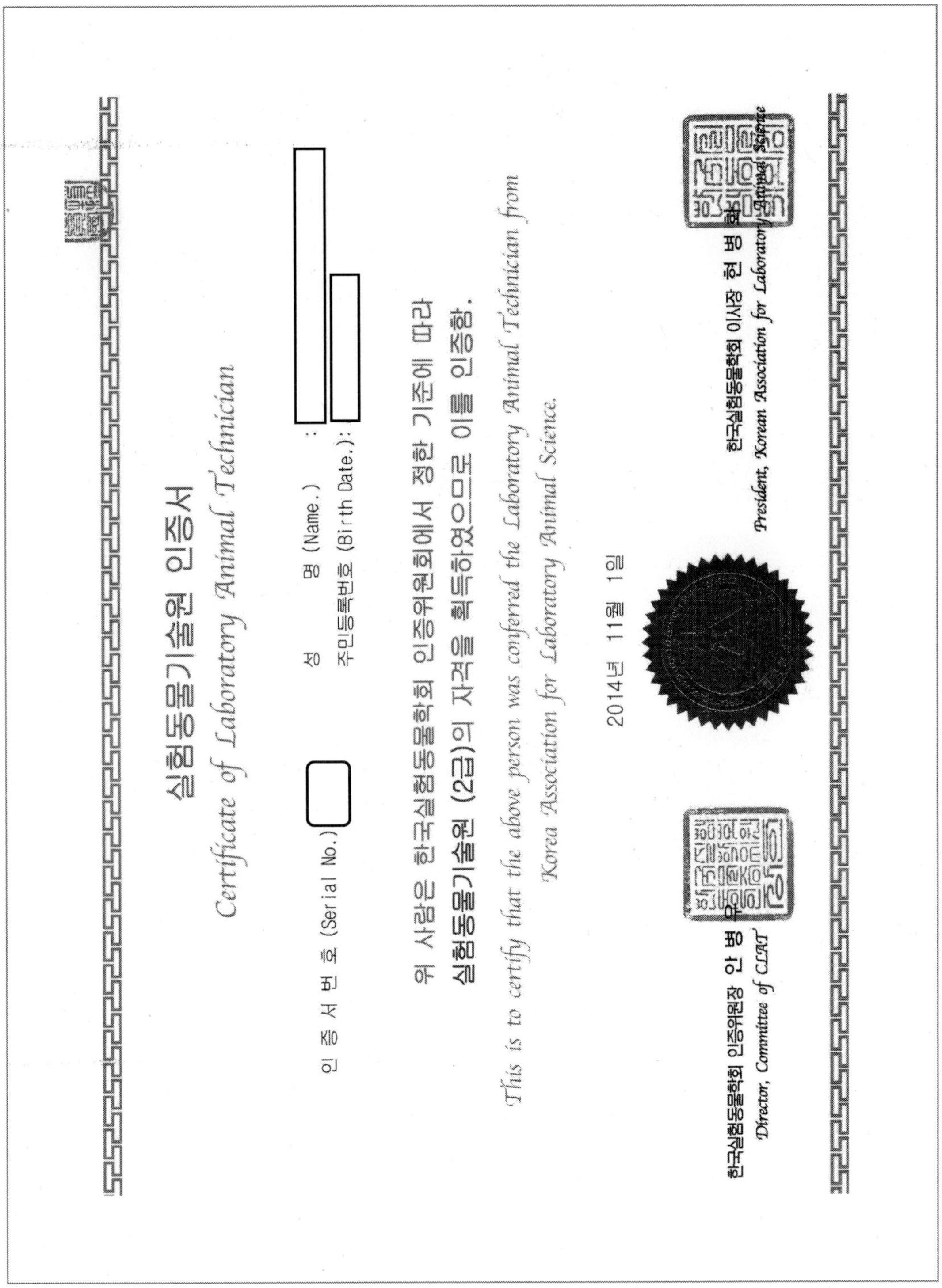

실험동물기술원 인증서

Certificate of Laboratory Animal Technician

인 증 서 번 호 (Serial No.)

성 명 (Name.) :

주민등록번호 (Birth Date.) :

위 사람은 한국실험동물학회 인증위원회에서 정한 기준에 따라
실험동물기술원 (2급)의 자격을 획득하였으므로 이를 인증함.

This is to certify that the above person was conferred the Laboratory Animal Technician from Korea Association for Laboratory Animal Science.

2014년 11월 1일

한국실험동물학회 인증위원장 안 병 우
Director, Committee of CLAT

한국실험동물학회 이사장 현 병 화
President, Korean Association for Laboratory Animal Science

15장

색인

15장. 색인

A

B

C

D

E

F

G

H

I

K

L

M

N

O

P

Q

S

T

V

W

ㄱ

ㄴ

ㄷ

ㄹ

ㅁ

ㅂ

ㅅ

ㅇ

ㅈ

ㅊ

ㅋ

ㅌ

ㅍ

ㅎ